전기전자공학개론

김 준 식 · 권 오 상 · 서 정 훈 공저

오성미디어

머 리 말

최근 전기 · 전자 · 정보통신 · 컴퓨터분야 분야의 발전은 그 미래를 예측하기 힘들 정도로 빠르게 발전하고 있으며, 또한 가장 중요한 기초 기술로 더욱 큰 비중을 차지하게 될 것이다.

이러한 시대적 변화에 능동적으로 대처하기 위해서 공학계열 분야를 전공하는 학생들의 전공의 기초지식 습득이 매우 중요시 되고 있다.

따라서 이 분야를 전공하는 학생들이나 다른 공학 분야를 공부하거나 관심을 갖는 분들, 국가기술 자격시험 준비생들에게 참고도서로 도움이 되도록 구성 하였다. 아울러 이 책을 통해서 이론적 지식을 넓히고 기본적 지식을 배양하는데 많은 도움이 되리라 생각된다.

이 책에서는 특히 전기전자의 기초를 학습한다는 관점에서 우선 정성적 학습에 초점을 두고, 이를 입증하기 위한 정량적 학습으로 진행하였으며, 중요한 전문용어는 영어를 병기하여 이해를 도왔고, 이 분야의 발전에 기여한 인물들의 간단한 소개와 관심이 많은 부분이나 기초지식을 습득을 위해 쉬어가기 코너에 해설을 추가 하였다. 또한 각 장마다 본문에 예제를 두었고, 본문의 뒤에 요약과 연습문제를 두어 이론에 대한 철저한 이해를 돕도록 했으며, 공학계의 필수인 기호와 단위계는 원칙적으로 국제단위계(SI)를 사용하였다.

저자는 학생의 입장에서 보다 쉽고, 보다 많이 응용될 수 있도록 꼭 필요하다고 생각되는 내용을 수록하려고 노력하였다. 이 책을 통하여 많은 독자들에게 전기 전자 분야에 대한 폭 넓은 이해와 지식 함양에 기여할 수 있게 되기를 간절히 바라며, 독자여러분들의 계속적인 지도와 편달을 부탁드립니다.

이 책이 출판되기까지 도움을 주신 교수님들과 오성미디어 오성걸 사장님, 편집과 수정을 맡아준 직원 여러분들의 노고에 고마움을 드립니다.

저자 일동

목 차

제 1 장

전기의 기초

1.1 전기의 역사

(1) 전기의 역사

전기는 가장 이상적인 에너지이다. 기원 전 600년경 그리스의 철학자 탈레스(Thales)가 모피로 호박(amber)을 문질렀을 때, 그 호박이 깃털과 같은 가벼운 물체를 끌어당기는 현상을 발견하였다. 그리스어로 호박은 일렉트론(electron)이라 하며, 오늘날 전기(electricity)라는 용어의 기원이 되었다.

그 이후 전기에 관한 본격적인 연구는 17세기 초가 되어서야 시작되었다. 영국인 길버트(W. Gilbert)는 1600년에 지구는 하나의 큰 자석과 같으며, 호박 이외에도 유황, 유리, 수정, 다이아몬드 등의 물질이 마찰에 의하여 가벼운 물체를 끌어당기는 성질이 존재하는 것을 실험적으로 밝혔다.

1747년에 미국의 프랭클린(B. Franklin)은 마찰에 의한 2가지 종류의 전기를 표현하기 위하여 양(+)전기와 음(−)전기라는 명칭을 부여하였다. 1785년에 프랑스의 물리학자 쿨롱(C. A. Coulomb)은 양전하와 음전하 사이에 존재하는 반발력과 흡인력에 관한 쿨롱의 법칙(Coulomb' s law)을 발견하였다.

1796년 이탈리아의 볼타(A. Volta)는 2종류의 금속을 접촉시키면 전기가 발생하는 것을 밝히고 볼타전지를 발명하였다. 전압의 단위 볼트[V]는 그의 이름에서 유래한 것이다.

전기와 자기에 관한 연구는 1820년 덴마크의 에르스테드(H. C. Oersted)가 우연히 전류가 흐르는 도선의 옆에 놓여 있는 나침반이 움직이는 것을 발견하였고, 이것이 전동기의 기원이 되었다.

1826년에 독일의 물리학자 옴(G. S. Ohm)은 전기회로에 관한 연구로 전기저항에 관한 옴의 법칙(Ohm's law)를 발견하였다. 1831년에 영국의 패러데이(M. Faraday)는 전자유도에 관한 패러데이 법칙(Faraday's law)를 발견하였고 이것은 오늘날 발전기나 변압기의 기원이라고 할 수 있다.

1849년에 독일의 키르히호프(G. R. Kirchhoff)는 전기회로 해석에 관한 키르히호프의 법칙(Kirchhoff's law)을 발견하였다.

오늘날 TV나 라디오 방송이 가능한 것은 전파에 의한 것으로 1888년 독일의 헤르츠(H. R. Hertz)에 의해 최초의 전파 발생에 관한 실험이 실시되었다. 주파수의 단위 헤르츠[Hz]는 그의 이름에서 유래된 것이다.

1883년 미국의 에디슨(T. Edison)은 그가 개발한 백열전구의 필라멘트에서 전자가 방출되는 것을 발견하였고, 1904년에 플레밍(J. Fleming)은 에디슨의 발견에서 착안하여 2극 진공관을 만들었다.

표 1.1 전기전자의 역사

연구 분야	국적	인명	년도	업적
호박과 자석	그리스	탈레스	B.C.600	정전기 발견
자기·정전기	영국	길버트	1600년	자기의 연구
	미국	프랭클린	1784년	피뢰침 발견
	이탈리아	갈바니	1791년	「동물전기」 발견
	이탈리아	볼타	1800년	전지 발명
	덴마크	외르스테드	1820년	전류에 의한 자기 발견
	프랑스	암페어	1820년	전류에 의한 자기 이론
	독일	옴	1826년	전기저항에 관한 법칙 발견
	영국	패러데이	1831년	전자유도현상 발견
	독일	키르히호프	1849년	전기회로 해석법 발견
유선통신	영국	쿠크, 휘트스톤	1837년	5침식 전신기 발명
	미국	모스	1837년	모스 전신기 발명
	영국	영국해협해저전신회사	1845년	해저케이블 부설
	미국	벨, 그레이	1876년	전화 발명
	미국	스트로저	1891년	자동 교환기 발명
무선통신	독일	헤르츠	1888년	최초의 전파발생실험
	이탈리아	마르코니	1895년	무선전신 발명
	미국	알렉센드슨	1906년	무선전화 발명
	미국	페센덴	1913년	헤테로다이 수신기 발명
전지	영국	다이넬	1836년	1차 전지 개발
	프랑스	프란테	1859년	2차 전지 발명
	영국	글로브	1939년	연료전지 발명
	미국	샤핀	1954년	실리콘 태양전지 발명
조명	영국	데이브	1815년	볼타전지를 사용한 아크발생실험
	미국	에디슨	1879년	백열전구 발명
	미국	휴잇	1902년	방전램프 발명
전력기기	프랑스	빅시	1832년	발전기 발명
	러시아	야코비	1834년	직류 전동기 시험·제작
	영국	깁스	1882년	변압기 발명
전자회로소자	미국	플레밍	1904년	2극 진공관 발명
	미국	드 포레스트	1907년	3극 진공관 발명
	미국	바딘, 브라텐, 쇼클리	1948년	트랜지스터 발명

1907년에 미국의 드 포레스트(Lee de Forest)는 신호를 증폭할 수 있는 3극 진공관을 발명하여 전자시대를 열었고, 독일의 소트키(W. Schottky)에 의해 1916년에 4극 진공관이 발명되었다.

1947년에 3명의 미국 과학자 바딘(J. Bardeen). 브라텐(W. Brattain), 그리고 쇼클리(W. Shockly)에 의하여 트랜지스터가 발명되어 반도체를 이용한 전자시대의 기원을 이룩하였다.

반도체 기술의 발전은 집적회로(IC)의 탄생으로 이어져 1958년경에는 집적회로가 개발되었고 1971년에는 호프(Ted Hoff)에 의해 마이크로프로세서의 발명으로까지 이어져서 컴퓨터의 크기와 제작비용을 크게 줄였다. 1977년에는 가정과 사무실용의 PC(Personal Computer)가 소개되었고 이후에 반도체, 통신, 컴퓨터 등 여러 분야에서 연구개발이 이어져, 현재의 고도 정보화시대를 이루어 가고 있다. 표 1.1은 전기·전자의 역사를 각 연구 분야별로 연대순으로 정리한 것이다.

이 외에도 1840년 영국의 물리학자 Joule은 전류의 열작용에 관한 Joule 법칙을 확립했다. 또 1843년에는 역학적 에너지가 열로 변한다는 논문을 발표하고, 열역학 이론을 전개하여 발전시켰다. 일의 단위 줄[J]은 그의 이름에서 따온 것이다.

(2) 우리나라 전기의 역사

1) 궁궐에서 밝혀진 첫 전깃불

1887. 3. 6. 경복궁내 건천궁에서 고종황제가 보는 가운데 최초의 전등이 켜졌다. 미국 에디슨 전등회사서 시설을 하여 석탄연료를 증기동력으로 하여 불을 밝히고, 발전설비는 향원정 연못에 세워졌다. 이는 동양에서 성능이 뛰어난 16촉광 백열등 750개를 점등할 수 있는 규모였다.

2) 국내 전기의 역사

1898년 1월 국내 최초로 한성전기회사를 설립하였다. 구한말 미국 콜브라의 조언아래 설립하였고, 주요사업으로는 서대문과 홍릉 간 전차운행이 처음이었다.

1945년 광복 당시 한반도 발전설비 172만[kW] 가운데, 88.5[%]가 북한에 편중되어 남한의 전력사정은 취약하였고, 남북이 38°선으로 분단 된 후 1948년 5월 북한은 일방적인 단전을 강행하여 남한은 전력 공급에 어려움을 겪게 되었다. 1950. 6. 25 이후 3개 전력회사(조선전업, 남성전기, 경성전기)가 존재 하였으나, 경영난으로 1961년 7월 전기 3사가 통합한 한국전력이 창립되었다.

1962년 제 1차 경제개발 5개년 계획을 시작하여, 1964년 전력난이 해소되었고, 1978년 4월 고리원전 1호기가 첫 상업운전을 시작한 이후 우리나라는 안정적인 전력 공급을 위해 원자력 발전소를 지속적으로 건설해 왔습니다. 그 결과 2007년 현재 20기(설비용량 1,771만6천kW)의 원자력 발전소가 상업운전 중에 있습니다. 이는 미국, 프랑스, 일본, 러시아, 독일에 이어 세계6위의 규모입니다.

2006년도의 국내 원자력 발전량은 1,448억kWh로 국내 총발전량의 39%를 차지했습니다. 이 원자력발전량은 서울시가 약 3.5년간, 국내 전 가정이 약 3년간 사용할 수 있는 전력량에 해당합니다.

현재 우리나라에서는 급증하는 전력 수요를 충족하기 위하여 원전건설이 활발하게 추진되고 있으며, 우리의 원전 기술을 국외로 수출하고 있습니다.

1.2 전기

전기는 물체를 마찰 시킬 때 생성되는 에너지로 +와 -입자(전기)가 있는데 이 작은 입자가 빛도 만들고, 열도 발생시킨다.

전기의 성질은 +전기와 -전기는 서로 끌어당기지만, 같은 극끼리는 서로 밀어내는 성질이 있다. 전기가 이동하는 속도는 매우 빨라 빛의 속도와 동일하며, 1초에 30만[km]를 갈 수 있어 지구를 7바퀴 반이나 돌 수 있다.

전기의 흐름은 물의 흐름과 유사, 수압, 파이프 크기에 따라 다르듯이 전기도 전압과 전선의 굵기, 길이, 재질에 따라 양과 세기가 다르다. 전기의 흐름도를 살펴보면, 전기는 발전소(수력, 화력, 원자력, 양수, 풍력, 태양열, 조력, 열병합 발전 등)에서 생산되어 송전선로(765[kV], 345[kV], 154[kV])를 통하여 송전용 변전소와 배전용 변전소(22.9[kV]~6.6[kV])를 거치면서 배전선로를 통해 전압이 낮아져서 가정(110[V], 220[V])과 공장(380[V])에 공급된다.

765[kV]의 송전은 2002년에 운전 성공하여 전기품질향상, 송전용량 증대(약 5배), 건설원가 절감(15[%]), 효율적 국토이용(약 53[%]), 송전손실 감소(20[%])등의 성과를 나타내었고, 또한 추진효과를 보면 국가경쟁력 확보, 해외시장개척 발판마련, 동양최초 독자기술 송전망 구축, 안정도 향상, 수도권 부하 공급 및 계통안정도 향상, 환경 친화적 전력설비, 전기품질 향상이 기대되고, 국제경쟁력을 강화하였다.

1.3 정전기

2개의 물체를 서로 마찰하면 두 물체에 전기가 생겨 가벼운 물체를 끌어당긴다. 이것은 아주 옛날 그리스 시대에 장식용 호박(琥珀)이라는 돌을 헝겊에 문지르면 가벼운 먼지나 실 등의 물체가 끌려와서 부착하게 된다는 사실로부터 잘 알려져 왔으며, 이것을 호박화(electrify)라 하고 호박화하는 원인으로 되는 것을 전기(電氣)라 하였다.

이러한 힘이 생기는 것은 물론 마찰에 의해 전기가 발생하기 때문이다. 이와 동일한 성질의 현상을 이용한 마그네스(magnes)는 철을 끌어당기는 검은 돌로 천연자석인 자철광(磁鐵鑛)을 말하며, 이것이 자기(磁氣)에도 나타난다는 사실 역시 그리스 시대에 이미 알려져 있었다.

그 후 전기와 자기에 대한 많은 연구가 실험적으로 진행되었고, 전하에는 정전하와 부전하 혹은 양전하(positive charge)와 음전하(negative charge)의 두 가지 종류의 전기가 존재하며, 같은 종류의 전기 사이에는 반발력이, 그리고 다른 종류의 전기 사이에는 흡인력이 작용함을 알 수 있었다. 물체가 어떠한 원인(예를 들면 마찰)에 의해 전기를 가지면 "그 물체는 대전(electrification)되었다." 라고 하며, 대전된 물체(대전체)가 갖는 전기적인 양을 전하(electric charge)라 한다.

마찰전기란 이와 같이 두 물체의 마찰에 의해 발생된 전기를 말하며, 마찰에 의해 임의의 물체에 정(+)의 전기가 생기는지 아니면 부(-)의 전기가 발생하는지는 물체의 종류에 따라 다르다. 다음에 열거하는 물체들(아크릴, 모피, 유리, 견사, 금속, 플라스틱, 에보나이트, 나일론, 랩, 염화비닐) 가운데 임의의 두 물체를 마찰할 경우 왼쪽에 있는 물체가 정(+)으로, 오른쪽일수록 부(-)의 전기가 나타난다. 이를 마찰전기계열이라고 한다. 마찰전기와 같이 물체에 정지되어 있는 전기를 정전기(static electricity, electrostatics)라 한다.

전기에는 흐르는 전기와 정지하고 있는 전기가 있다. 오늘날 우리가 전기라고 부르는 것은 일반적으로 흐르는 전기를 의미하는 경우가 대부분 이다. 예를 들면 집안의 전등에 스위치를 넣으면 바로 빛이 나며 밝아지는데, 이는 전기가 도선을 매우 빠른 속도로 전달되어 온다는 사실을 의미하는 것으로, 어떤 원인에 의해 전기적인 그 무엇인가(전하)가 흐르고 있음을 확인시켜 주고 있는 것이다. 오늘날 흐르는 전기에 대한 응용이 너무나 광범위하게 진행되어 오고 있기 때문에 정지하고 있는 전기는 거의 관심을 끌지 못했다.

그러나 앞서 언급한 바와 같이 전기에 관한 연구는 당연히 정지하고 있는 전기로부터 시작되었다. 따라서 전기공학은 전기적인 에너지를 전달시켜 산업에 이용하기 위하여 "정지하고 있는 전기를 어떠한 방법으로 흐르게 할 수 있는가?" 하는 문제와 함께 발달되어 왔다고 해도 과언이 아닐 것이다.

우리는 일상생활 속에서 정전기를 많이 느낄 수 있다. 합성 섬유로 된 옷을 입을 때, '따닥' 하는 소리와 함께 어두운 장소에서는 작은 불꽃을 느낄 때가 있다. 이것은 마찰 등의 원인에 의해 옷이 대전되어 많은 정전기를 가진 상태에서 사람의 몸과의 접촉에 의해 흘러가기 때문에 나타나는 현상이다. 물론 이 때 발생하는 소리는 전하의 흐름에 의해 정의 전하와 부의 전하가 충돌하는 소리이며, 번개와 함께 발생하는 천둥의 경우, 구름 속에 매우 많은 정전기를 보유하기 때문에 이 정전기가 주변의 적절한 조건하에 흐를 때 '꽈광' 하는 큰 소리가 나는 것이다.

정전기는 주로 마찰이나 원자들의 충돌에 의해 발생한다. 자동차가 지면에 닿을 정도의 쇠사슬을 달고 도로를 달리는 광경을 흔히 볼 수 있다. 이것도 자동차가 주행할 때 흔들려서 가솔린 분자들의 충돌 및 마찰에 의해 생기는 정전기를 대지로 흘려주기 위한 것이다.

1.4 물질의 전기적 분류

전기와 전자를 이야기하기 전에 물질과 에너지가 무엇인가를 알 필요가 있다. 물질(matter)이란 공간을 차지하고, 질량 혹은 무게를 가지는 어떤 것이다. 전선, 가죽 및 유리 같은 것이 물질의 예이다. 과학자들은 그것이 어떻게 작용하는가를 알기 위해 물질의 특성을 연구한다.

물질에는 전기가 잘 흐르는 것과 그렇지 못한 물질이 있다. 전자를 도체(conductor), 후자를 부도체(non-conductor)또는 절연체(insulator)라 한다. 도체와 부도체의 중간 정도의 전기적 성질을 가지는 물질을 반도체(semiconductor)라 하고, 어떤 금속의 경우 초저온으로 하면 저항이 영(0)이 되는데 이와 같은 현상을 초전도(superconductivity)라 한다. 즉 전기의 흐름에 방해 작용이 전혀 없는 물질을 초전도체(superconductor)라 한다.

물질의 저항은 대부분 온도나 습도, 압력 등에 따라 변화한다. 따라서 고유저항이나 도전율은 20[℃]를 기준으로 표시한다. 전기에서는 전류가 흐르기 쉬운 물질인가에 따라서 다음과 같이 도체, 반도체, 절연체(부도체)로 나눈다.

1) 도체(conductor)

도체란 자유전자가 많아 낮은 전압만 가해도 그 방향으로 자유전자가 자유롭게 잘 이동하여 전류가 흐르기 쉬운 물질을 말한다. 대략 10^{-6}[Ω·m]의 고유저항을 갖는다. 즉 금속과 같이 전류가 흐르기 쉬운 물질을 말한다.

자유전자(free electron) 또는 전도전자(conduction electron)란 원자핵 주위를 돌고 있는 전자 중에서 원자핵으로부터 가장 먼 전자일수록 원자핵으로 끌리는 힘이 약하므로 외부로부터 에너지(열, 전기, 빛 등)를 받아서 원자 밖으로 이탈하게 된 전자를 말한다. 이와 같이 원자의 제일 바깥쪽 궤도의 전자를 가전자 또는 외각전자라 한다. 도체의 예를 들면, 은, 구리, 금, 철, 알루미늄, 니크롬, 탄소 등이 있다.

2) 반도체(semiconductor)

도체와 절연체의 중간 정도로 전류가 흐르기 쉬운 물질을 말한다. 20세기 후반에 만들어낸 물질로 인(P)이나 붕소(B)를 순수 정제한 게르마늄(Ge)이나 실리콘(Si)에 적당량을 넣어 결정을 만들어 반도체를 제작한다. 대략 실리콘(Si) 50×10^2[Ω·m], 게르마늄(Ge) 50[Ω·m]의 고유저항을 갖는다. 첨가되는 불순물의 종류나 량, 그리고 분포 등을 변화시켜 micro 크기 중에서 아주 정밀하게 전류의 흐름을 조절하고 제어하는 일이 가능하다. 반도체의 예를 들면, 게르마늄, 실리콘, 셀렌 등이 있다.

3) 절연체(insulator, non-conductor)

자유전자를 적게 가지고 있으므로 전류가 흐르기 어려운 물질을 말한다.

예를 들면, 10^8[Ω·m] 이상의 고유저항을 갖는 베이클라이트, 대리석, 다이아몬드, 유리, 고무, 염화비닐, 운모 등이 있다.

현대에는 신소재 개발로 인한 초전도체(super-conductor)는 전력손실과 전기저항이 거의 영에 가깝다. 이것은 전기를 아주 많이 흘릴 수 있는 물질로 구리보다 수 천배 이상의 전류를 흘릴 수 있는 재료이며, 마이너스 자기부상 효과가 있고, 영구자석의 자력효과가 있기 때문에 붙으면서도 떨어지는 독특한 현상을 가지고 있다.(형상기억 합금처럼 자신에게 들어온 자력을 기억한다)

요약

- 국내외 전기전자의 역사에 대하여 공부하였다.
- 화학적 의미로 더 이상 쪼개지지 않는 최소의 물질은 원소이며, 두 개 이상의 원소가 결합한 것을 화합물이라 한다.
- 전자 1개의 전하량은 1.6×10^{-19}[C]이다.
- 전하를 전달하는 능력에 따라 물질은 도체, 절연체, 반도체로 나눌 수 있다.
- 전기에너지를 전송하려면 전하가 움직여야 하며, 전하의 움직임을 전류라 한다.
- 전하가 움직이도록 하는 힘을 전압이라 한다.
- 전압이라는 전기에너지를 생성하는 방법은 크게 6가지가 있다.
- 전원에는 직류와 교류가 있다.
- 특수재료에 압력을 가하면 전압이 발생하는 것을 압전효과라 한다.
- 단위 시간당 변화 또는 전송되는 에너지를 전력이라 한다.
- 소자에는 능동소자와 수동소자가 있다.

연 습 문 제

1. 전기의 역사에 대하여 조사해 보자.

2. 송전과 배전의 차이는 무엇인가?

3. 세계 각국의 상용전원과 상용 주파수에 대하여 조사해 보라.

4. 도체, 반도체, 절연체란 무엇인가?

5. 정전기란 무엇인가?

6. 원자의 핵은 무엇으로 구성되어 있는가?

7. 원자의 최외각에 있는 전자를 무엇이라 하는가?

제 2 장

전기의 기본요소

2.1 정전유도

1837년 영국의 Michael Faraday는 그림 2.1과 같이 두 개의 구 도체 사이에 절연체를 삽입하고 내부의 구 도체를 적절한 방법으로 +Q[C]의 전하로 대전시켰다. 그 후 전혀 전하를 주입하지 않은 외부의 구 도체의 전하량을 측정하여 본 결과, 외부 도체의 전하량이 -Q[C]임을 확인하였다. 또한 내구의 전하가 +2Q[C]일 때에는 외구에 정확히 -2Q[C]의 전하가 발생하며, 이러한 현상은 두 도체사이에 존재하는 절연체의 종류에 관계없이 일정하게 발생함을 알 수 있었다. 이는 대전되어 있는 물체 가까이에 대전하지 않은 물체를 가져가면 비록 그 물체들 사이가 전기가 통하지 않은 절연체로 채워져 있다 하더라도 동일한 양의 반대 부호의 전하가 유도됨을 의미하는 것으로, 이러한 현상을 정전유도(electrostatic induction)현상이라 한다.

정전유도는 전하량과 동일한 크기의 전기적인 어떤 종류의 위치변화에 의해 발생하며, 이 물리량을 전속(electric flux)이라 한다. 따라서 어떤 도체에서 발생하는 전속의 총량은 그 도체에 주어진 전하량과 동일하고, 전속에 직각으로 통과하는 단위면적당 전속수를 전속밀도(electric flux density, D)라 한다. 그림 2.1의 경우, 전속밀도 D는 다음과 같다.

$$D = \frac{Q}{4\pi a^2} a_R \qquad (\text{내구})$$

$$D = \frac{Q}{4\pi b^2} a_R \qquad (\text{외구}) \tag{2-1}$$

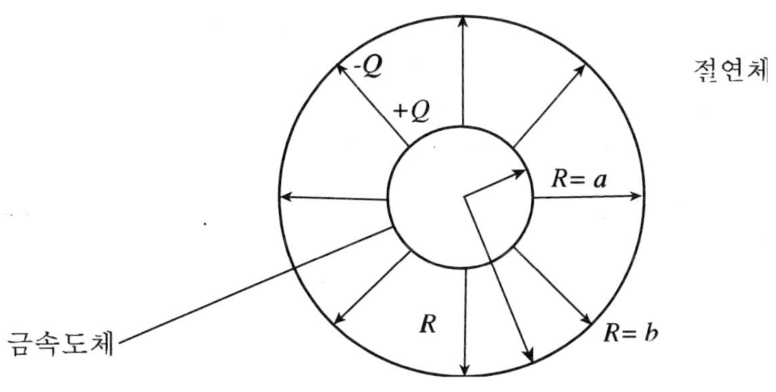

그림 2.1 정전유도현상

여기서 a_R 은 R방향의 단위 벡터이다. 한편, 다음에 배울 전계 $\vec{E}$가

$$E = \frac{Q}{4\pi\epsilon_0 a^2} a_R \qquad (\text{내구}) \tag{2-2}$$

이므로, 전계와 전속밀도 사이에는 다음의 관계가 성립한다.

$$D = \epsilon_0 E \ [\text{C/m}^2] \tag{2-3}$$

+1(C)의 전하에서 나오는 전기력선 수는 일반 유전체에서 $\frac{1}{\epsilon}$개, 진공중에는 $\frac{1}{\epsilon_0}$개의 전기력선이 나온다. 전하 1(C)에서 나오는 무수한 전기력선을 모아서 1개의 가상적인 선을 생각하여 이것을 전속 또는 유전속 이라하며 전하와 같은 단위를 사용한다.

쉬 어 가 기

낙뢰(벼락)로 알려진 뇌 방전은 정전유도작용의 결과로 나타나는 전형적인 현상이다. 낙뢰는 특히 여름철에 급격한 상승기류와 하강기류가 발생하면 그 경계면에 난류가 형성된다. 이 난류의 힘에 의하여 주변의 물방울과 공기 분자들이 충돌 및 마찰현상에 의해 전리되어 +, -의 전하들이 구름 속에 분리·축적된다. 일반적으로 +전하는 상승기류에 의하여 구름의 상부에 모이며, 반대 극성의 전하는 중력 및 하강기류에 의해 아래쪽에 모인다. 축적된 전하량이 많아지면, +와 -전하 사이에 강한 전계가 발생하여 주변의 공기분자들은 지속적으로 전리하게 되어 구름속에는 점점 많은 양의 +혹은 -전하가 축적된다. 결국 이러한 전하층이 지상 약 3~10[km] 정도에 이르면 지상에 동일한 양의 반대극성의 전하가 유도되어 이들 사이에 방전이 일어나는 것이다. 연구결과에 의하면 뇌운의 전압은 약 2~10억[V], 방전시의 전류는 20~40[kA]정도라 한다.

2.2 전기와 전하

마찰 등에 의하여 특별한 성질을 갖는 전기는 양전기와 음전기의 두 종류가 존재한다. 이러한 전기를 마찰전기 또는 정전기라 한다. 그리고 물질이 전기를 띠게 되는 현상을 대전되었다고 하며, 대전된 물체를 대전체라 한다. 또 대전되어 있는 전기량을 전하라 한다.

(1) 원자

우리가 일상생활 속에서 접하는 모든 물질은 여러 가지 종류의 원자들로 구성되어 있다. 원자는 그림 2.2와 같이 중앙에 위치하는 1개의 원자핵(nucleus)과 그 주위의 궤도를 운동하고 있는 몇 개의 전자(핵외전자, 궤도전자 : electron)들로 구성된다. 원자핵은 그 물질의 물리·화학적 성질에 무관하고, 단지 원자의 질량의 대부분을 차지하고 있을 뿐이며, 양자(proton; 핵외 전자와 동 수)와 중성자(neutron)로 나누어진다. 물질의 물리·화학적 성질을 거의 결정하는 것은 핵외 전자 이며, 하나의 원자는 자신의 원자번호와 같은 개수의 핵외 전자를 보유하고 있다. 이들 원자핵 및 양자, 중성자, 그리고 전자를 소립자라 한다.

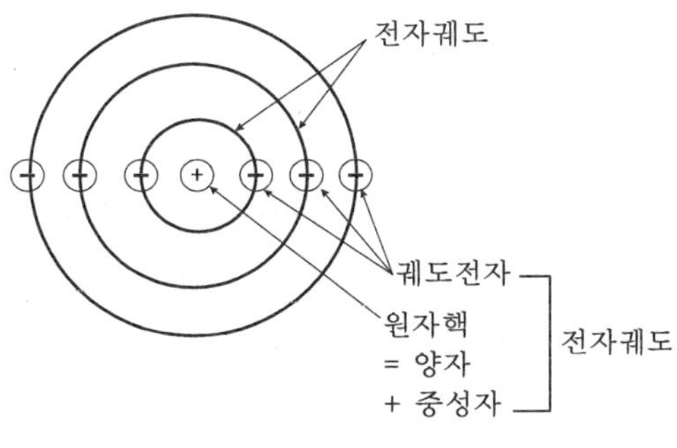

그림 2.2 원자의 구조

(2) 전자

전자는 질량 9.109×10^{-31}[kg], 전하량 -1.602×10^{-19}[C]의 매우 작고 가벼운 입자로써

19C초 진공방전의 실험 결과 처음으로 발견되었다.

진공방전이란 그림 2.3과 같이 글래스 관내의 기체를 배기시킨 후, 네온이나 아르곤과 같은 기체를 일정 압력까지 채운 상태에서 두 장의 전극에 전압을 인가하면 관내의 기체가 발광하는 현상을 말한다. 이 때 매우 조심스럽게 관찰하면 양극의 배후에 양극의 그림자가 나타남을 알 수 있다. 이는 음극에서 양극으로 무엇인가의 흐름이 존재함을 의미하는 것으로, 연구 초기 음극선(cathode ray)으로 명명되었다. 이후 이 음극선이 전계와 자계에 의해 굴절되는 방향을 고찰한 결과, 음극선은 부의 전하를 갖는 입자의 흐름임을 알 수 있었으며 이 입자를 전자라 부르게 되었다.

일반적으로 원자는 외부로부터 에너지가 인가되지 않은 상태에서는 전자가 갖는 부(-)의 전하량과 같은 크기의 정(+)의 전하량을 가지고 있으므로 전기적으로 중성의 상태이다.

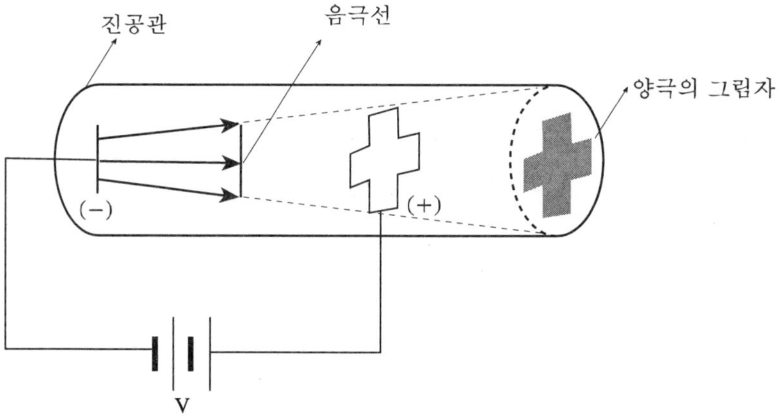

그림 2.3 진공 방전 실험

원자핵은 양전하(+e)를 가지고 있고 핵 주위를 돌고 있는 음전하(-e)를 갖는 전자를 쿨롱(coulomb)의 힘으로 끌어당기고 있다.

1[C]은 같은 량의 전하가 1[m] 떨어져 있을 때 상호작용하는 힘이 9×10^9[N]일 때 전하량을 1[C]라 한다.

(3) 전하 및 전하의 발생

전기의 양을 전하라 하고, 단위는 쿨롱[C]을 사용한다. 전자는 $e=-1.602\times10^{-19}$[C]의 전하량을 가지며, 따라서 6.24×10^{18}개의 전자가 모이면 1[C]의 전하가 된다. 이는 모든 종류의 하전입자가 갖는 전하량의 최소 단위로, 이를 전기소량이라 한다. 한편 모든 소립자는 전기소량의 정수배의 전하를 가지게 된다는 사실이 Millikan의 유적 실험의 결과 밝혀졌다. 예를 들면 원자번호가 2인 전기적으로 중성인 헬륨(He)원자의 경우, 2개의 궤도전자가 존재하므로 헬륨원자의 전자가 갖는 총 전하는 -2e[C]이며, 따라서 원자핵은 +2e[C]의 전하를 가지게 된다.

만약 어떠한 방법으로 전자 1개를 떼어 내면 He의 원자핵은 +2e[C]이나, 전자의 총 전하량은 전자가 하나 부족하므로 -e[C]이 되어 전체로써 He은 +e[C]의 전하를 갖게 된다. 이 때 He은 더 이상 중성원자가 아니라 +1가의 정이온이 된다. 이를 전리(ionization)라 한다. 또한 적절한 상황이 되어 중성의 He에 -e의 전자가 와서 붙으면(부착: attachment), He원자는 -e[C]의 부이온이 된다. 전자를 비롯하여 양이온, 부이온 등 전하량을 갖는 입자를 하전입자 혹은 단순히 전하라고 부른다.

이와 같이 하전입자는 전리 및 부착현상에 의해 주로 발생하며, 이외에도 물질의 마찰 등의 작용에 의해서도 발생되나, 가장 중요한 전하의 발생 원인은 전리작용일 것이다.

2.3 쿨롱의 법칙과 전계

일정 공간에 2개 이상의 하전입자가 존재하면 이 들 사이에 전기적인 힘이 작용한다. 이러한 힘을 쿨롱의 힘(Coulomb's Force)이라 하며 쿨롱의 힘에 대한 일련의 성질을 쿨롱의 법칙(Coulomb's Law)이라 한다. 쿨롱의 힘에는 다음과 같은 성질이 존재한다.

(1) 힘의 방향은 두 전하를 연결하는 직선 방향이다.

(2) 동일 부호의 전하들 사이에는 척력(斥力)이, 반대 부호일 경우 인력(引力)이 작용한다.

(3) 힘의 크기는 두 전하의 곱에 비례하고 떨어진 거리의 2승에 반비례한다.

이 힘을 정량적으로 표현하면 다음과 같다.

$$F = \frac{Q_1 Q_2}{4\pi\epsilon r^2} \quad [\text{N}] \tag{2-4}$$

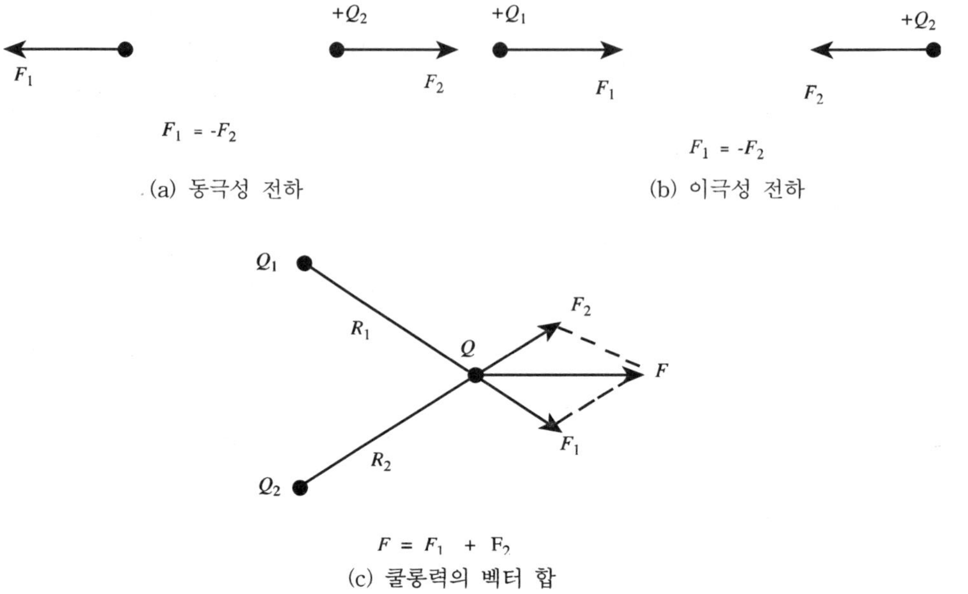

그림 2.4 쿨롱의 법칙

이 결과는 물론 이론적으로 증명할 수는 없으며 실험의 결과를 정리한 실험식이다. 이 식에서 ε은 전하가 놓여 있는 매질의 유전율(dielectric constant)로서 진공 중에서는 ε_0로 표시하고 진공의 유전율 이라고 하며, 그 값은 8.854×10^{-12}[F/m]이다. 진공유전율에 대한 매질의 유전율의 비의 값을 비유전율(specific dielectric constant)이라 하며 ε_S로 표시하고 $\varepsilon=\varepsilon_0\varepsilon_S$의 관계가 있다. 공기의 비유전율은 $\varepsilon_S\fallingdotseq1$ 이다(부록 물질의 비유전율 표 참조). r은 두 전하가 떨어져 있는 거리이다. 물론 여러 개의 전하가 존재할 경우, 하나의 전하가 받는 힘은 각각의 전하가 미치는 힘의 합으로 계산할 수 있다. 예를 들어 2개의 전하 Q_1, Q_2 에 의해 각각 r_1, r_2 떨어진 위치의 전하 Q 가 느끼는 쿨롱의 힘은 두 전하가 미치는 힘 F_1, F_2의 벡터 합으로 주어진다. 즉, 그림 2.4(c)에서

$$\begin{aligned} F &= F_1 + F_2 \\ &= \frac{QQ_1}{4\pi\epsilon_0 r_1^2} + \frac{QQ_2}{4\pi\epsilon_0 r_2^2} \end{aligned} \tag{2-5}$$

이다.

쉬 어 가 기

원자의 경우 정전하인 원자핵과 부전하의 전자가 존재하므로 이들 사이에도 쿨롱의 인력이 작용함은 당연한 사실일 것이다. 이 경우 질량이 가벼운 전자가 인력에 의해 끌려 들어가 원자핵과 충돌할 것으로 생각될지 모르나, 사실은 궤도운동을 하는 전자에는 쿨롱의 인력과 반대 방향으로 원심력이 작용하고 있으므로 전자는 두 힘이 균형을 이루고 있는 가운데 안정한 궤도운동을 계속할 수 있는 것이다.

전계(electric field)는 대전체가 놓여 있는 부근에 전기력(정전력)이 작용하는 공간을 말한다. 전계의 세기(크기, intensity of electric field)는 전계내에 단위 정전하 +1[C]을 놓았을 때 이에 작용하는 힘의 크기이며, 그 힘의 방향을 전계의 방향이라 한다. 전계의 세기의 단위는 [V/m]를 사용한다.

Q_1[C]의 점전하에서 r[m] 떨어진 전계내에 Q_2[C]의 전하를 놓았을 때 작용하는 정전력(쿨롱의 힘)은

$$F = \frac{Q_1 Q_2}{4\pi\epsilon_0 r^2} \ [N] \qquad (2\text{-}6)$$

로 표현된다. 마찬가지로 전하 Q_1 으로부터 r[m] 떨어진 곳에 Q_2 대신 +1[C]의 전하가 있으면 이 전하가 Q_1에 의해 받는 힘은

$$F = \frac{Q_1}{4\pi\epsilon_0 r^2} [N] \qquad (2\text{-}7)$$

가 된다. 이 힘을 그 점의 전계라 한다. 즉, 한 점의 전계를 구하기 위해서는 전계를 구하고자 하는 지점(전계점)의 +1[C]의 전하와 전계를 형성하는 원인이 되는 전하(원천전하) 사이의 쿨롱의 힘을 계산하면 된다. 식(2-6) 및 식(2-7)으로부터

$$E = \frac{F}{Q_2} = \frac{Q_1}{4\pi\epsilon_0 r^2} [V/m] \qquad (2\text{-}8)$$

가 되며, 결국 전계의 세기가 E[V/m]인 공간에 Q[C]의 전하를 놓으면 이 전하에 작용하는 정전력은 다음의 관계가 성립한다.

$$F = QE[\mathrm{N}] \qquad (2\text{-}9)$$

이상에서 설명한 바와 같이 전계는 결국 쿨롱의 힘의 개념으로 따라서 전계의 성질 또한 쿨롱의 법칙에 기인한다. 즉,

(1) 전계의 방향은 원천전하와 전계점을 연결하는 직선 방향이다.

(2) 전계의 세기는 원천전하의 크기에 비례하고 떨어진 거리의 2승에 반비례한다.

(3) 그림 2.5와 같이 원천전하가 + 전하인 경우, 바깥으로 향하는 방향의 전계가 형성되며, -전하일 경우에는 반대 방향의 전계가 발생한다.

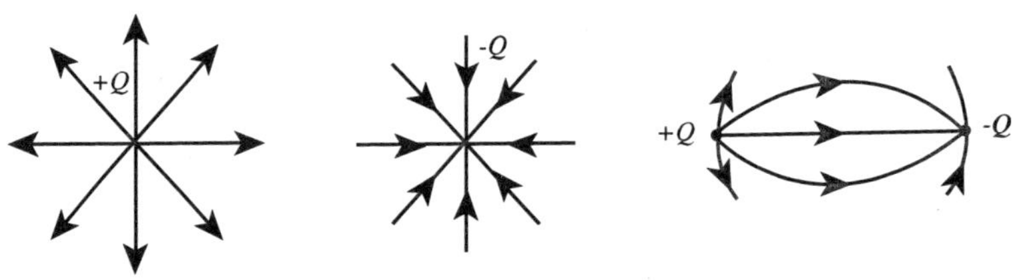

그림 2.5 전계의 방향

일반적으로 전계는 전압에 의해 발생된다. 그림 2.6에서 보는 바와 같이 전극에 전압을 인가하면 두 장의 전극에 각각 +Q[C]과 -Q[C]의 전하가 축적되기 때문에 전극 사이에는 전계가 형성된다. 전극사이의 거리를 d[m]라 하면, 전계와 전압사이에는 다음의 관계가 성립한다.

$$E = \frac{V}{d} \qquad (2\text{-}10)$$

즉, 전계는 전압의 크기에 비례하며, 이는 전압이 클수록 많은 전하가 생겨 쿨롱력이 크게 되기 때문이다.

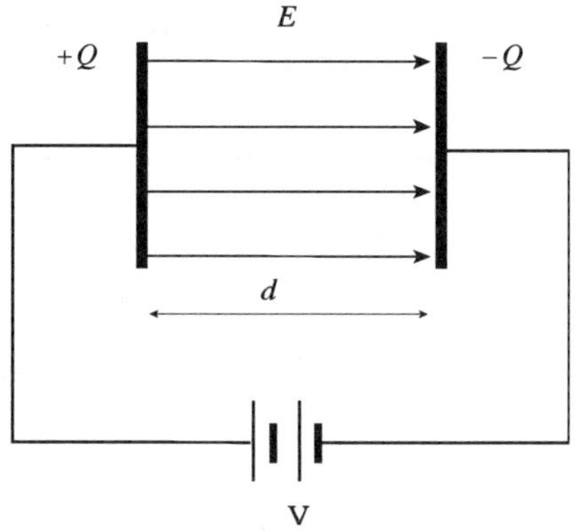

그림 2.6 평행평판 전극의 전계

예제 2-1

10^{-4}[C]과 10^{-5}[C]의 전하가 공기 중에서 1[m] 떨어져 있다면 두 전하 사이에 작용하는 정전력은 얼마인가?

풀이

$$F = \frac{1}{4\pi\epsilon}\frac{Q_1Q_2}{r^2} = \frac{1}{4\times3.14\times8.854\times10^{-12}}\frac{10^{-4}\times10^{-5}}{1}$$

$$= 9\times10^{9}\times10^{-9} = 9[\mathrm{N}]$$

즉 F>0이면 반발력이 작용한다.

예제 2-2

전계의 세기가 5×10^5[V/m]인 곳에 3[μC]의 전하가 공기 중에서 1[m] 떨어져 있다면 두 전하 사이에 작용하는 정전력은 얼마인가?

풀이

$$F = QE = 5\times10^{5}\times3\times10^{-6} = 1.5[\mathrm{N}]$$

2.4 전 위

전기공학에 있어 어떤 전하를 A점에서 B점으로 옮기기 위해서는 일이 필요하며, 특히 +1[C]의 단위 양전하를 옮기는데 필요한 일을 전위(potential)로 정의한다. 즉, 전위란 하전입자를 옮기는데 필요한 일의 개념으로, 전위가 크면 그만큼 일을 용이하게 할 수 있음을 의미한다. 220[V]는 110[V]에 비해 2배로 일을 수월하게 할 수 있는 것이다. 전기회로에서 이러한 일의 결과는 일반적으로 전류의 크기로 나타난다.

예를 들면 그림 2.7과 같은 간단한 회로에서 동일한 저항 R에 전압 2V를 인가하면 전압 V를 인가할 때에 비해 전류가 2배로 흐름을 알 수 있다. 그만큼 많은 하전입자를 옮길 수도 있고, 일정 양의 하전입자를 빨리 옮길 수도 있다는 뜻이다. 전위는 전압(voltage), 전위차(potential difference), 전압강하(voltage drop), 기전력(electromotive force) 등의 용어와 동일한 의미로 사용되고 있으며, 단위는 볼트[V]를 사용한다.

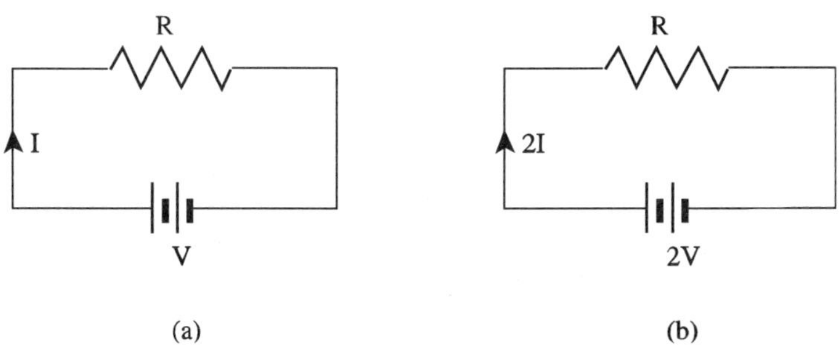

그림 2.7 전압의 역할

전위차는 두 지점의 전위의 차이를 의미한다. 전위의 경우도 마찬가지로 하나의 전위의 값은 반드시 정해진 기준 전위 하에서 의미를 갖게 된다.

따라서 그림 2.8에서 처럼 우리가 일상생활 속에서 사용하는 110[V]는 0[V]라는 기준 전위에 대한 A점의 전위이며, 220[V]는 -110[V]에 대한 A점의 전위이다. 이러한 의미로 전위 및 전압의 보다 정확한 의미는 두 지점 사이의 전위차(potential difference)로 볼 수 있는 것이다.

그림 2.9에서는 전위차와 전압강하가 발생됨을 알 수 있다. 다행히 전기공학에서는 대지가 0[V]라는 훌륭한 기준전위의 역할을 하고 있으므로 전위차 대신 그냥 전위 혹은

전압이란 용어를 사용하고 있다.

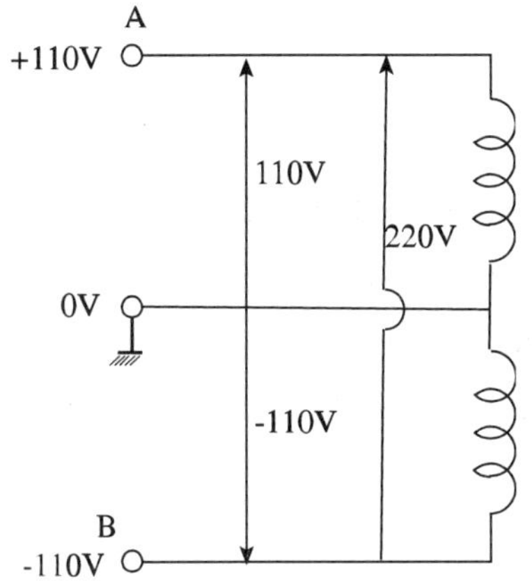

그림 2.8 110V와 220V

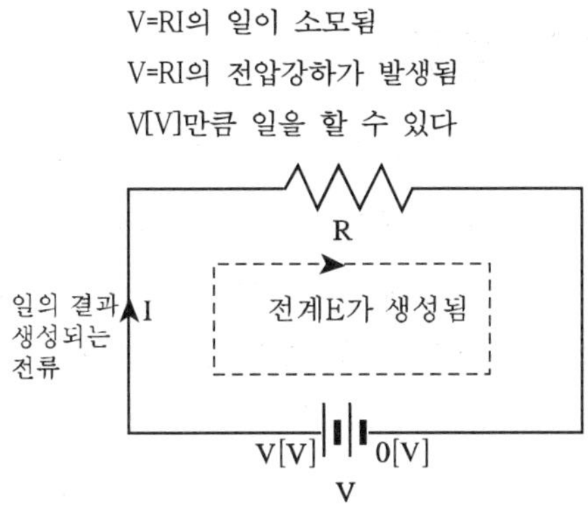

그림 2.9 전위차와 전압강하

쉬 어 가 기

예를 들어 간단한 회로를 생각해 보자. 저항 R에 전압 V를 인가하면 전류 I가 흐름은 옴의 법칙으로부터 잘 알려져 있는 사실이다. 이러한 전류의 형성 과정을 전위 및 전계의 개념으로 고찰하면 다음과 같다.

우선 전원이 0[V]에 대한 V[V]의 전위차를 가지고 있으므로 회로의 도선을 따라 전계가 발생한다. 또한 전계는 힘의 개념으로 전하에 힘을 가하여 전하를 가속시킨다. 가속된 전하는 일정한 속도로 움직이므로 회로에 속도와 전하의 양에 의존하는 전류가 형성되는 것이다. 또한, V[V]의 전위는 하전입자를 이동시킴으로써 전류를 형성하는데 모두 사용되었으므로 전원으로 되돌아 올 때에는 0[V]가 된다고 볼 수 있다. 한편, 저항 R은 전류의 흐름을 방해하는 역할을 하므로 전류가 저항을 통과하기 위해서는 V=RI만큼의 일이 저항 부분에서 소모되어야 한다. 이 때 저항에서는 V=RI의 전압강하가 발생하였다고 한다.

2.5 전 류

전자의 존재가 밝혀지기 전까지는 전류에 대하여 잘 몰랐었는데 1897년 영국의 톰슨이 전자의 흐름이 전류라는 것을 증명하였다. (+)로 대전된 물체와 (-)로 대전된 물체를 금속으로 이어주면 (-)의 전하는 (+)쪽으로 이동하고, (+)의 전하는 (-)쪽으로 이동하여 중화된다. 이와 같은 전하의 이동을 전류라 한다. 전류의 크기는 단위 시간에 도체를 통과하는 전기량으로 나타내며 단위는 암페어(Ampere, 기호 A)를 사용하고 [mA], [μA] 도 많이 사용하고 있다.

(1) 전류의 종류

우리가 실제로 이용하는 전류에는 크기와 방향이 일전한 직류(direct current: DC)와 시간에 따라 크기와 방향이 주기적으로 변하는 교류(alternate current: AC)가 있다. 1초 동안에 1[C]의 전기량이 이동하면 1[A]라 하며, 6.24×10^{18} 개의 전자가 이동한 것이다. 따라서 도체의 단면을 t초 동안에 Q[C]의 전하가 일정 비율로 이동하였다면 , 이때의 전류는 다음과 같이 계산할 수 있다.

$$I\,[A] = \frac{Q\ [C]}{t\ [s]} \qquad (2\text{-}11)$$

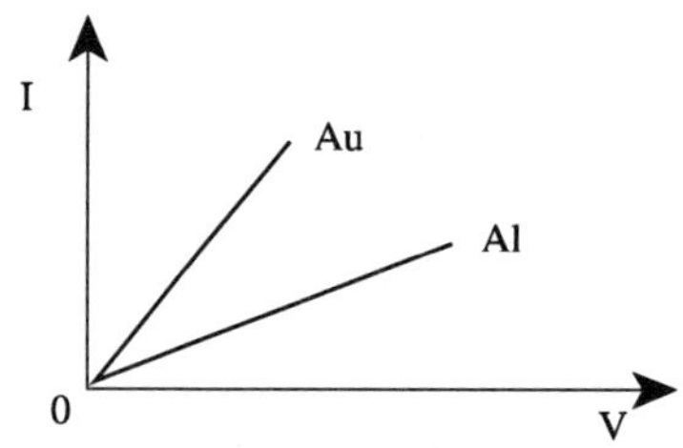

그림 2.10 도체의 전압 - 전류특성

이 식으로부터 큰 전류가 형성되기 위해서는 매우 짧은 시간에 많은 하전입자가 생겨 이동해야 함을 알 수 있다. 따라서 전류는 하전입자의 개수와 이동 속도에 비례하며, 이동속도는 주어진 전위차(전압)가 크면 큰 전계가 형성되어 전하를 가속하는 힘이 매우 크게 되므로 빨라질 수 있다.

예를 들어 그림 2.10은 도체의 전형적인 전압-전류 특성곡선을 나타낸다. 그림에서 전압이 증가함에 따라 전류가 커지는 것은 이 때문이다. 한편, 동일한 전압의 조건하에서도 하전입자의 개수는 물질의 저항의 상태에 따라서 많이 발생할 수도 있고 적게 발생할 수도 있다.

예제 2-3

도체에 5[A]의 전류가 1분 동안 흐르면 이 도체를 통과한 전기량은 얼마인가?

풀이

$Q = It = 5 \times 60 = 300\ [\mathrm{C}]$

(2) 전류의 작용

전원으로부터 부하에 흐르는 전류는 다음과 같은 여러 가지 작용을 하고 있으므로 이러한 성질을 이용하여 각종 전기제품을 제작하거나 전기산업에 활용하고 있다. 니크롬선 등 저항을 갖는 도체에 전류를 흘리면, 발열, 자기, 화학 작용이 일어난다. 이것을 전류(전기)의 3대 작용이라 불리며, 다음과 같이 분류된다.

1) 발열작용

도체에 전류가 흐르면, 전하의 이동은 전자의 이동으로 이루어진다. 그러나 전자는 도체내의 다른 기본 구성요소들과 상호작용 없이는 도체 내부를 통과할 수 없다. 다른 입자들과 충돌, 반발, 흡인을 통해서 열 진동을 발생시키면서 이동하게 된다. 따라서 전자의 가속에너지는 열로 변환된다. 즉, 도체에 전류가 흐르면 전자의 이동을 방해하는 도체내부의 저항(전기저항) 때문에 도체에는 열이 발생하게 된다. 일정시간에 발생한 열량은 저항 값이 크고, 전류가 많이 흐를수록 많아진다. 발열부분 온도 상승 시 적열에서 백열로 바뀌어 빛이 발생한다.

전류의 발열작용을 이용한 것들로는 전기다리미, 전기난로, 히터, 온수기, 전기장판, 전기용접, 자동차 후면 유리 등이 있다.

2) 자기작용

전선이나 코일에 전류가 흐르면 그 주위 공간에 자기 현상이 나타난다. 즉 도선을 감아 만든 코일에 전류를 흘리면 그 속에 자계가 발생된다. 이것은 전동기(motor) 원리가 된다. 즉, 전기에너지를 기계에너지로 변환 작용하는 것이 전동기이고, 기계에너지를 전기에너지로 변환 작용하는 것이 발전기(generator)이다. 전류의 자기작용을 응용한 것들로는 전동기(motor), 변압기(transformer), 릴레이(relay), 부저(buzzer) 등이 있다.

3) 화학작용

산(acid), 염기, 소금(salt), 금속산화물(metallic oxide) 등이 녹는 것 또는 그 용액은 전류가 흐를 수 있다. 이와 같이 전기가 흐를 수 있는 용액을 전해액(electrolyte)이라 한다. 전해액은 직류가 흐를 때 자신의 주 구성요소를 분해시킨다. 예를 들면 식염수에 두 개의 백금 전극을 넣고 전류를 흘리면 -극에서는 수소, +극에서는 염소가 발생되며, 또한 가성소다가 만들어진다. 이를 전기분해라 한다.

전기분해와 같은 작용을 전류의 화학작용이라 하며, 전기분해, 전기도금, 전해재련(알루미늄이나 구리의 생산), 축전지 등은 전류의 화학작용을 이용한 것이다.

즉, 물의 전기분해나 전기도금에 사용되는 작용이며, 전류가 물질 속에 흐름으로써 화학반응이나 전기분해를 하는 작용으로 축전지(황산과 증류수 혼합물에 전류를 흘려 일어나는 화학반응을 이용해서 전기에너지를 화학에너지로 변환하여 저장한 것이다)가 있다.

2.6 전압과 전압원

수위가 높은 탱크 A와 수위가 낮은 탱크 B를 파이프로 연결하여 밸브를 열면, 물이 높은 탱크에서 낮은 탱크로 흐른다. 이것을 전기의 경우에 대응시키면, 수위에 대응하는 것이 전압으로 전위(electric potential)가 높은 쪽에서 낮은 쪽으로 전류가 흐른다. 그리고 전위가 높은 곳과 전위가 낮은 곳의 차이를 전위차(electric potential difference)) 또는 전압이라 한다.

전지와 같은 전기의 공급원을 전원(power source)이라 한다. 전원에는 전지 이외에도 직류발전기, 직류 안정화 전원 등이 있다. 또한 꼬마전구와 같이 전원으로부터 전기 에너지를 받아 빛 또는 열등의 다른 에너지로 변화시켜 소비하는 것을 부하(load)라 한다. 부저, 전자석, 전동기 등은 부하의 한 예이다. 이들 전원과 부하 그리고 이들을 연결하는 전선이 전기회로의 기본적인 구성요소이다.

전압원(voltage source)은 전위차를 유지해 주는 장치로서 직류 전압원과 교류 전압원으로 구분된다. 직류전압원에는 건전지, 광전지(solar cell), 직류전원공급장치(DC Power

Supply)가 있고, 교류전압원에는 발전기가 있다.

건전지는 화학적 에너지를 전기적 에너지로 변환하는 장치로 +단자에 양전하(양이온)가 존재하고, -단자에는 음전하(음이온)가 존재한다. 이들 모두 화학 작용에 의해 발생하고 1차 전지와 2차 전지로 구분된다. 1차 전지는 충전이 불가능한 전지이고, 2차 전지는 충전이 가능한 전지로 화학작용을 반대로 하여 충전이 가능하다.

2.7 전기저항

전기의 경우에도 도체의 재질이나 굵기, 길이 등에 따라 전류가 달라진다. 이와 같이 도체에는 전류의 흐름을 방해하는 작용을 하는 것이 있다. 이것을 전기저항(electric resistance)또는 간단히 저항(resistance)이라고 하며, 단위로는 옴(Ohm:Ω)을 사용한다. 1[A]의 전류를 흘리는데 1[V]의 전압을 필요로 하는 저항을 1[Ω]이라고 한다. 저항을 종류별로 분류하면

(1) 저항의 종류

저항은 수 [Ω]에서부터 수천 [MΩ]에 이르기까지 다양한 범위의 저항 값을 가지고 있으며 정격 전력도 0.1 [W]에서 수백 [W]까지 다양한 범위의 값을 갖는다. 저항은 크게 저항 값을 변화시킬 수 없는 고정저항(fixed resistor)과 저항 값을 변화시킬 수 있는 가변저항(variable resistor)으로 분류할 수 있다. 주로 많이 사용되는 고정저항을 그림 2.11과 그림 2.12에 표시하였다. 이러한 저항들은 대부분의 전자장비에 공통으로 사용되며, 대부분 2[W] 이하의 정격 전력을 갖는다. 전력 소비가 5[W] 이상이 요구되는 곳에는 권선형 저항을 많이 사용한다. 한편 기계적으로 저항을 조정할 수 있는 가변저항을 그림 2.13에 나타내었다. 이들은 회로에 연결하여 부하 전압을 변화시키기 위하여 사용한다.

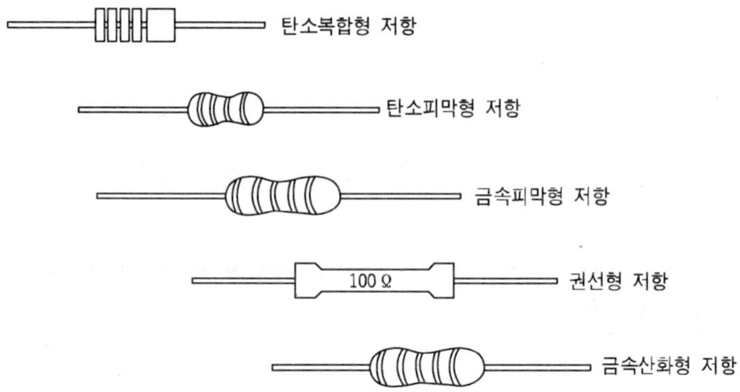

그림 2.11 고정저항기

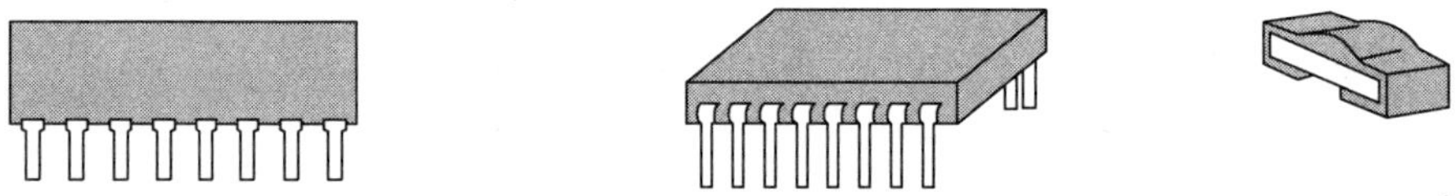

그림 2.12 후막형 저항기

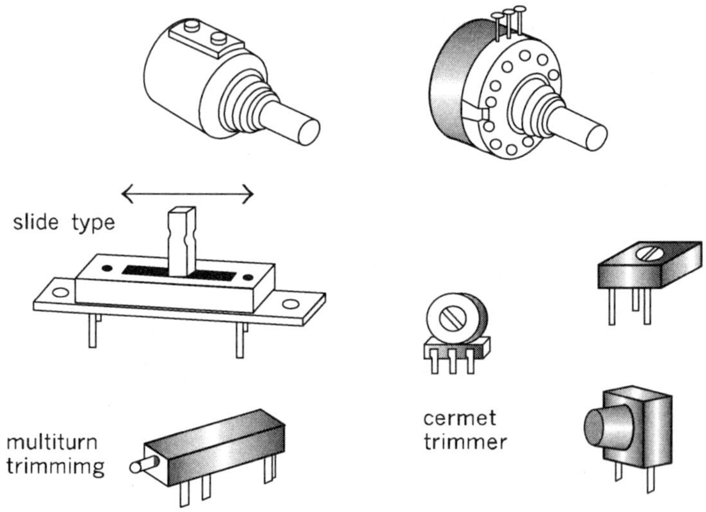

그림 2.13 가변저항기

전기저항의 종류에 대하여 살펴보면 고정저항, 반고정저항 및 가변저항로 분류되며, 고정저항은 탄소피막저항과 솔리드저항 및 권선저항으로 나누어진다.

1) 고정저항

가) 탄소피막저항

자기(ceramic)의 관이나 막대에 탄소(carbon)의 얇은 막을 구어 붙인 것으로 카본저항이라고도 한다. 이것은 막의 두께를 얇게 할수록 저항이 높아진다.

나) 솔리드저항

일명 몰드저항 또는 콤포지션(composition) 저항이라고도 한다. 이것은 탄소 가루를 혼합물과 적당히 섞어서 굳힌 것을 막대 모양으로 만들어 그 양단에 리드선을 달고 합성수지 등의 보호용 케이스에 넣은 다음 케이스와 저항체 사이에 절연물을 채운 것이다.

다) 권선저항

자기 등의 절연물 위에 저항선을 감은 것으로 보통 수[kΩ]이하 낮은 저항값을 가지며 큰 전류가 흐르는 부분에 사용한다.

2) 반고정저항

한번만 조정하면 다시 조정하지 않는 저항을 말한다.

3) 가변저항

저항 값을 수시로 조정이 가능한 저항이며, 볼륨과 같이 음량의 조절에 많이 사용된다. 일반적으로 가변저항은 ON/OFF 스위치와 겸해서 쓰는 경우가 많아 볼륨스위치라고도 한다.

그림 2.14는 회로에 표시하는 저항의 기호 이다.

그림 2.14 저항의 기호 표시

(2) 저항 값

저항은 도체의 종류, 단면적과 길이에 따라 달라진다. 즉 도체의 고유저항은 길이에 비례하고 단면적에 반비례한다. 즉 길이가 2배로 되면 저항도 2배가 되고, 단면적이 2배로 되면 저항은 1/2로 감소한다. 따라서 큰 전류가 흐르는 부하에는 굵은 전선을 사용하고 작은 전류가 흐르는 장치에는 가는 전선을 사용해도 된다. 단면적을 S, 길이를 l 이라 하면 저항 R은 $R \propto \frac{l}{S}$과 같이 쓸 수 있다. 그런데 길이와 굵기가 같아도 물질에 따라 저항이 다르므로 이 물질에 따라 정해지는 비례상수를 ρ라 하고, ρ는 저항율(resistivity) 혹은 고유저항으로 물질에 따라 다른 값을 갖는 상수이다. 한편, 저항율의 역수를 도전율(conductivity) 이라 하여 도체의 성질을 나타내는 중요한 물질정수로 사용된다. 따라서 저항 R은 다음과 같이 나타낼 수 있다.

$$R = \rho \frac{l}{S} \ [\Omega] \tag{2-12}$$

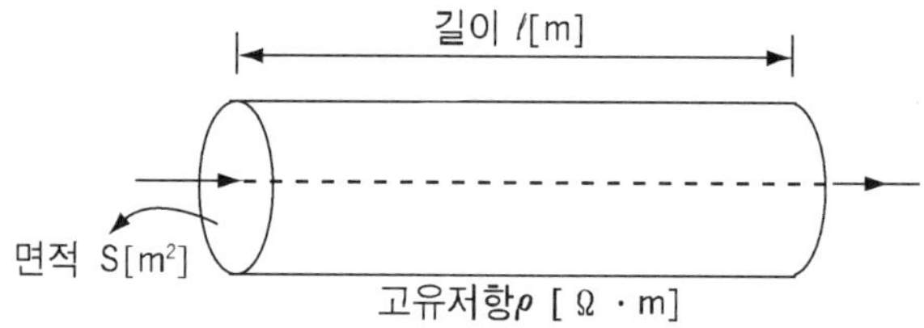

그림 2.15 저항

(3) ohm의 법칙

1827년 독일의 과학자 옴(Ohm G. S.)이 "도체에 흐르는 전류의 크기는 도체에 가한 전압에 비례하고 그 도체의 저항에 반비례한다." 는 전기의 기본법칙인 옴의 법칙을 발견하였다. 도체에 가한 전압을 V, 도체의 저항을 R, 흐르는 전류를 I라고 하면 다음과 같은 식이 성립하게 된다. 그림 2.16은 전압과 전류, 전류와 저항의 관계식인 식 (2-13)를 도식화한 것이다.

$$I = \frac{V}{R} \ [\mathrm{A}], \quad V = I \cdot R \ [\mathrm{V}], \quad R = \frac{V}{I} \ [\Omega] \tag{2-13}$$

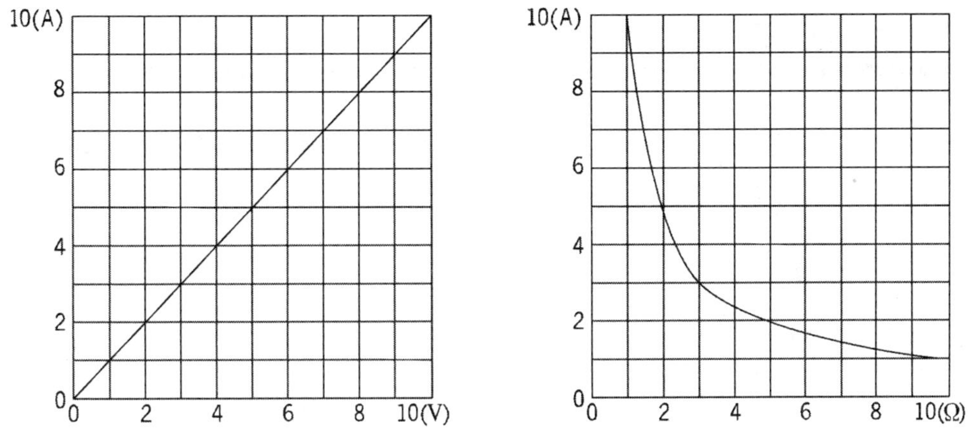

그림 2.16 옴의 법칙

예제 2-4

저항 5[Ω]인 도체에 전압 10[V]를 공급한 경우 도체에 흐르는 전류는 얼마인가?

풀이

$$I=\frac{V}{R}=\frac{10}{5}=2\,[A]$$

예제 2-5

어느 도체에 12[V]의 전압을 가했더니 2[A]의 전류가 흘렀다면 이 도체의 저항은 얼마인가?

풀이

$$R=\frac{12}{2}=6\,[\Omega]$$

예제 2-6

단면적 16[mm^2], 길이 100[m]의 경동선의 저항은 얼마인가? 단, 경동선의 고유저항은 $1.7774 \times 10^{-6}\,[\Omega \cdot \mathrm{cm}]$이다.

풀이

$$R = 1.7774 \times 10^{-6} \times \frac{10,000}{0.16} \fallingdotseq 0.111\,[\Omega]$$

* 원형도선의 단면적은 서큘러밀(circularmils)에 의해 측정한다. 서큘러밀은 원형의 단면적 $\pi\gamma^2$(반지름)이나 $\frac{\pi D^2}{4}$(직경)의 공식없이 사용된다.

(3) 저항의 색 띠 표시

고정저항기는 크기가 작기 때문에 저항 값을 그것에 인쇄된 색 띠로 표시한다. 각 색 띠가 의미하는 것을 표 2.1에 나타내었다. 색 띠는 흑색에서부터 시작해서 백색까지 10단계이며, 가장 낮은 크기는 0이고 가장 큰 숫자는 9이다. 이것은 EIA(Electronic Industries Association)에 의해서 표준화 된 것으로 커패시터에도 사용되어진다.

표 2.1 색 띠 표시법

색깔(color)	숫자(digit)	승수(multiplier)	허용 오차
흑색(black)	0	10^0 또는 1	-
갈색(brown)	1	10^1	-
적색(red)	2	10^2	-
등색(orange)	3	10^3	-
황색(yellow)	4	10^4	-
녹색(green)	5	10^5	-
청색(blue)	6	10^6	-
자색(violet)	7	10^7	-
회색(gray)	8	10^8	-
백색(white)	9	10^9	-
금색(gold)	-	10^{-1} 또는 0.1	±5%
은색(silver)	-	10^{-2} 또는 0.01	±10%
무색(none)	-	-	±20%

저항의 색 띠 표시는 그림 2.17에 표시된 것처럼 고정저항기에 표시된다. 왼쪽부터 오른쪽의 순으로 읽어 나가는데 첫 번째 띠는 저항의 첫 번째 수치를 표시하고 두 번째 띠는 두 번째 자리를 의미하고 세 번째 숫자는 10의 곱수로 두 개의 디지트 다음에 있는 0의 개수를 표시한다. 그리고 네 번째 색 띠는 허용 오차를 나타내는데 금색이면 저항의 값이 5[%]의 허용 오차를 뜻하고, 은색이면 10[%]의 허용 오차를 의미한다. 만약 띠가 없으면 20[%]의 허용 오차를 의미한다.

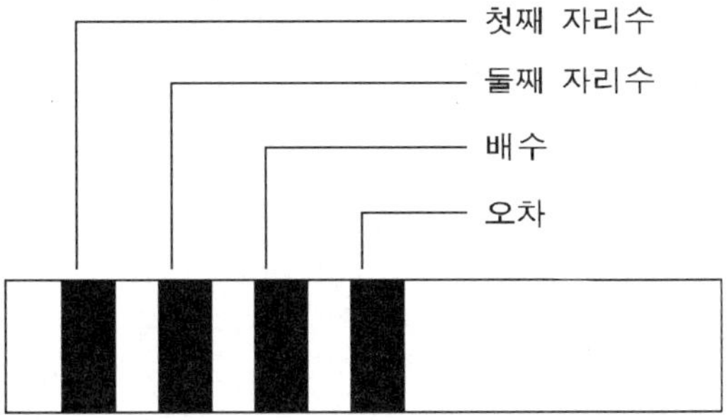

그림 2.17 저항기 색 띠

예제 2-7

다음에 나타낸 것과 같은 저항의 색 띠에서 저항 값을 구하라.

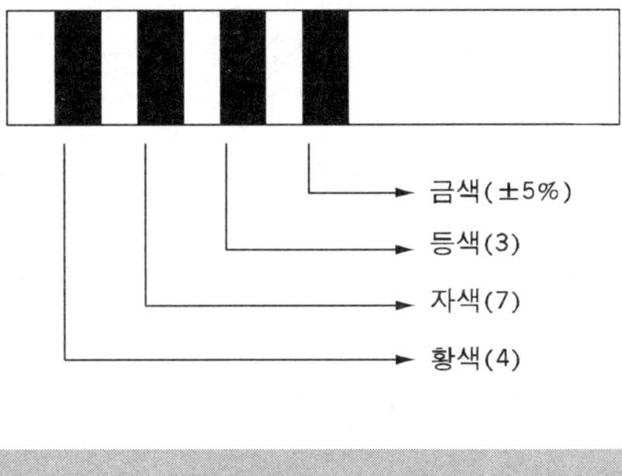

풀이

$47 \times 10^3 \pm 5\% = 47\ [k\Omega] \pm 5\%$

2.8 전 력

전기회로에 전압이 가해지면 여러 가지 일을 한다. 단위시간에 전기가 하는 일의 량(일률)을 전력(electric power)이라 하고, 단위는 와트(watt, 기호 W)를 사용한다.

1[W]는 1초간에 1[J]의 일을 하는 양이다. 지금 R[Ω]의 저항회로에 V[V]의 전압을 가했을 때 I[A]의 전류가 흐를 때의 전력 P는

$$P = VI \tag{2-14}$$

이며, 옴의 법칙을 적용하면

$$P = VI = I^2 R = \frac{V^2}{R} \tag{2-15}$$

이다. 또한

$$V = \frac{W}{Q} \tag{2-16}$$

이다. 따라서 위 두 식에서 다음의 관계가 성립한다.

$$W = QV\ [J] \tag{2-17}$$

결국 전압 V는 하전입자의 이동을 위하여 W=QV[J]만큼의 일을 해 주었으며, =QV[J]만큼의 전기적 에너지를 상실한 결과 전류 I의 흐름이 생겼다고 볼 수 있다. 한편, 단위시간당의 에너지 즉, 일률(power)은

$$P = \frac{W}{t} = \frac{QV}{t}[W] \tag{2-18}$$

로 나타낼 수 있다.

물론 이러한 사실은 위 식들을 적절히 조합하여 보아도 다음과 같이 쉽게 유도 될 수 있다.

$$P = \frac{W}{t} = \frac{QV}{t} = VI\ [W] \qquad (2\text{-}19)$$

한편, t[sec]동안 수행된 전기적 에너지 Pt[J]를 전력량(electric energy) 또는 적산전력이라 부르며, 1[W]의 전력으로 1시간 동안 할 수 있는 일은 1[W·h]가 된다.

전기 에너지를 공급하는 장치를 전원(electric source)이라 하고, 에너지를 소비하는 부분을 부하(load)라 한다. 부하R의 저항에서 I[A]의 전류가 t[sec]동안 흐를 때, 전기에너지는

$$W = Pt = VIt = RI^2t\ [J] \qquad (2\text{-}20)$$

만큼 줄 열(Joule heat)로 소모되는 것이다. 영국의 물리학자 줄은 전류에 의해 단위시간 중에 발생하는 열량은 전류의 제곱과 저항의 곱에 비례한다는 법칙을 만들었다. 이것이 줄의 법칙이며, R[Ω]의 저항에 I[A]의 전류가 t[sec]동안 흐를 때 발생하는 열량 $H=RI^2t[J]$이다. (1J=0.24(cal), 1cal=4.2[J])

예제 2-8

직렬로 연결된 1.5[V] 두 개의 건전지에 의해 켜지는 20[Ω] 전구에서 소모되는 전력은 얼마인가?

풀이

$E = E_1 + E_2 = 3\,[\mathrm{V}]$, $I = \frac{E}{R} = \frac{3}{20} = 0.15\,[\mathrm{A}]$,

$P = I^2R = (0.15)^2 \times 20 = 0.45\,[\mathrm{W}]$

요약

- 저항이란 전류를 제한하여 열을 발생시키고 전자의 흐름을 조절하고 장치에 정확한 전압을 공급해주는 역할을 한다.
- 고정저항기의 저항 값을 표시하는 방법으로는 색 띠 표시법이 있다.
- 옴의 법칙에 의하면 전자회로에 흐르는 전류의 크기는 전압을 크게 하면 커지고, 회로의 저항이 커지면 전류는 줄어든다.
- 전류가 흐르는 통로가 오직 하나뿐인 연결방법을 직렬연결이라 한다.
- 직렬회로에서 각각의 소자를 통하여 흐르는 전류의 크기는 모두 같다.
- 병렬회로에서 각 지로 양단에 걸리는 전압은 같다.
- 병렬회로에서 전체 전류는 각 지로의 전류의 합과 같다.
- 전력은 하는 일 또는 사용하는 에너지의 시간당 비율을 나타낸 것으로 단위시간당 에너지의 단위를 가진다.
- 저항 및 전압의 측정은 측정하는 단자에 대하여 병렬로 접속하고, 전류의 측정은 직렬로 접속한다.

연 습 문 제

1. 정전계에서 쿨롱의 법칙은 무엇인가?

2. 유전율이란 무엇인가?

3. Ohm 법칙에 대하여 기술하시오.

4. 줄열(joule's heat)은 무엇인가?

5. 전기의 3대 작용은 무엇인가?

6. 전위차와 전압강하에 대하여 설명하시오.

7. 저항의 종류에 대하여 분류하시오.

8. 색깔이 있는 저항을 식별하는 방법은 무엇인가?

9. 저항값은 물질에 따라서 다르다. 그러면 단면적 S[m^2]이고, 길이가 l[m]인 도체의 저항값은 얼마인가?

10. 어느 저항에 12[V]의 전압을 가하면 5[mA]의 전류가 흐른다. 이 저항의 크기는 얼마인가?

11. 800[W]의 전열기를 매일 4시간씩 사용하면, 30일간 사용한 전력량은 몇 [kW]인가?

12. 어떤 저항 회로에 200[V]의 전압이 30초 동안 인가되어 600[C]의 전하량이 이동되었다면 이 회로의 (1)전력과 (2)전력량 및 (3)열량은 각각 얼마인가?

13. 길이가 5[m]이고 직경이 1[mm]인 구리도선의 저항을 구하시오.
(단, 구리의 $\rho = 1.72 \times 10^{-8}$[Ω m] 이다.)

제 3 장

회로의 기초

3.1 직류회로

(1) 저항회로

여러 개의 저항을 연결하여 사용할 때, 직렬과 병렬연결의 2가지의 방법이 있다. 연결하는 방법에 따라 회로의 전압 및 전류특성이 달라지므로 주의해야 한다. 예를 들어 두 개의 저항을 연결할 때 그림 3.1과 같이 단자 1′ 와 2를 연결하면 직렬연결이며, 1과 2 그리고 1′ 와 2′ 를 연결하여 전압을 가하면 병렬연결이 된다. 그림(c)는 회로상의 직렬과 병렬 연결의 예를 등가회로로 나타낸 것이다.

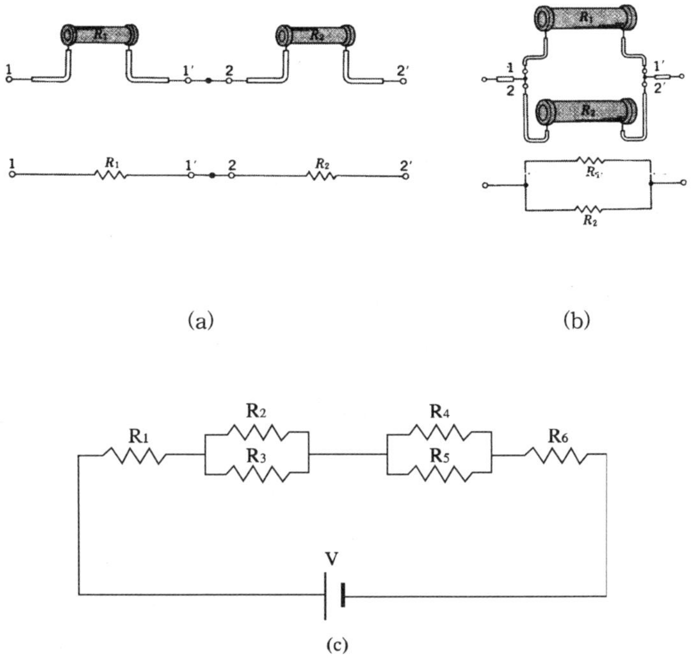

그림 3.1 저항접속의 방법

2개의 저항 R_1 및 R_2를 직렬연결하면 회로를 흐르는 전류는 전원으로부터 나오는 전류나, 각 저항을 흐르는 전류나, 전원으로 되돌아가는 전류나 동일한 값을 가진다. 그림

3.2(a)와 같은 회로에 전압 V[V]를 가하여 흐르는 전류가 I[A]라면, 각 저항에 발생되는 전압은

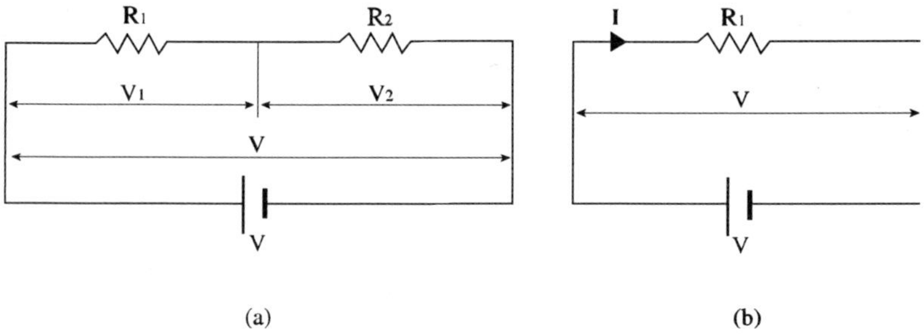

그림 3.2 저항의 직렬연결

옴의 법칙으로부터

$$V_1 = R_1 I, \qquad V_2 = R_2 I \tag{3-1}$$

이며, 각 저항에 발생하는 전압 V1 과 V2의 합이 전원전압 V와 같으므로

$$\begin{aligned} V &= V_1 + V_2 \\ &= R_1 I + R_2 I \\ &= (R_1 + R_2) I \end{aligned} \tag{3-2}$$

이다. 또한 그림(b)와 같이 동일한 전압 V[V]를 인가하여 같은 크기의 전류 I[A]가 흐른다고 하면

$$V = RI \tag{3-3}$$

이므로 직렬 접속한 그림(a)의 전 저항이 그림(b)의 저항 R 과 같은 전압하에 같은 전류를 흘리는 동일한 역할을 하였다고 볼 수 있다. 이 저항 R을 합성저항이라 하며

$$R = R_1 + R_2 \tag{3-4}$$

이다. 직렬 접속한 저항이 n개로 되면 합성저항은

$$R = R_1 + R_2 + R_3 + \cdots\cdots + R_n \tag{3-5}$$

이 된다. 이상에서 보는 바와 같이 직렬접속은 전압을 나누어 가진다. 즉, 회로내의 전류가 일정하여 각 저항의 전압은 저항의 크기에 의해 분배되므로

$$R_1 : R_2 : R = \ V_1 : V_2 : V \tag{3-6}$$

의 관계가 성립하고, 따라서

$$V_1 = \frac{R_1}{R}V, \qquad V_2 = \frac{R_2}{R}V \tag{3-7}$$

가 되어, 큰 저항에 보다 큰 전압이 분배됨을 알 수 있다.

저항의 직렬연결은 저항의 크기에 비례하는 전압을 나누어 가지는데 비해, 병렬연결을 하면 전류를 나누어 갖는다. 이것은 마치 각 가정에 들어오는 수도관으로부터 주방과 목욕탕, 화장실 등으로 물이 나뉘어 흐르는 것과 흡사하다.

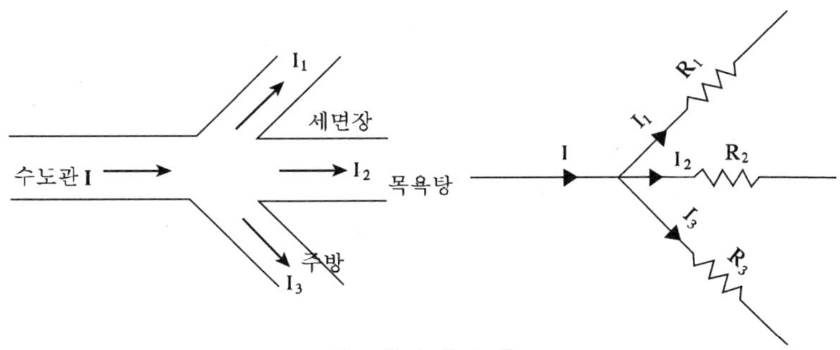

$$I = I_1 + I_2 + I_3$$

그림 3.3
전류의 분류

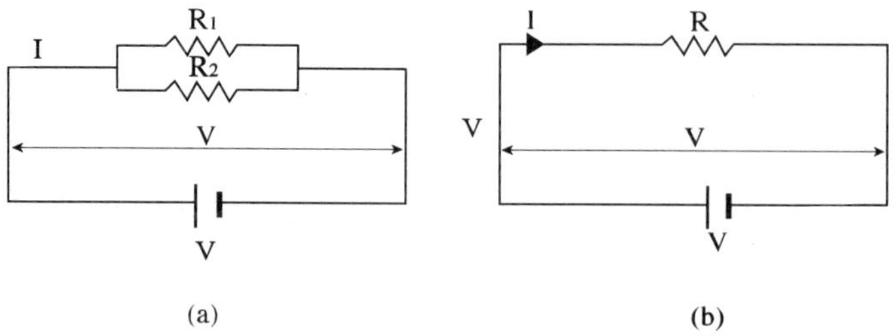

그림 3.4 저항의 병렬연결

그림 3.4와 같이 2개의 저항 R_1, R_2를 병렬로 연결하여, 전압 V를 가하면, 저항 R_1, R_2에는 전원전압 V가 그대로 가해져 있으므로 각 저항을 흐르는 전류 I_1과 I_2는 옴의 법칙에 의해 다음과 같이 주어진다.

$$I_1 = \frac{V}{R_1}, \qquad I_2 = \frac{V}{R_2} \tag{3-8}$$

또한, 전원에서 흘러나오는 전류 I는 각 저항을 흐르는 전류들의 합이므로

$$\begin{aligned} I &= I_1 + I_2 = \frac{V}{R_1} + \frac{V}{R_2} \\ &= \left(\frac{1}{R_1} + \frac{1}{R_2}\right) V \end{aligned} \tag{3-9}$$

이다. 마찬가지로 그림 3.4(b)와 같이 저항 R에 그림 3.4(a)와 같은 크기의 전압 V를 가하여, 같은 크기의 전류 I[A]가 흐른다면,

$$I = \frac{V}{R} \tag{3-10}$$

이므로 병렬 접속한 전 저항이 그림 3.4(b)의 저항 R과 동일한 역할을 한 것이 된다. 따라서 병렬접속시의 합성저항 R은

$$\frac{1}{R} = \frac{1}{R_1} + \frac{1}{R_2}$$

$$R = \frac{1}{\frac{1}{R_1} + \frac{1}{R_2}} \tag{3-11}$$

이 된다. 병렬 접속한 저항이 n개이면 합성저항은

$$R = \frac{1}{\frac{1}{R_1} + \frac{1}{R_2} + \frac{1}{R_3} + \cdots\cdots + \frac{1}{R_n}} \tag{3-12}$$

로 주어진다. 한편, 저항의 병렬연결에 의해 나누어지는 전류의 크기에는

$$I_1 : I_2 : I = \frac{1}{R_1} : \frac{1}{R_2} : \frac{1}{R} \tag{3-13}$$

의 관계가 성립하므로, 저항을 흐르는 전류는

$$I_1 = \frac{R}{R_1} I, \qquad I_2 = \frac{R}{R_2} I \tag{3-14}$$

가 되어, 각 저항의 크기에 반비례하는 전류가 각 저항을 흐르게 된다.

쉬 어 가 기

흔히 감전 사고를 방지하기 위하여 고전압이 인가된 물체를 접지하여 사용한다. 접지란 회로의 개념으로 생각해 보면 부하(저항)의 병렬연결과 같은 원리이다.

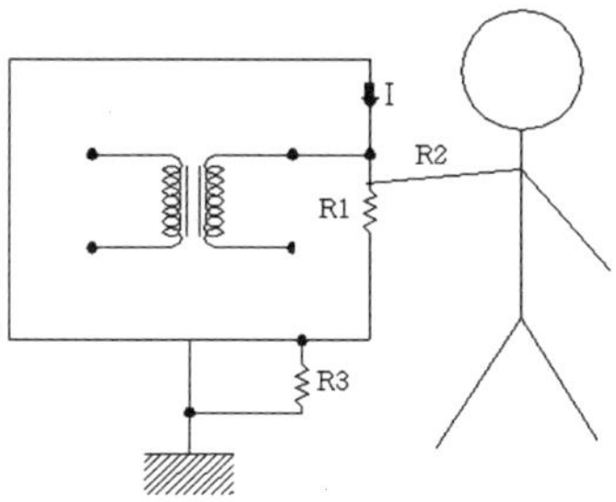

그림 3.5 인체의 기기접촉

즉, 그림과 같은 전기 기기에는 전압이 흐르는 부분과 사람의 접촉이 가능한 외함 사이에는 반드시 전기가 통하지 않는 절연물이 존재하므로 사람이 외함을 만져도 감전의 위험은 없다고 볼 수 있다. 그러나 기기를 오랜 기간 사용하여 기기가 노후하거나 혹은 절연물의 절연성능의 열화 되어 있을 경우, 내부의 전압에 의한 전류가 외함에 유기 될 수 있다.

이 경우 전기 기기가 접지 되어 있지 않으면 그림과 같이 기기 외함의 저항 R1과 사람의 저항 R2가 직렬 연결된 것과 같으므로 외함을 흐르는 전류가 그대로 인체로 흘러 버린다. 그러나 접지 한 경우에는 인체의 저항이 약 100[kΩ]정도이므로 접지 저항 R3가 매우 작을 경우, 대부분의 전류는 분류되어 저항이 작은 접지저항으로 흐르게 되므로 인체는 전기로부터 수 있다. 따라서 매우 큰 고전압을 사용하는 전기 기기는 반드시 접지저항이 10[Ω]이하인 1종 접지를 하도록 규정하고 있다.

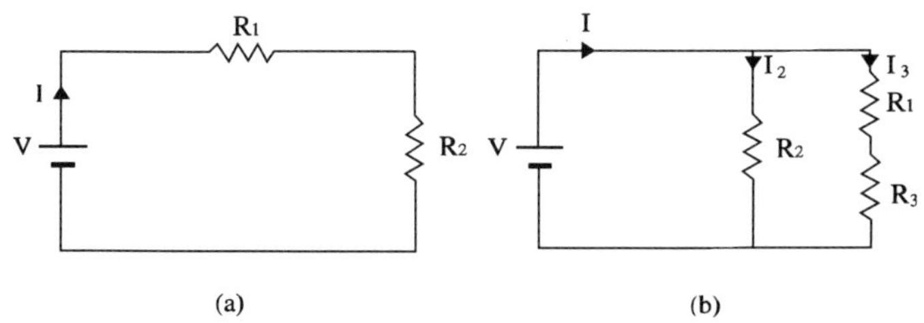

(a) 접지하지 않은 경우의 등가회로 (b) 접지한 경우의 등가회로

그림 3.6 감전의 등가회로

예제 3-1

3개의 저항이 다음과 같이 직렬로 연결된 경우 100[V]의 직류전압이 가해질 때 각 저항에서의 전압은 얼마인가?

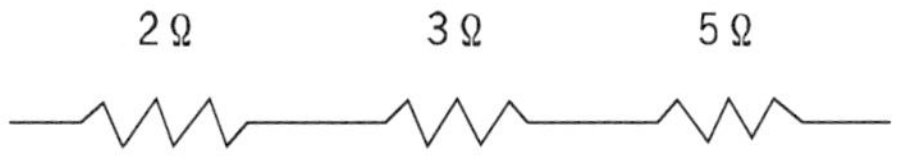

풀이

$V_{2\Omega} = \frac{2}{10} \times 100 = 20\,[V]$, $V_{3\Omega} = \frac{3}{10} \times 100 = 30\,[V]$,

$V_{5\Omega} = \frac{5}{10} \times 100 = 50\,[V]$

예제 3-2

다음 회로에서 I_1과 I_2는 얼마인가?

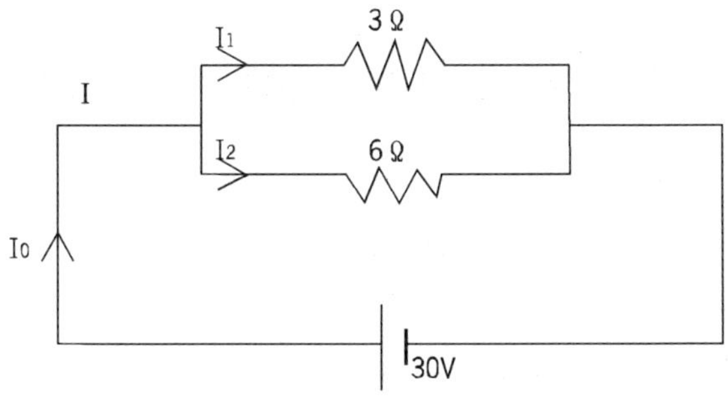

풀이

합성저항 $R_0 = \frac{3 \times 6}{3+6} = 2\,[\Omega]$

회로의 전체전류 $I_0 = \frac{30}{2} = 15\,[A]$

$I_1 = \frac{6}{9} \times 15 = 10\,[A]$, $I_2 = \frac{3}{9} \times 15 = 5\,[A]$

예제 3-3

그림과 같은 직병렬회로의 합성저항은 얼마인가?

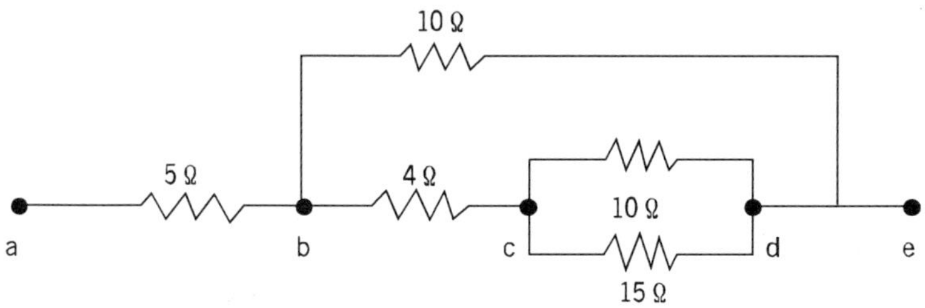

풀이

먼저 *cd* 부분의 합성저항을 구하면 $R_{cd}=\dfrac{10\times 15}{10+15}=6[\Omega]$이다.

bc 사이의 저항과 R_{cd}가 직렬연결이므로 $R_{bd}=4+6=10[\Omega]$이다.

R_{be}는 10[Ω]의 저항 두 개가 병렬연결이므로 5[Ω]이다.

따라서 주어진 회로의 합성저항 R_{ae}는 $R_{ae}=R_{ab}+R_{be}=5+5=10[\Omega]$이다.

(2) 키르히호프의 법칙(Kirchoff's Law)

비교적 간단한 회로의 전압, 전류, 저항의 관계는 옴의 법칙으로 계산이 가능하지만, 많은 수의 기전력과 저항이 접속된 복잡한 회로, 즉 전기회로망(network)을 풀이하는 데는 이것으로 불가능할 경우 키르히호프의 법칙이 유용하다. 키르히호프의 법칙에는 전류에 관한 제 1법칙과 전압강하의 관한 제 2법칙이 있다.

(제 1 법칙: 전류법칙)

"회로망 중의 어떤 접속점에 흘러 들어오는 전류의 합과 흘러 나가는 전류의 합은 0(zero)이다." 이것을 키르히호프의 제 1법칙 혹은 전류의 법칙이라 한다. 예를 들면 그림 3.7에서 접속점 a를 기준으로 하여 전류의 흐름이 그림과 같다면, a점으로 유입하는 전류에는 I_1과 I_2가 있고, 유출하는 전류는 I_3 및 I_4이므로

$$I_1 + I_2 = I_3 + I_4 \qquad (3\text{-}15)$$

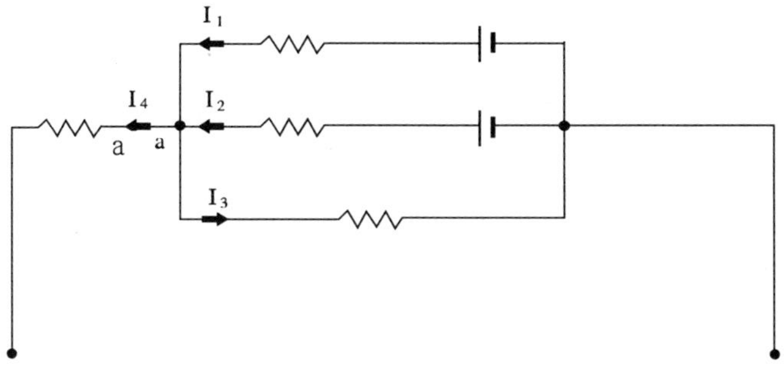

그림 3.7 전류법칙의 적용 예

의 관계가 성립한다. 이식을 다시 정리하면

$$I_1 + I_2 + (-I_3) + (-I_4) = 0 \qquad (3\text{-}16)$$

가 되어, 제 1법칙은 접속점에 흘러 들어오는 전류는 (+), 흘러 나가는 전류는 (-)라 할 때 "회로 중의 접속점으로 유입하는 전류의 대수 합은 영이다." 로 표현 할 수도 있다.

(제 2 법칙: 전압법칙)

"회로망 중의 임의의 폐회로에서 기전력의 총합과 저항에서 발생하는 전압강하의 총합은 서로 같다." 이것이 키르히호프의 제 2 법칙 혹은 전압법칙이라 한다. 회로 해석을 위해 전압법칙을 적용할 때에는 회로 내에 임의의 방향을 설정하여, 설정된 방향과 동일한 방향의 기전력 및 전류는 (+)로, 역 방향의 기전력 및 전류는 (-)로 해야 한다. 설정하는 방향은 시계방향이든 반 시계방향이든 관계없다. 가령 그림 3.8에서와 같이 반 시계 방향으로 일주하면서 전압법칙을 적용해 보자.

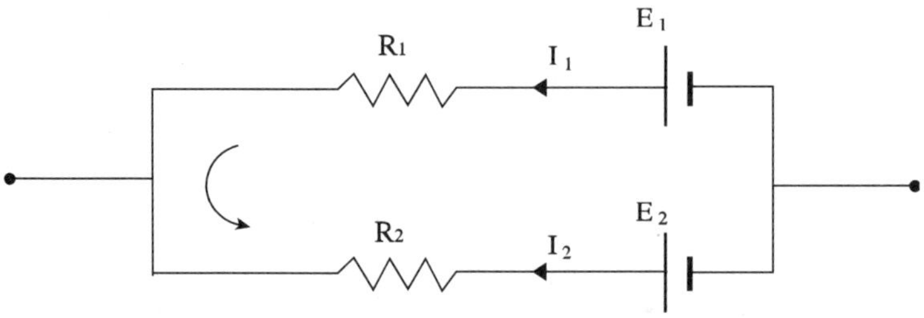

그림 3.8 전압법칙의 적용 예

그림에서 우선 기전력 E_1은 설정방향과 같으므로 (+)로, 그리고 E_2는 설정방향과 반대 방향이므로 (-)의 값을 가짐을 고려하면, 기전력의 합은 E_1-E_2가 된다. 또한, 각 저항에서 발생하는 전압강하의 합은 전류의 방향은 고려 할 때, R_1I_1-R_2I_2가 되므로

$$E_1 - E_2 = R_1 I_1 - R_2 I_2 \tag{3-17}$$

의 관계가 성립한다. 이제 키르히호프의 제 1, 2법칙을 이용하여 그림 3.9와 같은 회로에서 각 저항에 흐르는 전류를 구하는 방법을 생각해 보자.

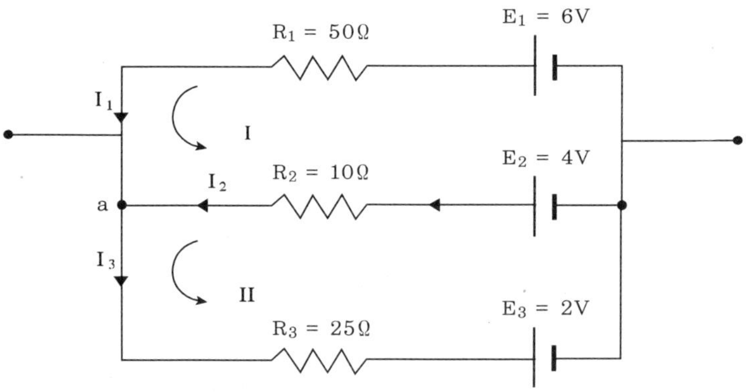

그림 3.9 키르히호프의 법칙의 응용 예

우선 그림과 같이 전류 및 폐회로를 일주하는 방향을 설정하면 제 1법칙에 의해 접점 a에서는

$$I_1 + I_2 = I_3 \qquad (3\text{-}18)$$

이고, 폐회로 Ⅰ, Ⅱ에서 각각

$$E_1 - E_2 = R_1 I_1 - R_2 I_2 \quad : \quad 2 = 50 I_1 - 10 I_2$$
$$E_2 - E_3 = R_2 I_2 + R_3 I_3 \quad : \quad 2 = 10 I_2 + 25 I_3 \qquad (3\text{-}19)$$

의 관계가 성립하므로, 이것을 연립방정식(행렬식)으로 전류에 대해서 풀이하면 $I_1 = 45[\mathrm{mA}]$, $I_2 = 25[\mathrm{mA}]$, $I_3 = 70[\mathrm{mA}]$가 된다. 만약 계산의 결과 전류가 음(-)의 값을 가지면 이는 실제의 전류가 처음에 가정했던 방향과 반대 방향임을 의미한다.

예제 3-4

다음의 회로에서 키르히호프의 법칙을 이용하여 전류를 모두 구하라.

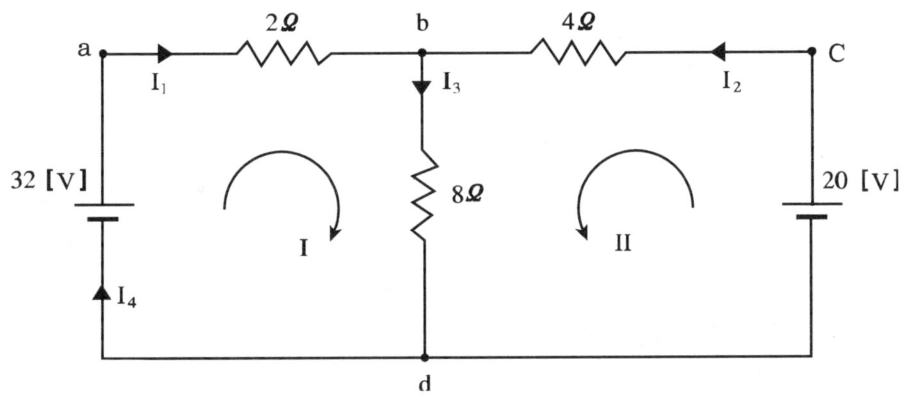

풀이

접점 a와 b에 전류법칙을 적용하면

a점, $I_4 - I_1 = 0$
b점, $I_1 + I_2 - I_3 = 0$

가 되며, 폐회로 Ⅰ,Ⅱ에서 전압 법칙으로부터

$$2I_1 + 8I_3 = 32$$
$$4I_2 + 8I_3 = 20$$

의 관계가 성립하므로 이를 연립방정식으로 전류에 대해서 풀이하면

$$10I_1 + 8I_2 = 32$$
$$8I_1 + 12I_2 = 20$$

$I_1 = I_4$, $I_1 = 4$[A], $I_2 = -1$[A], $I_3 = 3$[A], $I_4 = 4$[A]가 된다. 계산의 결과 전류가 음(-)의 값을 가지면 처음 가정했던 방향과 반대 방향임을 의미한다.

예제 3-5

다음 회로에서 전류 I_1, I_2, I_3은 얼마인가?

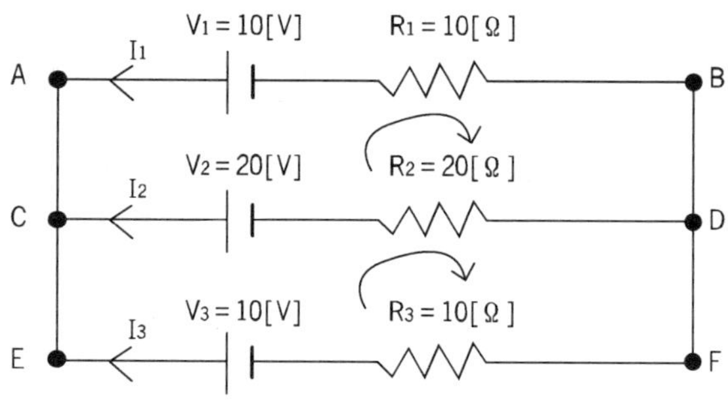

풀이

전류의 방향을 회로에 표시한 방향으로 가정하고 점 C에 KCL을 적용하면

$$I_1 + I_2 + I_3 = 0$$

폐회로 CABDC와 CDFEC에서 시계방향을 (+)로 하여 각 회로에 KVL을 적용하면

$$-10I_1 + 20I_2 = -V_1 + V_2$$
$$-20I_2 + 10I_3 = -V_2 + V_3$$

위의 세 식을 정리하여 연립방정식으로 풀면

$$10I_1 - 20I_2 = 10$$
$$10I_1 - 30I_2 = -10$$
$$-50I_2 = +20,\ I_2 = -\frac{2}{5}[A]\text{이므로}$$

$$I_1 = \frac{1}{5}[A],\ I_2 = -\frac{2}{5}[A],\ I_3 = \frac{1}{5}[A]$$

3.2 커패시터 회로

그림 3.10과 같이 두 개의 평행한 금속 전극 사이에 절연물을 넣고 전압 V[V]를 인가하면, 각각의 전극에는 전하가 축적된다. 그리고 금속판의 크기나 간격, 절연물의 종류 등을 바꾸어 동일한 전압을 인가하면, 축적되는 전하량도 달라짐을 알 수 있다. 이것은 절연물의 종류나 전극의 기하학적 치수(geometric dimension)에 따라 전하를 축적할 수 있는 능력이 달라짐을 의미하며 이러한 능력의 정도를 일반적으로 정전용량(capacity)으로 나타낸다. 정전용량은 일반적으로 C로 나타내고, 단위로는 패럿[F]이 사용된다.

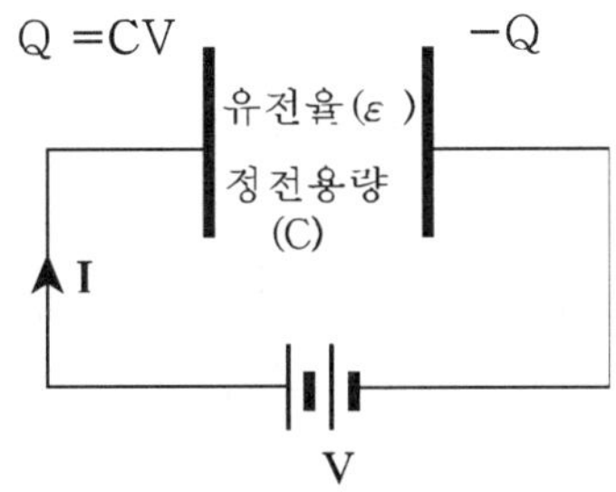

그림 3.10 콘덴서의 정전용량

정전용량은 앞서 설명한 바와 같이 유전체(절연체)의 종류와 전극의 형상에 의존하는 상수이므로 유전체 및 전극 현상이 일정한 경우, 축적되는 전하량은 전압에 비례한다. 즉, 정전용량은 전압과 전하량 사이의 비례상수로 인식될 수 있다. 정전용량이 크면 보다 낮은 전압을 인가하여도 많은 전하를 축적할 수 있다.

그림 3.10에서와 같이 극판의 면적 S[m^2], 전극간의 거리 d[m]인 두 개의 평행판 전극

에 전압 V[V]를 가하면 정전용량 C는

$$C = \frac{Q}{V} = \frac{\epsilon S}{d} = 8.855 \times 10^{-12} \frac{\epsilon_s S}{d} [F] \tag{3-20}$$

의 관계가 성립한다.

예제 3-6

10[μF]의 정전용량을 가진 도체에 10×10^{-4}[C]의 전하가 축적 되었을 때 도체에 가해진 전압은 얼마인가?

풀이

$$V = \frac{Q}{C} = \frac{10\times10^{-4}}{10\times10^{-6}} = 100\,[V]$$

(1) 커패시터의 종류

커패시터에는 여러 가지 종류가 있으나, 크게 나누어 보면 가변 커패시터(variable capacitor)와 고정 커패시터(fixed capacitor)로 나눌 수 있다. 그림 3.11은 고정 커패시터, 가변 커패시터, 반 고정 커패시터, 그리고 전해 커패시터의 그림 기호이다. 표 3.1은 일반적인 커패시터의 종류와 용도를 나타낸 것이다.

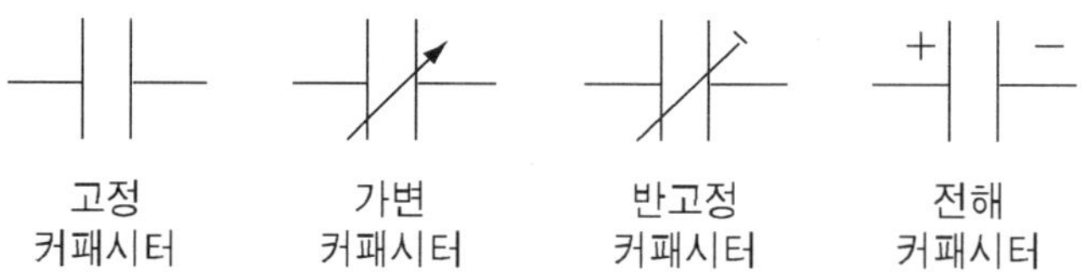

그림 3.11 커패시터의 그림 기호

표 3.1 일반 커패시터의 종류와 용도

콘덴서의 종류	콘덴서의 용량[F]	동작전압[DCV]	용도
종이 콘덴서	0.001~1	200~2000	저주파 결합용
종이 콘덴서	1~10	200~2000	필터(filter)
유입 콘덴서	0.05~15	600~5000	필터
전해 콘덴서	2~40	150~450	필터
전해 콘덴서	5~50	25~150	바이패스(bypass)
전해 콘덴서	500~4000	12~25	저전압 필터
운모 콘덴서	0.005~0.01	500~10000	저주파, 고주파 결합용
세라믹 콘덴서	0.5×10^{-6}~0.47	12~10000	저주파, 고주파 결합용
가변 콘덴서	15~350	250~3000	고주파 동조용

1) 가변 커패시터

그림 3.12에서와 같이 한쪽 전극은 고정해 놓고, 다른 쪽의 전극을 축에 붙여 돌리면 전극이 돌게 되어 고정된 전극과 겹치는 면적이 변하여 정전용량이 변화하도록 한 구조로 되어 있다. 라디오에 붙어 있는 방송국을 선택하는 동조용 손잡이를 돌리는 것은 이 가변 커패시터의 축을 돌리는 것이다.

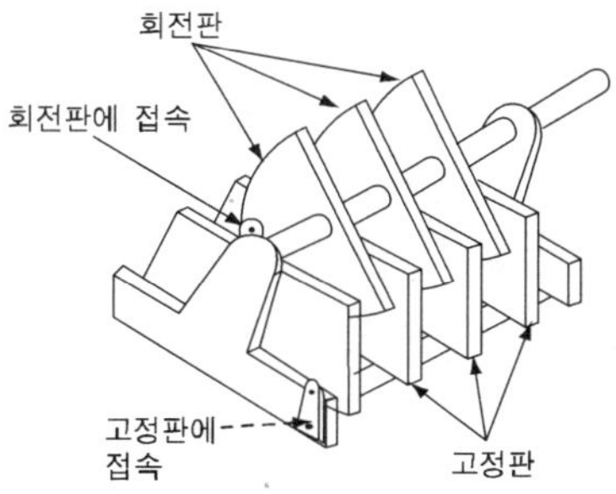

그림 3.12 가변 커패시터

2) 고정 커패시터

고정 커패시터는 사용된 유전체의 종류와 유전체 박막을 만드는 방법 등에 따라 표 3.2에서와 같이 분류한다.

가) 종이 커패시터(paper capacitor)

종이 커패시터는 금속편 도체의 2개 롤이 종이 절연체에 의하여 분리되어져서 단단한 원통형으로 감겨있는 구조를 하고 있으며, 각기 바깥쪽으로 나와 있는 리드선은 양극에 해당하는 금속편의 롤에 연결되어 있다.

나) 운모 커패시터(mica capacitor)

필요한 크기의 커패시턴스를 구하기 위해서 얇은 운모를 금속편 사이에 포개서 만드는 것으로 이때 사용되는 금속편의 수가 많을수록 극판 면적이 증가되므로 정전용량이 증가한다. 온도변화에 의한 정전용량 변화가 작고 절연저항이 높은 우수한 특성을 가지므로 표준 커패시터로도 이용된다.

다) 세라믹 커패시터(ceramic capacitor)

세라믹 유전체는 흙을 고온으로 구워서 만들며, 매우 높은 유전율도 가능하다. 따라서 비교적 작은 부피에도 수 [μF] 정도의 높은 정전용량을 갖게 만들 수 있다. 크기는 작지만 운모 커패시터와 같은 응용에 사용된다.

라) 전해 커패시터(electrolytic capacitor)

전해 커패시터는 교류전압과 직류전압이 조합되어지는 회로에서 사용된다. 전해질 필터 커패시터는 직류 전력 공급에서 60 [Hz]의 교류 리플을 제거하는데 사용되어지며 트랜지스터 증폭기에서 오디오 결합용으로 사용되기도 한다. 필터링과 정합용에 사용되어지는 커패시터는 회로가 전압의 극성을 고려해야 하는 직류 성분을 갖고 있지만 고주파용 교류 성분에서 사용될 수 있도록 비교적 큰 커패시턴스를 갖게 된다. 만약 전해 커패시터가 반대 극성을 갖도록 연결된다면 역으로 전기분해가 되어서 콘덴서 내부에서 가스가 발생되고 결국은 뜨거워져서 폭발할 수도 있으므로 극성에 주의해야만 한다.

표 3.2 고정 커패시터의 종류

	외형	특성 및 용도
종이커패시터	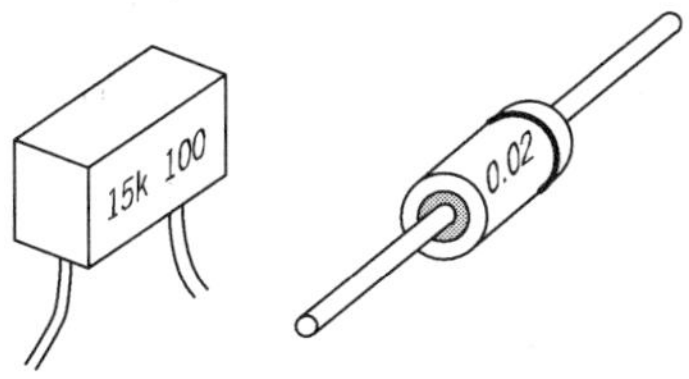	• 100pF~4.7μF, 50~500V • 저주파회로, 전동기회로 등에 사용한다.
마이카커패시터	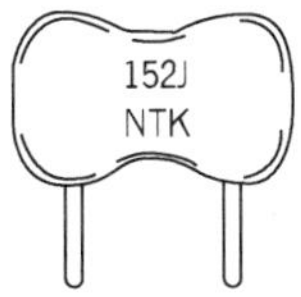 딥 마이카  실버드 마이카	• 1pF~0.01μF, 50~100V • 내압, 내열에 우수하다. • 용량변화가 없고 안정하다. • 고주파회로에 사용되며, 가격이 비싸다.
세라믹커패시터	 원판형 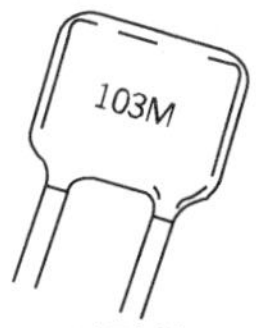 사각형	• 0.5~500pF(온도 보상용) • 100pF~0.47μF, 25V~5kV • 온도보상용과 고유전율 등 2종류가 있다. • 고주파회로에 사용되며, 가격이 싸다.
전해커패시터	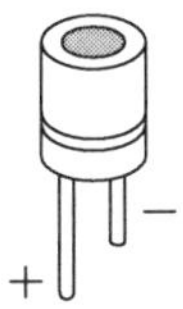 입체형 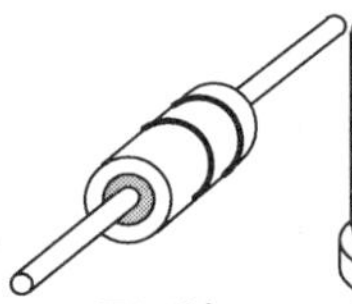 튜브형 가로형 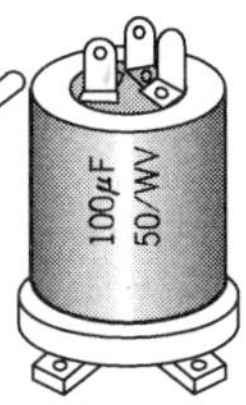 블록형	• 0.47~1,000,000μF, 3~500V • 소형으로 대용량의 것이 있지만 용량 허용치가 크다. • 극성이 있다. • 저주파 및 전원용에 사용한다.

(2) 커패시터 읽는법

1) 소형 고정 커패시터의 색깔에 의한 정격표시

운모 커패시터 및 세라믹 콘덴서의 정격용량, 허용오차 및 온도계수를 표시하는 규정이다. 그림 3.13과 같이 5개의 색 띠나 색 점으로 표시하는데 첫째(G)가 온도계수를, 마지막 색깔(E)이 허용오차를 나타내고 나머지 세 가지 색깔이 정격치를 표시하며 그 단위는 [pF] 이다. 5번째 색깔은 10[pF] 이상의 경우는 [%] 오차를, 그 미만의 경우는 [pF] 단위의 허용오차를 표시한다. 표 3.3에 소형 고정 커패시터의 정격과 색깔과의 관계를 나타내었다.

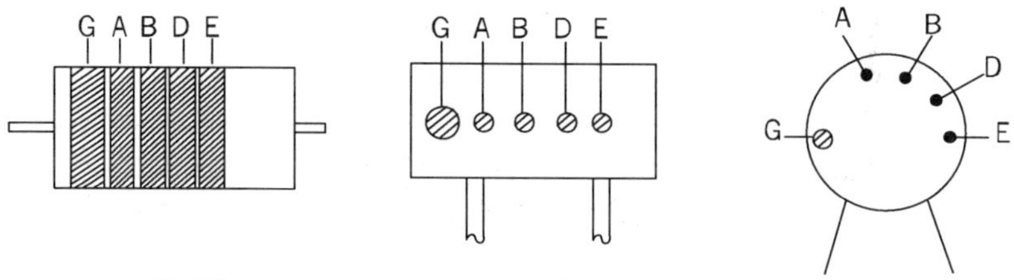

그림 3.13 소형 고정 커패시터의 색 띠

표 3.3 소형 고정 커패시터의 정격과 색깔

색깔(color)	A	B	D	E(허용오차)		G(온도계수) [ppm/℃]
				10pF 이상 [%]	10pF 미만 [pF]	
흑 색	0	0	10^0	±20	±2.0	0
갈 색	1	1	10^1	±1	±0.1	-30
적 색	2	2	10^2	±2	-	-80
등 색	3	3	10^3	±2.5	-	-150
황 색	4	4	-	-	-	-220
녹 색	5	5	-	±5	±0.5	-330
청 색	6	6	-	-		-470
자 색	7	7	-	-		-750
회 색	8	8	10^{-2}	-	±0.25	-30
백 색	9	9	10^{-1}	±10	±1.0	-500

2) 문자, 숫자에 의한 커패시터의 정격표시

색깔표시의 혼란을 피하기 위하여 제조회사 측에서 커패시터의 정격표시를 그대로 커패시터에 프린트 하는 경향도 있지만 숫자와 문자를 사용하여 프린트한 것도 많이 볼 수 있다. 표 3.4는 문자와 숫자로 표시된 커패시터의 허용오차를 나타내고 있다.

표 3.4 커패시터의 허용오차 표시 방법

문자	B	C	D	F	G	J	K	M	N	V	X	Z	P
오차[%]	±0.1	±0.25	±0.5	±1	±2	±5	±10	±20	±30	+20 −20	+40 −20	+80 −20	+1000
오차[pF]	±0.1	±0.25	±0.5	±1	±1								

예를 들면 3자리로 표시된 숫자는 정전용량을 나타내며 272는 27×10^2 [pF] = 2700 [pF] 이다. k는 허용오차 범위 ±10[%]를 나타낸다. 그리고 맨 끝에 있는 숫자는 정격 사용전압으로 연속하여 사용 가능한 직류 전압을 나타낸다. 이 정격 사용전압 이상의 전압이 인가되면 누설전류가 증가하여 발열되어 특성이 저하되고 경우에 따라서는 절연이 파괴되기도 한다.

(3) 커패시터 접속법

두 개의 도체 사이에 유전체를 끼워 서로 마주 보게 놓고 전하를 축적시킬 것을 목적으로 한 것을 콘덴서(condenser)라 한다. 콘덴서는 전하의 축적을 목적으로 도체 사이의 정전용량을 이용하여 만들어진 회로 소자이다. 그림 3.14와 같이 서로 평행한 두 개의 전극 사이에 유전체가 들어 있는 콘덴서에 전압 V를 인가하면 한 쪽 전극에 +Q [C]의 전하가 축적되며, 정전유도작용에 의해 다른 전극에는 같은 크기의 음(-)의 전하가 유도된다. 이와 같이 콘덴서에 전압을 가해서 전하를 축적하는 것을 충전(charge)아라 하며, 충전된 전하를 방출시키는 것을 방전(discharge)이라 한다. 여기에 축적되는 전하량은 정전용량과 전압의 곱에 비례하여

$$Q = CV \tag{3-21}$$

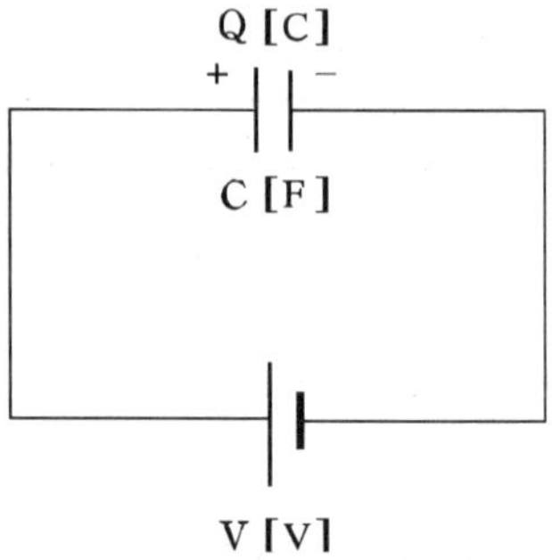

그림 3.14 콘덴서와 정전용량

이다. 만약 3개의 콘덴서를 그림 3.15와 같이 직렬로 접속하면 전원전압 V에 의해 각 콘덴서에 축적되는 전하량은 동일하며, 각 콘덴서에 인가되는 전압을 각각 V_1, V_2, V_3 [V] 라 할 때

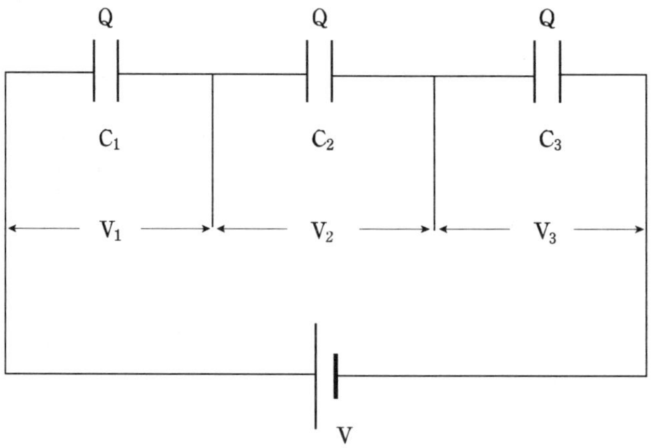

그림 3.15 콘덴서의 직렬접속

$$V_1 = \frac{Q}{C_1}, \quad V_2 = \frac{Q}{C_2}, \quad V_3 = \frac{Q}{C_3} \tag{3-22}$$

이며, 전원전압 V는

$$V = V_1 + V_2 + V_3 \tag{3-23}$$

이므로

$$V = Q\left(\frac{1}{C_1} + \frac{1}{C_2} + \frac{1}{C_3}\right) \tag{3-24}$$

가 된다. 따라서

$$C = \frac{Q}{V} = \frac{1}{\frac{1}{C_1} + \frac{1}{C_2} + \frac{1}{C_3}} \tag{3-25}$$

가 되어, 콘덴서의 직렬접속시 합성 정전용량은 저항의 병렬접속과 같은 형을 취한다. 한편,

그림 3.16과 같이 C_1, C_2, C_3 의 3개의 콘덴서를 병렬로 연결하여 전압 **V**를 인가하면 각 콘덴서에 인가되는 전압이 동일하므로, 축적되는 전하는 정전용량에 비례하여

$$\begin{aligned} Q_1 &= C_1 V \\ Q_2 &= C_2 V \\ Q_3 &= C_3 V \end{aligned} \tag{3-26}$$

가 된다. 따라서 회로 전체의 전하를 Q라 하면

$$\begin{aligned} Q &= Q_1 + Q_2 + Q_3 \\ &= C_1 V + C_2 V + C_3 V \\ &= V(C_1 + C_2 + C_3) \end{aligned} \tag{3-27}$$

이므로

$$C = \frac{Q}{V} = C_1 + C_2 + C_3 \quad (3\text{-}28)$$

의 관계가 성립한다. 즉, 콘덴서의 병렬접속은 저항의 직렬접속과 동일한 형이다.

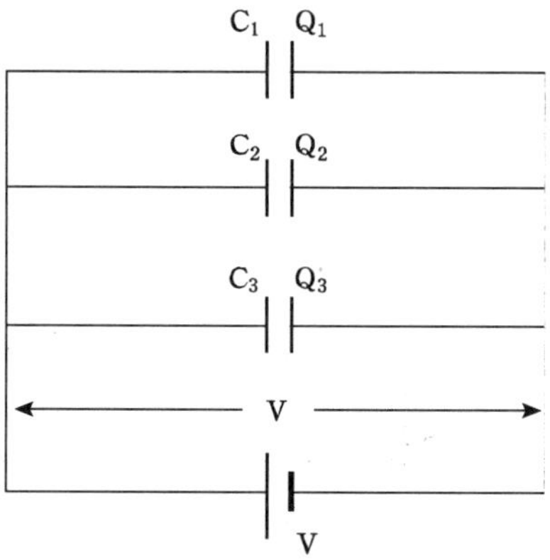

그림 3.16 콘덴서의 병렬접속

예제 3-7

다음 커패시터의 직렬연결 회로에서 V_1과 V_2는 얼마인가?

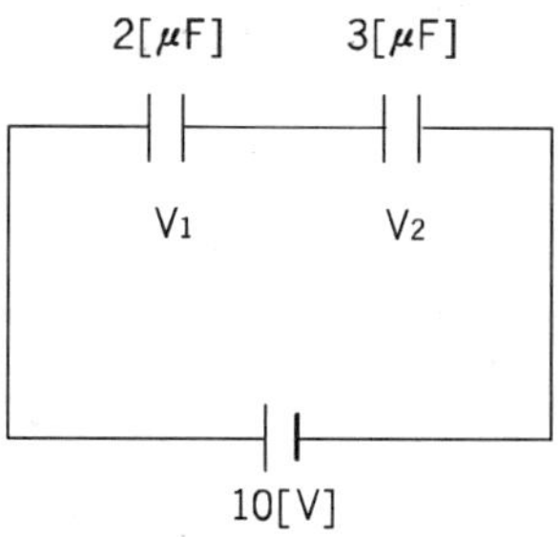

풀이

$$V_1 = \frac{3}{2+3} \times 10 = 6\,[V]\ ,\ V_2 = \frac{2}{2+3} \times 10 = 4\,[V]$$

예제 3-8

2[μF]과 6[μF]의 커패시터를 병렬로 연결하고 100[V]의 전압을 인가하면 축적되는 전하는 얼마인가?

풀이

$Q = CV = (2+6) \times 100 = 800\ [\mu C]$

(4) 커패시터의 점검

커패시터는 단락(short)되거나 개방(open)될 수 있다. 어떤 경우이든 다시는 전하를 저장할 수 없기 때문에 사용할 수 없다. 누설 커패시터는 부분적으로 단락되어 있으며 그 원인은 인가전압에 의해서 절연체의 특성이 점차 유전율을 잃어버리므로 자신의 저항이 낮아지기 때문이다. 좋은 커패시터는 [MΩ] 단위의 아주 큰 절연저항을 갖게 되며 단락회로의 커패시턴스는 0[Ω] 저항을 갖게 되고 누설 커패시턴스는 그 저항 값이 정상치보다 작다. 커패시터의 이러한 특성을 이용하여 다음과 같이 저항계로 간단히 점검해 볼 수 있다.

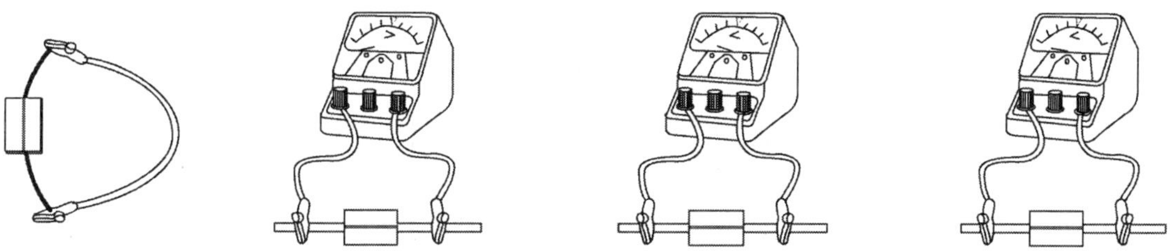

(a) 방전확인 (b) 리드선 연결 (c) 충 전 (d) 충전 완료

그림 3.17 저항계를 이용한 커패시터 측정법

① 그림 3.17(a)와 같이 리드선을 단락시켜 커패시터의 방전상태를 확인한다.
② 저항계를 가장 높은 저항범위에 놓고, 그림 3.17(b)와 같이 리드선을 커패시터 양단에 연결한다. 이 때 지침은 연결 초기에 0[Ω] 가까이 이동한다.
③ 그 다음, 그림 3.17(c)와 같이 저항계의 내부 전지에 의해 커패시터가 충전됨에 따

라 지침은 높은 저항 쪽으로 서서히 움직이기 시작한다.

④ 정상적인 커패시터의 경우 충분히 충전되었을 때 그림(d)에서 보는 바와 같이 아주 높은 저항 값을 갖게 된다. 이 값은 커패시터의 절연 저항 값을 표시하며, 종이 커패시터나 운모 커패시터 그리고 세라믹 커패시터의 경우에는 500[MΩ]에서 1000[MΩ] 정도의 값을 가져야 한다.

(5) 커패시터의 충전과 방전

그림 3.18과 같은 회로에서 스위치를 Ⓐ로 하면 커패시터에 저항 R을 통하여 전하가 축적된다. 이것을 충전이라 하고 이때 흐르는 전류를 충전전류(charge current)라 한다. 그런데 스위치를 Ⓑ로 하면 콘덴서에 축적되었던 전하는 저항 R을 통해 방전된다. 이때 흐르는 전류를 방전전류(discharge current)라 한다. 그림 3.19는 충전, 방전시의 전압과 전류의 특성을 표시한 것으로 저항 R과 정전용량 C의 크기에 따라 충전, 방전 시간이 변화한다.

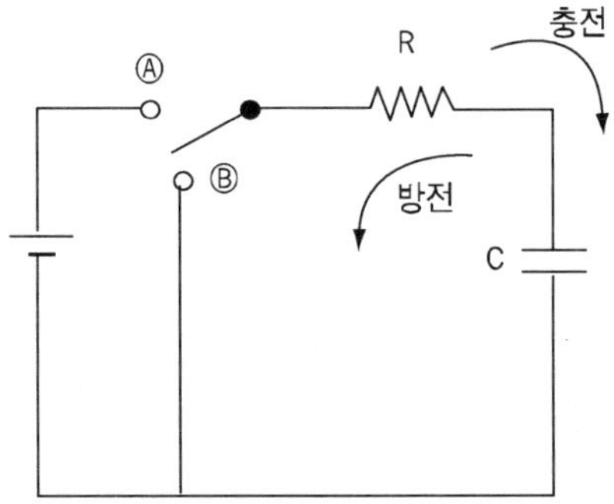

그림 3.18 커패시터의 충전과 방전

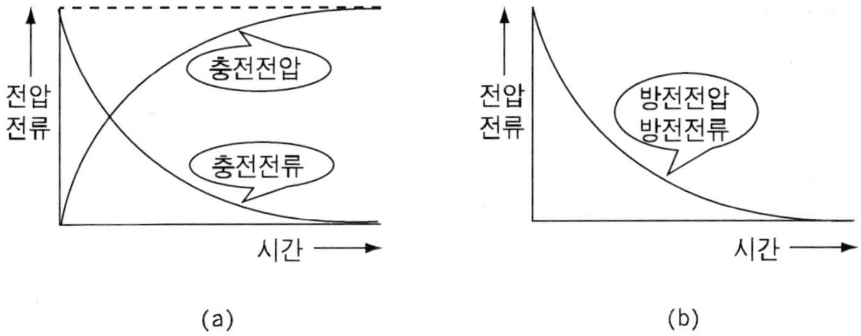

그림 3.19 커패시터의 충전과 방전시의 전압 전류 특성

그림 3.20(a)에 나타낸 바와 같이 외부 전압이 인가되지 않은 상태에서 두 금속판은 양의 전하와 같은 수의 음전하를 갖고 있어 전기적으로 중성인 상태로 있다. 그러나 그림 3.20(b)와 같이 전극판 양단에 전압이 인가되면, 전원의 양의 단자는 금속판의 음전하를 끌어당기게 되어 음전하들이 극판 B에서 극판 A로 이동하게 된다. 이 때 전압원은 단순히 커패시터의 한 쪽 극판으로부터 다른 쪽 극판으로 음전하를 재분배하는 일을 하며, 이러한 과정을 커패시터가 충전한다고 말한다. 축적된 전하는 그림 3.20(c)에서와 같이 전압원이 제거되어도 그대로 유지된다.

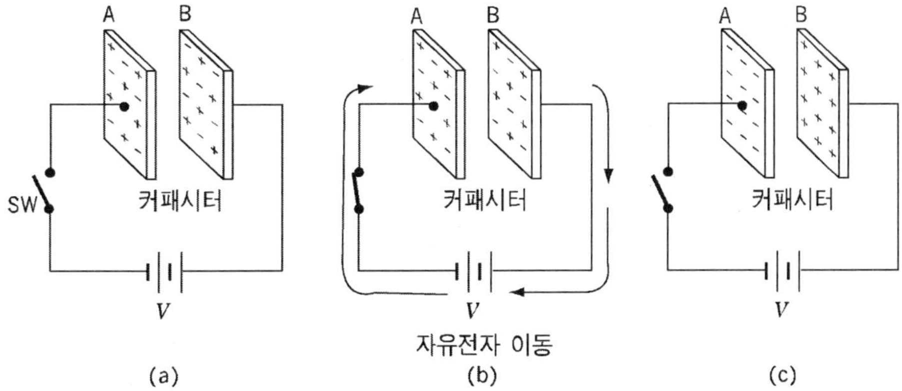

그림 3.20 커패시터 충전

그림 3.21(a)에서와 같이 전하가 충전된 커패시터의 양단에 그림 3.21(b)에서와 같이 도선을 연결하면 전극판의 음전하들끼리 서로 밀어내고 양의 전화와는 서로 잡아당겨

결국 양과 음전하가 중화되어 전하는 소멸한다. 이 때 흐르는 전류를 방전 전류라 하고, 이와 같은 작용을 방전이라 한다.

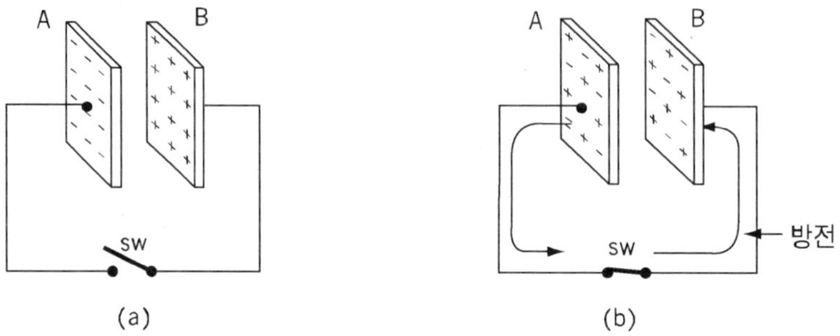

그림 3.21 커패시터의 방전

3.3 인덕터회로

인덕턴스를 갖는 소자를 인덕터(inductor)라 한다. 인덕터를 때로는 코일(coil) 혹은 초크라고도 한다. 그림 3.22에 전형적인 인덕터의 종류를 나타내었다. 고주파 전자회로에는 대개 직경이 1[cm]인 지지대 위에 몇 번 감은 나선형 코일인 6~10[H] 정도가 사용되며, 저주파에서 사용하는 대용량 인덕턴스는 철과 같은 강자성 물질의 코어 위에서 수백 번 코일을 감음으로써 얻을 수 있다. 그림 3.23은 회로 표시에 사용되는 인덕터의 기호이다.

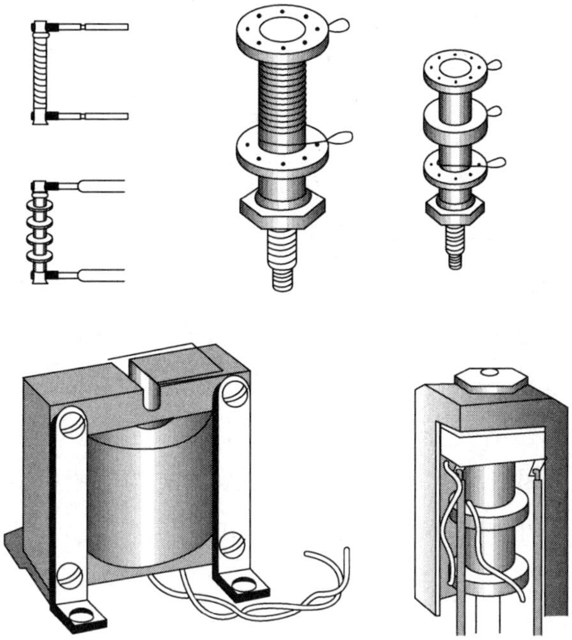

그림 3.22 인덕터의 종류

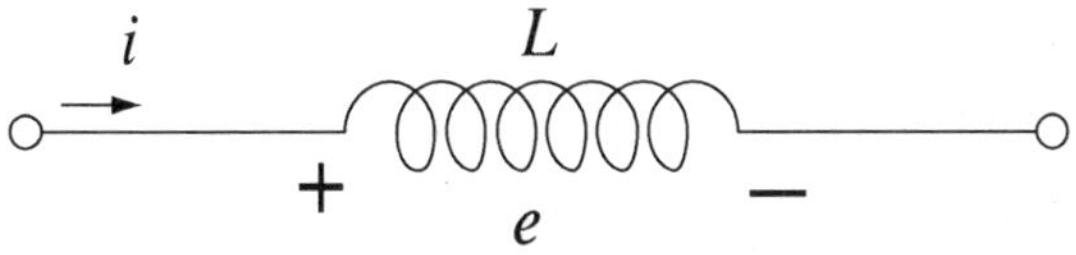

그림 3.23 인덕터의 기호

직선의 도선을 구부려 코일(coil) 모양으로 만들면 자력선이 코일 내부에 더 밀접하게 된다. 자력선의 전체 수는 직선일 때와 같지만 코일 내부의 자력선은 작은 공간 내로 밀집됨과 동시에 코일 내부의 모든 자력선은 같은 방향이 되므로 강력한 자계를 만들 수 있다. 또 코일의 자계가 반대편에 반대 극을 가지고 있는 막대자석과 같은 작용을 하게 된다. 이와 같이 한번 이상의 회선수를 가진 도체의 코일을 일반적으로 솔레노이드(solenoid)라고 부른다. 코일(도선)에 전류가 흐르면 코일 주위에 동심원의 자장(강한 자기장)이 발생하며, 이 자장을 시각적으로 표현한 것이 자력선이다. 코일에 전류인가시 전기에너지를 자기에너지로 변환되어 코일 내부에 축적된다. 인덕턴스는 권선(捲線)에 흐르는 전류와 권선과 쇄교하는 자속(자력선묶음)수와 비로서 정의되는 량(量)이다. 또 권선에 흐르는 전류의 시간 변화량과 권선 양단에 발생하는 기전력의 비(比)로서 Φ = LI 로 표시된다. 따라서 유도되는 기전력은 $e = L\frac{dI}{dt}$ 가 발생된다.

여기서, Φ는 쇄교 자속수, I는 권선의 전류, L은 자기인덕턴스 이다.

코일에 전류를 흘리면 전류에 의한 자장이 발생되고, 코일에 흐르는 전류 변화 할 때 코일에 유도 기전력 발생된다. 코일에 흐르는 전류 일정할 때에는 자장의 변화 없어 유도 기전력 발생 하지 않는다. 전류가 변할 때 코일에 발생하는 유도 기전력은 외부에서 가해진 전자의 전압을 없애려는 방향으로 생긴다. 이 유도 기전력은 전자의 전압을 약하게 하여 전류의 흐름을 방해한다. 하지만 시간이 지나면 전류는 일정한 값으로 되어 유도 기전력이 생기지 않는다. 이와 같이 코일자신의 자장변화에 의한 유도 기전력을 가진다. 이 현상을 자기유도(磁氣誘導)라 하고, 발생하는 기전력을 자기유도 기전력이라 하며, 이 같은 코일의 성질을 인덕턴스라는 양으로 표시한다. 인덕턴스(inductance)의 단위 H(Henry)이며, 통상 [mH]를 많이 사용한다.

인덕턴스의 접속

인덕턴스를 갖는 코일의 접속에도 직렬과 병렬접속이 있다. 특히 인덕턴스에는 자속과 전류가 쇄교하는 상황에 따라 자기 인덕턴스와 상호 인덕턴스가 있으므로 접속할 때의 합성 인덕턴스는 저항과 콘덴서의 접속에 비해 복잡하다. 여기서는 간단히 자기 인덕턴스의 경우만 정리해 두기로 한다.

코일이 그림 3.24와 같이 직렬 및 병렬로 접속되어 있을 때의 합성인덕턴스는 각각 식 (3-29) 및 (3-30)으로 주어진다.

$$L = L_1 + L_2 + \cdot\cdot\cdot\cdot + L_n \tag{3-29}$$

$$L = \frac{1}{\frac{1}{L_1} + \frac{1}{L_2} + \cdot\cdot\cdot\cdot + \frac{1}{L_n}} \tag{3-30}$$

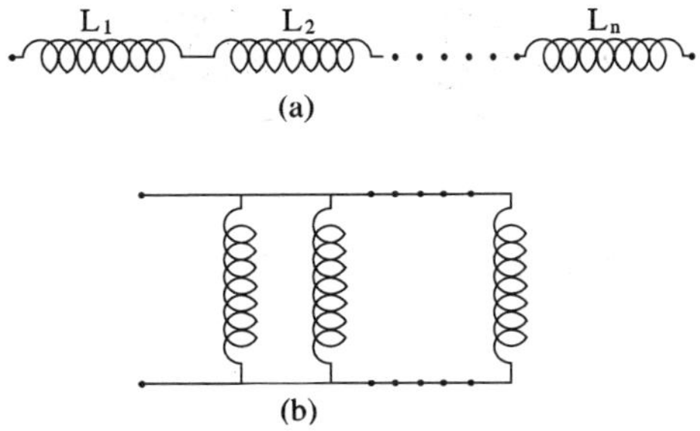

그림 3.24 인덕턴스의 (a)직렬 및 (b)병렬접속

요 약

- 전하에는 양(+)전하와 음(-)전하가 있으며, 서로 다른 전하는 끌어당기고, 동일한 전하는 반발한다.
- 두 개의 전하 간에 작용하는 힘은 전하 크기의 곱에 비례하고, 그 거리의 제곱에 반비례한다.
- 전하와 전하 간에 흡인력이나 반발력이 작용하는 공간을 전기장이라고 한다.
- 전기장 내의 한 점에 +1[C]의 전하를 놓았을 때 이 전하에 작용하는 힘의 크기를 그 점에서의 전계의 세기라고 한다.
- 커패시터는 유전체 속에 전하를 축적할 수 있는 소자이다.
- 정전용량은 유전체의 전하 축적능력을 의미하며 극판면적에 비례하고 극판 사이의 간격에 반비례한다.
- 커패시터에 축적되는 전하의 양은 정전용량과 극판 사이 전압의 곱과 같다.
- 병렬 연결시의 합성 정전용량은 각 커패시터의 정전용량의 합과 같다.
- 직렬 연결시의 합성 정전용량은 직렬로 연결된 커패시터의 가장 작은 정전용량보다 항상 작아진다.
- 저항계를 사용하여 커패시터의 이상 유무를 검사할 수 있다.
- 키르히호프 전류법칙에 의하면 한 접속점을 택하여 들어가는 전류의 합은 나가는 전류의 합과 같다.
- 키르히호프의 전압법칙에 의하면 회로 내에서 임의의 폐회로를 일주하면서 인가된 전압의 합은 전압 강하의 합과 같다.

연 습 문 제

1. 저항 연결방법의 종류를 열거하고 각각에 대한 합성저항을 구하시오.

2. 키르히호프 제1법칙과 제2법칙에 대하여 수식적으로 기술하시오.

3. 콘덴서의 종류와 각각에 대하여 기술하시오.

4. 인덕턴스의 종류에 대하여 기술하시오.

5. 10[kΩ] 저항 4개가 병렬로 연결되었을 때 합성 저항을 구하시오.

6. 옴의 법칙과 소비전력을 구하는 공식을 기술하시오.

7. 기계적 에너지를 전기적 에너지로 변화시키는 장치는 무엇인가?

8. 원형도선의 단면적에 따라 저항값을 구할 수 있다. 도체의 전기 저항식에 관계되는 것을 모두 기술하시오.(서큘러밀)

9. 어떤 도체의 단면을 100[C]의 전하가 2분에 통과하였다. 이때의 전류는 얼마인가?

10. 어떤 콘덴서에 100[V]의 전압을 인가할 때 5×10^{-8}[C]의 전하가 축적되었다. 이 콘덴서의 정전용량은 얼마인가?

11. 콘덴서 2개 C1[F], C2[F]를 직렬로 접속했을 때 합성정전용량은 얼마인가?

13. 전압이 일정한 경우 전열기의 저항을 n배 하면, 소비전력은 몇 배가 되는가?

14. 2[mA]의 전류가 0.1[μF]의 커패시터에 0.5[ms]동안 충전되었다면 커패시터 양단의 전압 크기는 얼마인가?

15. 코일의 인덕턴스에 영향을 미치는 4가지 요소를 기술하시오.

16. 콘덴서의 정전용량에 미치는 요소에 대하여 기술하시오.

제 4 장

자기의 기초

4.1 자석에 의한 자기작용

자기현상을 고찰하면, 자철광(magnetite, Fe_2O_3)은 철편을 끌어당기는 성질을 지니고 있으며, 남쪽과 북쪽을 가리킨다. 이 성질은 철, 니켈, 코발트 등의 금속에도 인공적으로 줄 수 있으며, 이러한 성질을 가지고 있을 때 금속은 자성(magnetism)을 지니고 있다고 하며, 자성을 지닌 물체를 자석(magnet)이라 한다.

그림 4.1에서 보듯이 자석의 작용하는 힘이 가장 강한 부분을 자극(magnetic pole)이라 한다. 이러한 자극은 지구의 남과 북을 가리키며, 이 때 지구의 북쪽을 가리키는 극을 N극(north pole ; +극), 남쪽을 가리키는 극을 S극(south pole ; -극)이라 한다. 자석이 언제나 남북의 방향을 지시하는 성질을 이용하여 항해사들이 그들의 목적지를 향하는데 도움을 주도록 만든 것이 나침반이다. 이들 자극은 같은 극끼리는 반발력, 다른 극끼리는 흡인력이 작용하는데 이와 같이 자기는 전기와 유사한 성질을 가지나 전기와 같은 유동성이 없다. 즉, 자기에는 전기의 도체에 해당하는 물질이 없고 유전체에 해당하는 물질 뿐이다. 따라서 자석에는 전류에 해당하는 자기의 흐름, 즉 자류와 같은 현상이 없다. 그러므로 자극의 세기를 정전기에서의 전하와 같이 보면 정전기학의 결과가 그대로 이용될 수 있음을 알 수 있다.

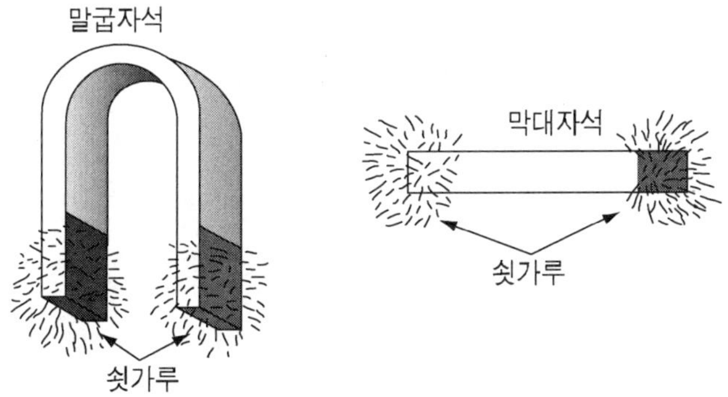

그림 4.1 자석의 자기현상

자석을 작은 철편에 가까이 하면 철편은 자석에 끌려 부착한다. 이것은 자석의 한 부분에 철편을 끌어당기는 힘이 존재함을 의미하는 것으로, 이러한 힘은 자석의 어느 한 부분에서 특히 강하다. 예를 들어 막대 형태의 자석에서는 그 양 단에서 힘이 강함을 쉽게 확인할 수 있다. 이 부분을 자극(magnetic pole)이라 한다. 특히 가는 강으로 만든 가벼운 자석을 자침이라 하여 방향을 탐지하는데 사용하고 있다. 자침을 대지에 대하여 평형하게 놓았을 때, 북쪽을 가리키는 자극을 N극, 남쪽을 가리키는 자극을 S극이라 한다. 물론 자침이 방향을 가리킬 수 있는 것은 지구가 거대한 자석이므로 자침과 지구 사이에 힘이 발생하기 때문이다. 즉, 자극들 사이에는 힘이 작용하여 같은 극 사이에는 반발력이, 다른 극 사이에는 흡인력이 작용한다.

4.2 자계에서 쿨롱의 법칙

1785년에 프랑스 물리학자 쿨롱(C. A. Coulomb)은 '2개의 자극 간에 작용하는 힘 F는 자극의 세기의 곱에 비례하고 자극간의 거리의 제곱에 반비례한다.' 는 법칙을 발견하였다. 그림 4.2와 같이 두 자극의 세기가 m_1, m_2인 자극을 r만큼의 거리에 놓았을 때 두 자극 간에 작용하는 힘 F는 다음과 같다.

$$F = k\frac{m_1 m_2}{r^2}\ [N] \tag{4-1}$$

이 관계를 자계에서의 쿨롱의 법칙이라 한다. 여기서 비례상수 k의 값은 m_1, m_2와 r의 단위와 자극이 놓여 진 장소의 자기적 성질에 따라 다르게 정해진다. 예를 들어 자극의 세기를 웨버 $[\omega b]$로 거리를 미터 [m]의 단위로 사용하여 공기 또는 진공 중에 놓았을 경우 $k = \frac{1}{4\pi\mu} = 6.33\times10^4$이 되며 식 (4-1)은 다음과 같이 나타낼 수 있다.

여기서 $\mu = \mu_0 \cdot \mu s$이고 매질의 투자율로 표시된다.(μ_0는 진공의 투자율로 $\mu_0 = 4\pi\times10^{-7}(H/m)$이고, μ_s는 물질에 따라 다른 비투자율 이다.)

$$F = 6.33\times10^4\frac{m_1 m_2}{r^2}\ [N] \tag{4-2}$$

여기서 m_1, m_2가 N극이면 (+), S극이면 (-)를 붙이고, 계산결과 F가 (+)일 경우는 반발력, (-)일 경우는 흡인력을 나타낸다.

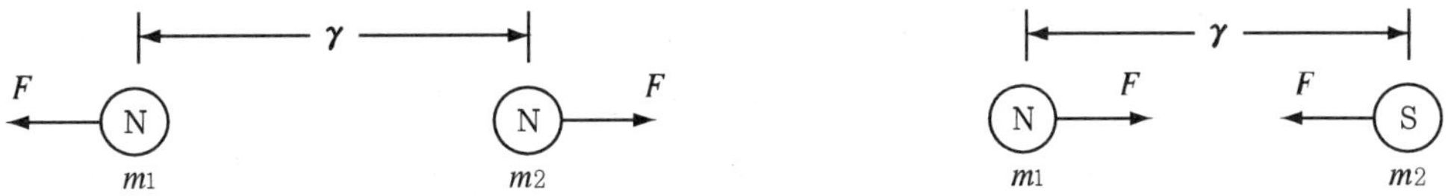

(a) 반발력 (b) 흡인력

그림 4.2 자극 간에 작용하는 힘

예제 4-1

진공 중에 $m_1 = 1\times 10^{-6}$ [ωb], $m_2 = 2\times 10^{-6}$ [ωb]가 50[cm] 떨어져 있을 경우 작용하는 힘의 세기는 얼마인가?

풀이

$$F = 6.33\times 10^4 \frac{1\times 10^{-6}\times 2\times 10^{-6}}{(0.5)^2} = 50.64\times 10^{-8}\,[N]$$

4.3 자계의 세기

자기력이 미치는 자계 중의 한 점에 단위 정자극(N극 ; +1[ωb])을 놓았을 때 작용하는 힘을 그 점에 대한 자계의 세기(intensity of magnetic field) 혹은 자기력(magnetic force)이라 한다. 자극 m[ωb]으로부터 r[m]만큼 떨어진 자계내에 1[ωb]의 자극을 놓았을 때 자계의 세기는

$$H = 6.33\times 10^4 \times \frac{m}{r^2}\,[A\,T/m] \tag{4-3}$$

단위는 실용적으로 [AT/m] (ampere turn per meter)을 사용한다. 따라서 자계의 세기 H

[AT/m]의 지점에 $m[\omega b]$의 자극을 놓으면 이 때 작용하는 힘은 $F = mH$ [N]이다.

또 자력선의 밀도는 자극에 가까운 곳에서 가장 크고, 극에서 멀리 떨어진 곳은 밀도가 작으므로 이 자력선의 밀도로 자계의 세기를 나타낼 수 있다.

즉, 단위세기의 자계에서는 자계의 방향에 수직인 $1[m^2]$에 대해 1줄의 자력선이 지나는 것으로 약속한다. 그러므로 H[AT/m]의 자계에서는 H개의 자력선이 지나는 것이 된다.

예제 4-2

진공 중에 20[AT/m]인 곳에서 $3\times10^{-4}[\omega b]$의 자극을 둘 때 이 자극에 작용하는 힘을 구하라.

풀이

$F = mH = 3\times10^{-4}\times 20 = 0.006\ [N]$

자성체의 자화

자석의 자극 부근에 철편(조각)을 놓으면 철편은 자화되어 자석에 끌려온다. 이와 같이 자계 중에 자화되어 자기를 일으키는 현상을 자기유도(magnetic induction) 혹은 자화라고 하며, 특히 자석이 되기 쉬운 물질, 즉 자화된 물질을 자성체(magnetic substance)라 한다. 그림 4.3과 같이 자석을 절단하면 그 절단면에 새로운 자극이 나타나 여러 개의 자석이 된다. 이와 같이 자석을 계속 세분하면 그 하나하나가 미소한 소자석이 되는데 이것을 분자자석이라고 하며, 자석은 이 분자자석의 규칙적인 배열로 이루어져 있다. 그런데 철이 보통 상태에서 자석으로 되어 있지 않은 것은 그림 4.4(a)와 같이 분자자석이 각각 자유의 방향을 향하고 있어 전체로는 외부에 자석의 성질을 나타내지 못하기 때문이다. 여기에 자계를 서서히 가하면 분자자석은 자계의 힘에 의해 그림 4.4(b)와 같이 정렬되어 자화되기 시작하며 자계를 강하게 하면 그림 4.4(c)와 같이 분자자석이 완전히 배열되어 양단에는 S극과 N극만이 존재하여 강한 자성을 나타내는 자석이 된다. $1[\omega b]$의 자극에서 1개의 자속이 나오고, $m[\omega b]$ 자극에서 一개의 자속이 나온다. 이 때 단위면적을 통한 자속수를 자속밀도 $B[\omega b/m^2]$, magnetic flux density라 한다. m[ωb] 중심으로 반경 r[m]의 구에서 자속밀도 $B = \frac{m}{4\pi r^2}$[ωb/m^2]이고, 자성체의 자속밀도 B와 자화의 세기 H와의 비는 $B = \mu H$이다.

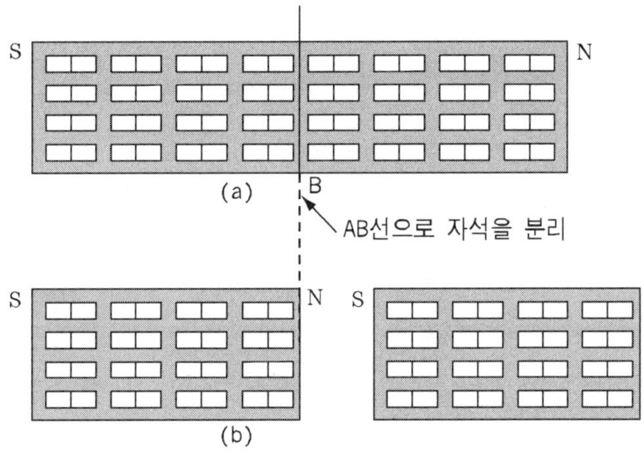

그림 4.3 자기 분자설

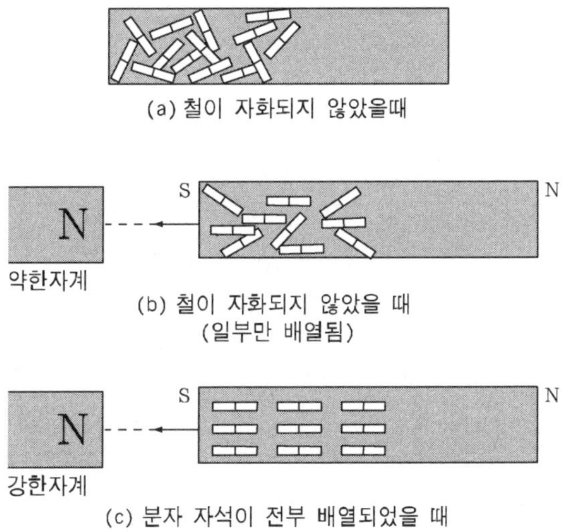

그림 4.4 자성체의 자화
(반자성체, 상자성체, 강자성체)

그림 4.5(a)와 같이 철심에 코일을 감아 전류를 변화시켜 자화의 세기를 서서히 증가

시키며 철심속의 자속밀도를 측정하여 그린 곡선을 자화곡선이라 하며 그림 4.5(b)와 같다. 이 자화곡선에서 알 수 있듯이 자계의 세기가 어느 점을 넘으면 자화의 세기를 크게 하여도 자속밀도는 증가하지 않고 일정하게 된다. 이와 같이 자기가 포화되는 현상도 자기 분자설로 설명이 가능하다. 즉, 그림 4.4(c)와 같이 분자자석이 전부가 배열이 끝나면, 그 후로는 자화의 세기를 아무리 크게 하여도 자화에 대한 자석의 세기는 그림 4.5(b)와 같이 포화되어 변하지 않는다. 이를 자기의 크기가 포화되었다고 하여 자기포화라 한다.

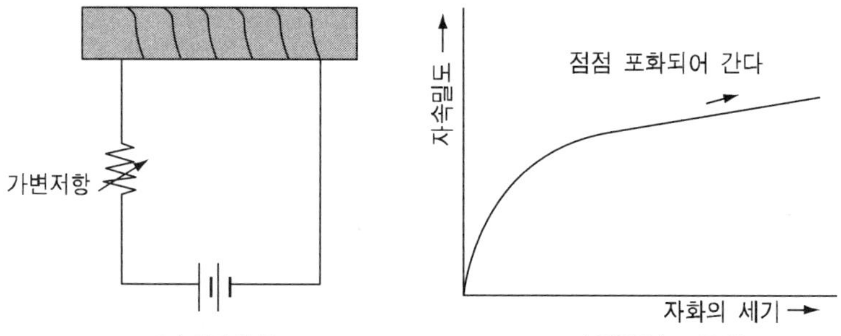

(a) 자기회로 (b) 자화곡선(BH곡선)

그림 4.5 자화곡선과 자기포화

자속밀도가 포화된 상태에서 반대로 자화의 세기를 서서히 감소시키면 그림 4.6과 같이 자속밀도도 변화하게 된다. 이 때 자화의 세기 H를 제거하면 자속밀도는 남아 있어 자석의 역할을 한다. 이와 같이 남아 있는 자기를 잔류자기(remanent magnetism)라 한다. 또한 잔류자기를 안정되게 하며 시간이 경과해도 자화의 세기가 변하지 않도록 잔류자기를 보유하는 힘을 보자력(coercive force)이라 한다. 그림 4.6과 같이 a에서 b로 한번 자화되면 자화의 세기인 H를 감소하더라도 점 a로 가지 않고 bcdefg의 곡선을 이루며 이것을 히스테리시스 곡선(hysteresis loop)이라 한다. 잔류자기가 크고 보자력이 작은 자성체는 전자석이나 철심재료로 적합하며 잔류자기는 크지 않아도 보자력이 큰 자성체는 영구자석 재료에 적합하다.

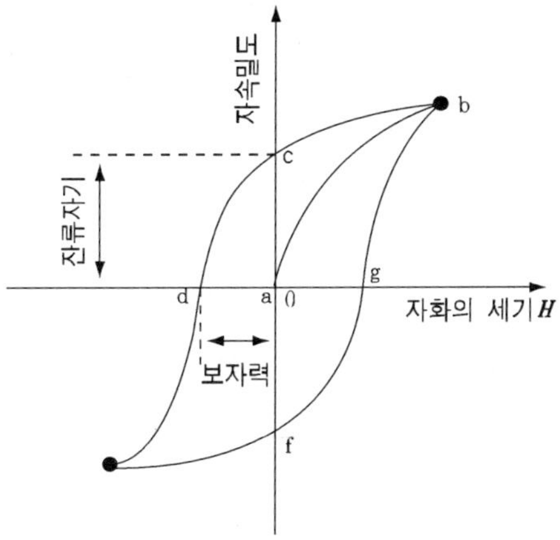

그림 4.6 히스테리시스 곡선

예제 4-3

공기 중에 1$[\omega b]$의 자극에서 나오는 자력선의 수는 얼마인가?

풀이

$$\frac{1}{\mu}=\frac{1}{\mu_0\mu_s}\fallingdotseq\frac{1}{4\pi\times10^{-7}}\fallingdotseq 769,187$$ **개 이다.**

예제 4-4

500[AT/m]의 자계 중에 자극을 놓았을 때 3×10^{-4}[N]의 힘이 작용하였다면 자극의 세기는 얼마인가?

풀이

$$F=mH$$

$$m=\frac{F}{H}=\frac{3\times10^{3}}{500}=6\ [\omega b]$$

4.4 전류의 자기작용

(1) 전류의 자기현상

18세기 이전까지는 전기와 자기 사이에는 아무런 관련이 없는 것으로 연구되어 왔으나, 1819년 덴마크 사람인 에르스테드(H. C. Oersted)에 의해 도선에 전류가 흐르면 도선 주위에 자계가 발생한다는 사실이 최초로 발견되었다. 전류가 흐르고 있는 도선에 나침반을 가까이 하면 전류가 흐르는 방향에 따라 그림 4.7(a)와 같이 나침반이 움직인다. 즉, 전류는 자석을 만든다는 것을 알 수 있으나 자석 같은 것은 전혀 볼 수 없다. 실제로 전류가 자석이 갖고 있는 자계를 만든 것이다.

전류가 만드는 자계에 대해 자세히 알아보면 그림 4.7(b)와 같이 두꺼운 종이에 구멍을 뚫고 전선을 통과시킨 후 종이 위에 철분을 뿌리면 철분은 전선을 중심으로 여러 개의 원 모양으로 배열된다. 이 현상은 전선에 전류가 흐르면 자계가 전선을 중심으로 원 모양으로 형성되는 것을 알 수 있다. 이렇게 전류에 의해서 발생하는 자력선은 도체의 각 부위에서 도체에 수직면에 발생하고 그 세기는 전류에 비례하며 도체에서의 거리에 반비례하는 자계가 된다.

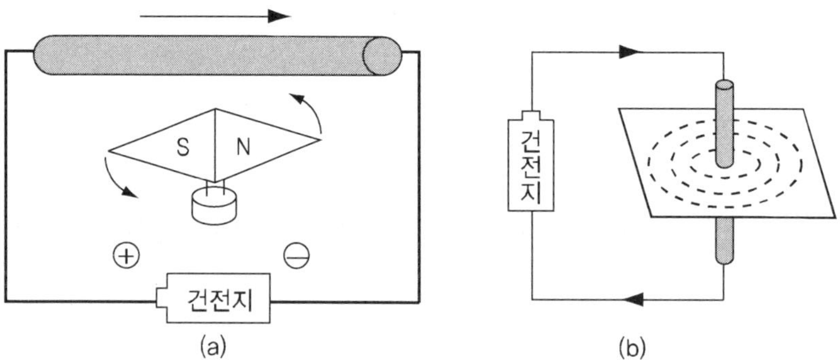

그림 4.7 전류에 의한 자기작용

(2) 암페어의 오른손 법칙

암페어의 실험적 연구 결과는 도선에 흐르는 전류에 의해 발생하는 자계의 방향은 오른손 법칙(Ampere's right hand rule)을 따른다는 것이다. 암페어의 오른손 법칙은 그림 4.8과 그림 4.9에서 보는 바와 같이 오른손의 엄지손가락을 세웠을 때 엄지손가락 방향으로 전류가 흐르면, 다른 네 개의 손가락이 도는 방향으로 자력선이 생기며, 반대로 네 개의 손가락방향으로 전류가 흐르면 엄지손가락 방향으로 자력선이 발생하는 것을 말한다.

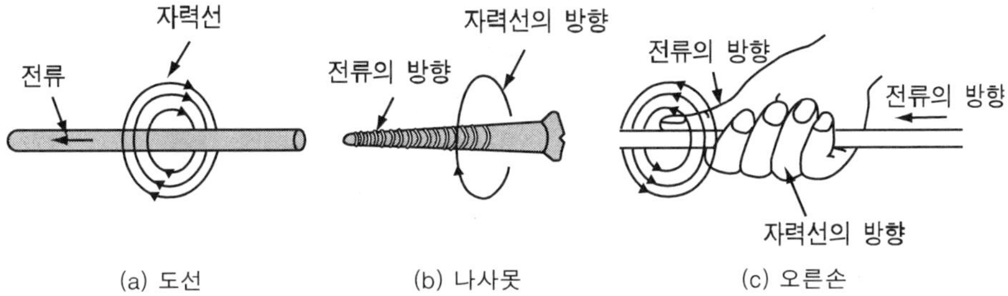

그림 4.8 직선 전류에 의한 자력선의 방향

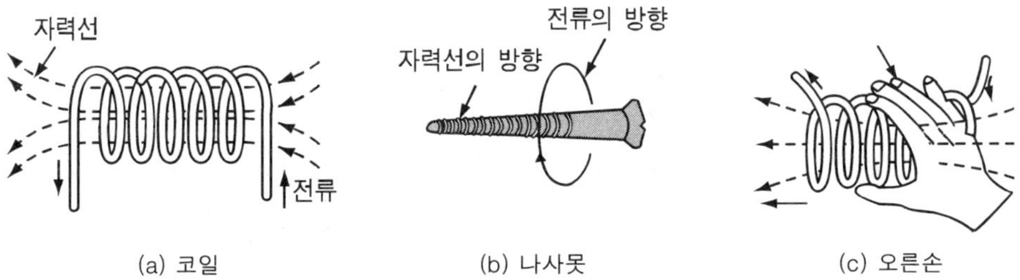

그림 4.9 코일에 흐르는 전류에 의한 자력선의 방향

(3) 코일에서의 자계

그림 4.10에서 보는 것처럼 직선의 도선을 구부려서 고리를 만들면 두 가지 효과를 얻게 된다. 전선을 빈틈없이 원통형으로 감은 것을 코일(coil) 또는 솔레노이드(solenoid)라 한다. 먼저 자력선이 코일 내에 더 밀집해 있다. 자력선의 전체 수는 직선일 때와 같

지만 코일 내부의 자력선은 작은 공간 내로 밀집된다. 더구나 코일 내에서 모든 자력선은 같은 방향이므로 더해진다. 이것은 코일의 자계가 반대편에 반대 극을 가지고 있는 막대자석과 같은 작용을 하게 된다.

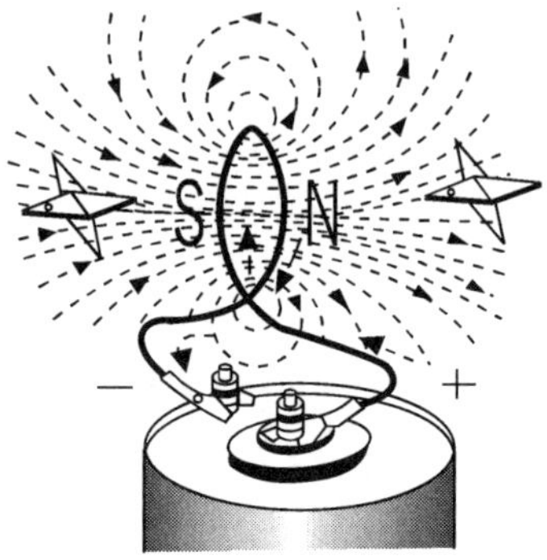

그림 4.10 코일이 만드는 자계

이 자계의 힘을 기자력이라 하며, 이 기자력은 코일의 권선수를 증가하면 할수록 커지며, 또 코일에 흐르는 전류의 크기에 비례함을 알 수 있다.

$$\text{코일의 기자력}(F) = \text{권선수} \times \text{전류} = NI \tag{4-4}$$

그림 4.11(a)의 코일 속에 자성 물질로 만든 철심을 넣으면 그림 4.11(b)와 같이 자기 특성은 현저히 증가하게 된다. 이것은 코일에 전류가 흐르면 코일 속은 자화되며, 그 자계 중에 있는 철심도 자화되어 자석이 되기 때문에 전체 자계는 코일이 만드는 자계와 철심에 의한 자계의 합이 되어 자기 특성이 크게 증가하게 되는 것이다.

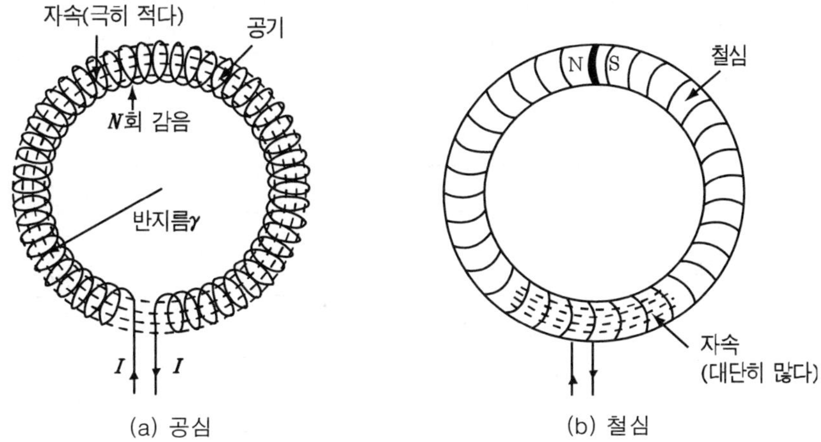

그림 4.11 철심을 가지는 코일

이와 같이 자기회로에 H라는 자화의 세기를 가하여 자속을 발생시킬 때, 그 자속밀도가 B로 되었다고 하면 이 때 B와 H의 비를 자기회로를 구성하고 있는 자성체의 투자율(permeability)이라 한다. 투자율이 클수록 자기 특성은 현저히 증가한다. 자성체의 투자율은 다음과 같다.

$$\mu = \frac{B}{H} \tag{4-5}$$

자성물질에 대한 투자율은 실험으로 구해지며, 이 값을 공기의 투자율로 나눈 값을 비투자율(relative permeability)이라 한다. 여러 가지 재료에 대한 비투자율 값은 표 4.1에 주어져 있다. 보통 철인 경우의 비투자율은 수백에서 수천의 크기를 가진다. 이와 같은 자기적 특성을 이용한 자석을 전자석이라 한다.

예제 4-5

변압기용 규소강판의 자계의 세기가 4,000[AT/m]일 때 자속밀도가 2.0[Wb/m^2]이라고 한다면 이 강판의 투자율은 얼마인가?

풀이

$$\mu = \frac{B}{H} = \frac{2}{4000} = 5 \times 10^{-4}\,[H/m]$$

표 4.1 자성체의 비투자율

물질	종별	비투자율
은	역자성체	0.99998
주석	역자성체	0.999983
동	역자성체	0.999991
진공		1
공기	상자성체	1.00000004
알루미늄	상자성체	1.00002
코발트	강자성체	250
니켈	강자성체	600
철(0.2% 불순물)	강자성체	5,000
규소강(4% 규소)	강자성체	7,000
퍼멀로이(Fe22, Ni78)	강자성체	100,000
슈퍼멀로이(Fe17, Mo5, Ni78)	강자성체	1,000,000

4.5 전자력

(1) 전자력이란

그림 4.12와 같이 자석을 고정시키고 도선에 전류를 흘려보면 도선이 힘을 받아 화살표 방향으로 움직임을 알 수 있다. 이와 같이 자계 내에서 도체를 놓고 전류를 흘리면 도체에 힘이 작용한다. 이 힘을 전자력(electro magnetic force)이라 하고 전동기, 전기계기와 같이 기계적 힘을 발생하는데 이용된다.

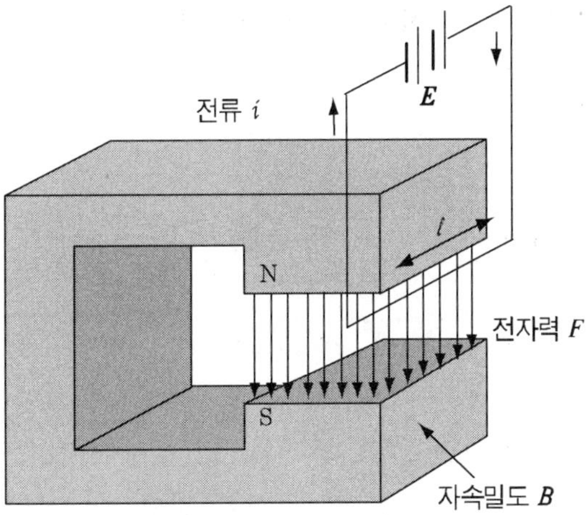

그림 4.12 전자력의 작용

(2) 플레밍의 왼손 법칙

그림 4.13과 같은 평등 자계 중의 자계와 수직 방향으로 전류가 흐르는 도선을 놓으면 N, S극이 만드는 자계와 전류에 의한 자계와의 상호작용에 의하여 자계의 합성이 이루어지고 전류가 흐르는 도선은 힘을 받는다.

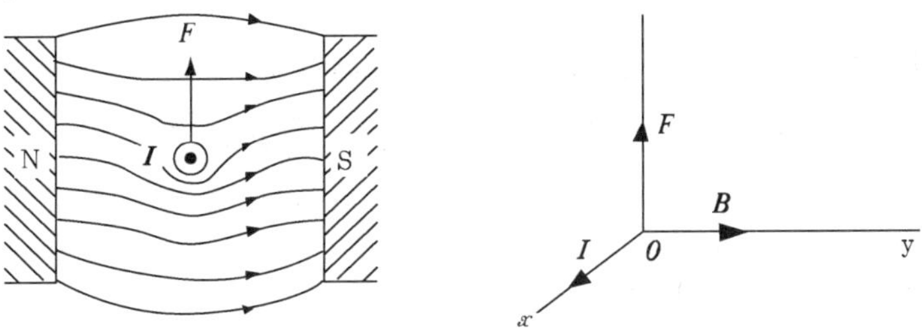

(a) (b)

그림 4.13 자계 내의 전류에 작용하는 힘

이 때 자석과 전류로 인한 합성 자력선은 그림 4.13(a)의 실선과 같이 도체의 위쪽에서 소하게 되고, 아래쪽에서 조밀하게 되어 도체는 위로 향하는 힘을 받는다. 이 때 힘의 크기는 전류 I, 도선의 길이 l, 자속밀도 B에 비례하며 전류방향과 자계방향의 각도를 θ라 하고, 벡터의 외적 관계를 적용시키면 다음과 같이 된다.

$$F = BlI\sin\theta\,[N] \qquad (4\text{-}6)$$

만약 전류의 방향과 자계의 방향이 직각일 때는

$$F = BlI\,[N] \qquad (4\text{-}7)$$

이 된다. 힘 F의 방향은 자속밀도 B와 전류 I로 이루어지는 평면에 직각이며 벡터 I에서 B방향으로 오른나사를 돌렸을 때 오른나사가 진행하는 방향과 일치한다.

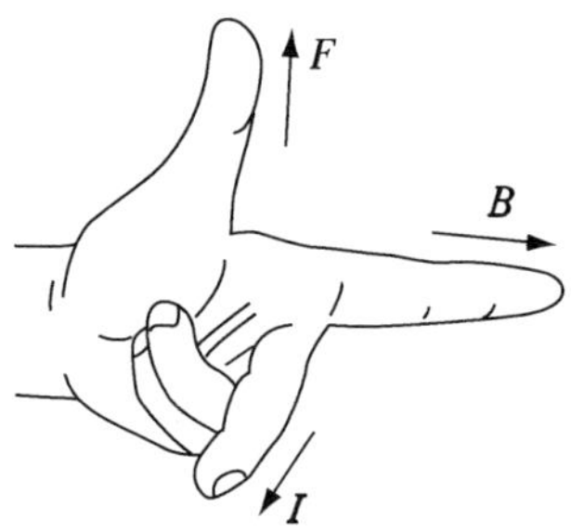

그림 4.14 플레밍의 왼손법칙

이들의 관계를 구체적으로 나타내는 방법은 플레밍의 왼손법칙(Fleming's left hand rule)으로서, 자계 내에 놓여 있는 전류가 받는 힘의 방향을 구할 때 이용된다. 즉, 그림 4.14와 같이 왼손의 엄지, 검지, 중지를 직각으로 펼쳐서 검지가 가리키는 방향을 자계의 방향, 중지가 가리키는 방향을 전류의 방향으로 정하면 엄지가 가리키는 방향은 힘의 방향을 나타내게 된다.

예제 4-6

자속밀도가 30[Wb/m²]의 자계 내에서 5[A]의 전류가 흐르고 있는 길이 1[m]의 직선도체를 자계의 방향에 대하여 60° 의 각을 갖도록 놓았을 때 이 도체에 작용하는 힘을 구하라.

풀이

$F = BlI\sin\theta = 30 \times 1 \times 5 \times \sin 60° \fallingdotseq 130\ [N]$

(3) 평형도체 사이의 전자력

전류와 자계 사이에 전자력이 작동하는 것은 전류 상호간에도 전자력이 발생한다는 것을 의미한다. 즉 한 쪽 도선에 흐르는 전류에 의해 그 주위에 자계가 형성되고 이 자계 중에 다른 전류가 흐르는 다른 도선이 있다고 보면 되기 때문이다.

그림 4.15(b)에서 보는 바와 같이 도선 A에 흐르는 전류 I_1에 의해 형성된 자계 속에 I_2의 전류 크기를 가지는 다른 도선 B가 받는 힘을 플레밍의 왼손법칙으로부터 구할 수 있다. 즉, 두 줄의 도선에 흐르는 전류가 같은 방향이면 서로 끌어당기는 힘이 발생하고, 두 줄의 도선에 흐르는 전류의 방향이 서로 반대이면 힘의 방향도 반대가 되어 도선 상호간에는 서로 밀어내는 방향의 힘이 생긴다. 이와 같이 전류와 전류 사이에 작용하는 힘도 전자력이다.

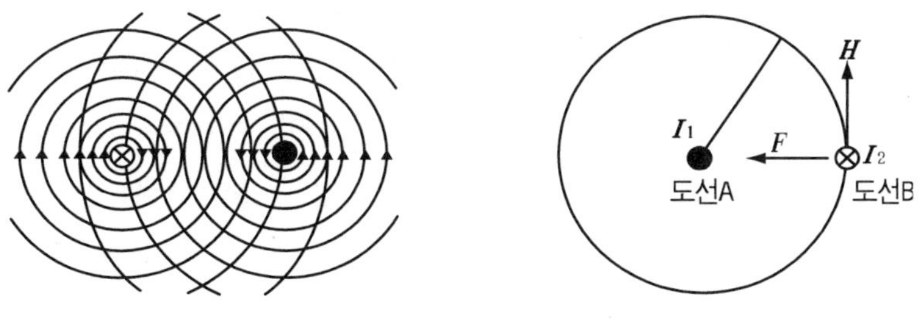

(a) 두 도선에 의한 자계 (b) 힘의 방향

그림 4.15 평형도체 사이의 전자력

(4) 직류 전동기

그림 4.16(a)와 같이 자장 내에 사각형 도체를 놓고 화살표 방향으로 전류를 흘리면 A부분은 위쪽으로 B부분은 아래쪽 방향으로 힘이 작용한다. 만약 사각형 도체가 자유로이 회전할 수 있도록 고정 축을 만들어주면 화살표 방향의 회전력이 발생한다. 이와 같은 힘을 이용하여 회전력을 발생시키는 장치가 직류 전동기(DC motor)이다.

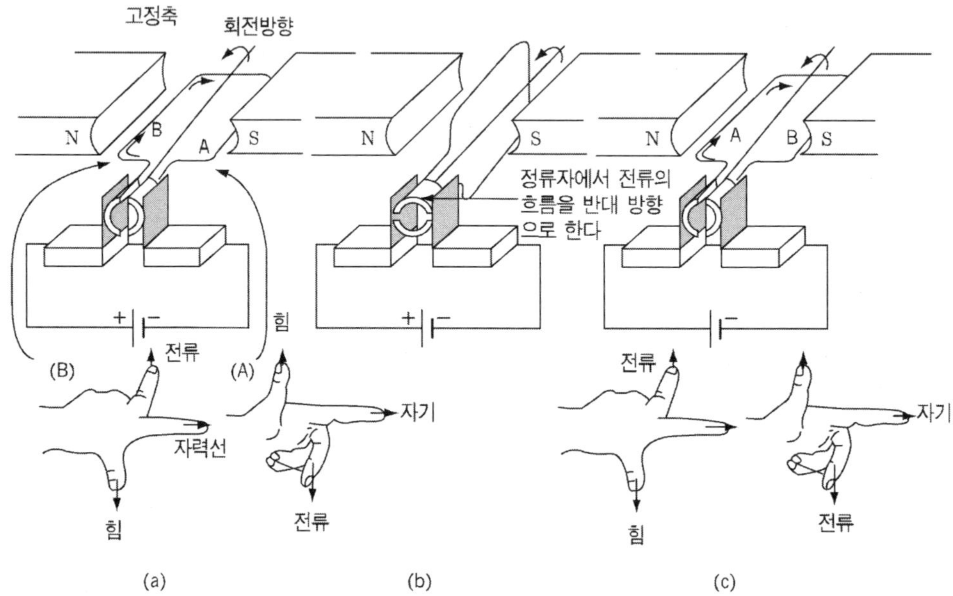

그림 4.16 직류 전동기의 원리

직류 전동기의 정류자와 브러시는 회전하는 도체에 전류가 흐르게 하는 역할을 하는 동시에 전류를 그림 4.16(c)와 같이 반회전마다 반전시켜 좌, 우측에 왔을 때는 항상 자계에 대해 일정한 방향으로 전류가 흐르도록 한다. 이렇게 하면 자극 N, S에서 나오고 있는 자속과 코일에 흐르고 있는 전류 때문에 항상 같은 방향으로 전자력이 생긴다. 이로 인해서 코일의 왼쪽과 오른쪽에는 동일한 전자력이 생기고, 이 두 힘 때문에 사각형 도체는 계속하여 한 방향으로 회전한다.

(5) 직류 발전기

직선 도체가 자속을 절단할 때 도체내에 유기되는 기전력의 방향을 알기 위해서는 플레밍의 오른손 법칙을 이용한다. 즉 오른손 세 손가락을 그림 4.17과 같이 서로 직각으로 펼쳤을 때 엄지 손가락을 도체의 운동 방향, 둘째 손가락을 자계의 방향으로 향하게 하면, 유도 기전력의 방향은 가운데 손가락 방향이 된다. 이것을 플레밍의 오른손 법칙(Fleming's right hand rule)이라 하며, 발전기의 원리가 된다.

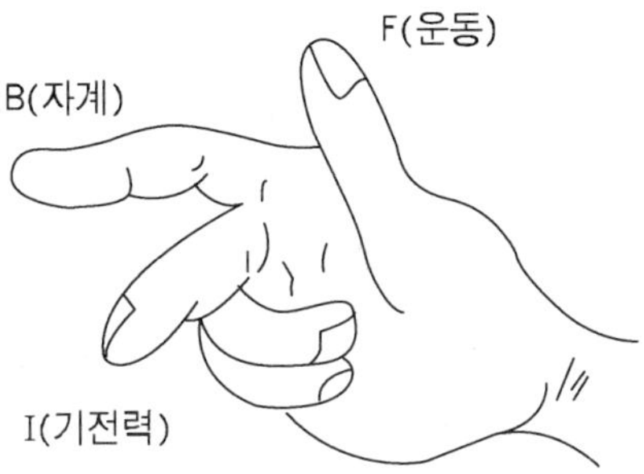

그림 4.17 플레밍의 오른손 법칙

길이 l[m]인 도체가 자속밀도 $B[wb/m^2]$의 자계 내에서 θ의 각도 방향으로 $v[m/s]$의 속도로 움직일 때 발생하는 유도 기전력 e는

$$e = Blvsin\theta\ [V] \qquad (4\text{-}8)$$

이며 θ가 90° 인 경우는 $e = Blv[V]$이다.

예제 4-7

자속밀도 2.0$[\omega b/m^2]$의 자계 내에서 이것과 직각으로 10[cm]의 도체를 50[m/sec]의 속도로 이동시켰을 때 도체 중에 유도되는 기전력을 구하라.

풀이

$$e = Blvsin\theta = 2.0 \times 10 \times 10^{-2} \times 50 = 10\,[V]$$

4.6 전자유도작용과 인덕턴스

(1) 전류에 의한 자계 발생

에르스테드가 전류가 나침반의 자침을 변화시킨다는 사실을 발견한 이후 패러데이(Faraday)는 전류가 자장을 만들 수 있다면 역으로 자장은 전류를 만들 수 있다는 생각을 하게 되었다. 그림 4.18과 같이 철심에 2개의 코일을 따로 감고 한 회로에는 검류계를 연결하고 다른 회로에는 스위치와 함께 건전지를 접속하였다. 그리고 스위치를 이용하여 순간적으로 회로를 단락한 후 개방하는 실험을 행하였다. 이 때 패러데이는 검류계의 바늘이 스위치가 단락되는 순간 한 방향으로 변위되었다가 개방하는 순간 반대 방향으로 변위됨을 알게 되었다. 이는 스위치를 이용하여 회로를 변화시킴으로써 코일 A에서 발생하는 자계를 변화시키기 때문이다.

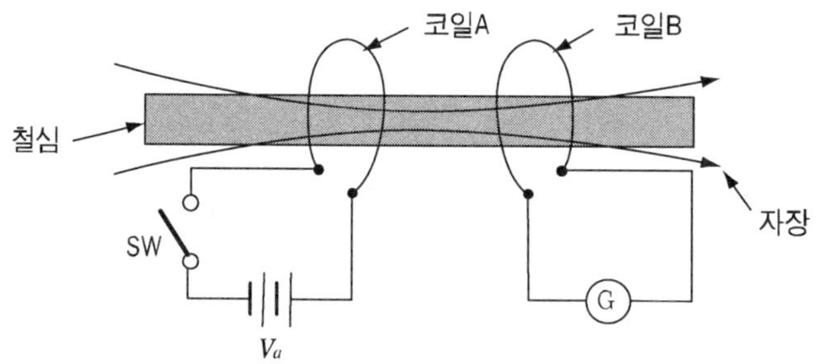

그림 4.18 전자유도작용에 관한 패러데이 실험

(2) 자석에 의한 전압발생

그림 4.19와 같이 코일의 양끝에 검류계를 연결하여 자석을 코일 속에 넣었다 뺐다하면 코일 속을 지나는 자속이 변화하므로 코일에 기전력이 유도되어 검류계의 바늘이 좌

우로 움직인다. 그림 4.20과 같이 말굽자석의 N극과 S극 사이에 도체를 놓아 도체의 양 끝에 검류계를 연결하여 도체를 좌우로 움직이면 검류계의 지침이 좌우로 움직이므로 도체에 전류가 흐른다는 것을 알 수 있다. 이와 같이 코일 내부에 통과하는 자속수가 변화하거나 자계 내에서 도체가 자속을 차단하면 기전력이 발생한다는 이 현상을 전자유도(electromagnetic induction)라 하며 발생된 기전력을 유도기전력(induced electro motive force), 전류를 유도전류(induced current)라 한다.

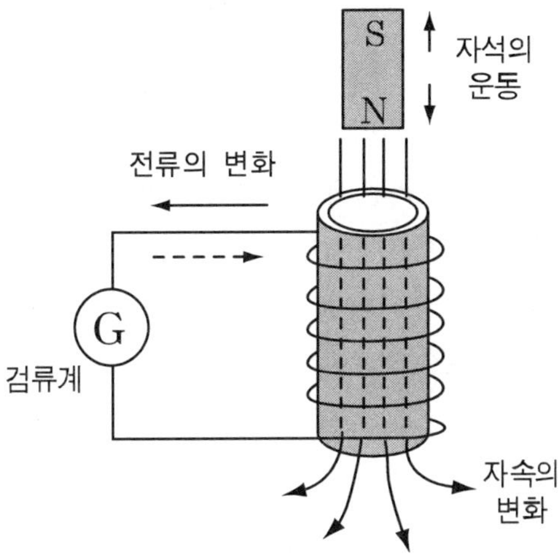

그림 4.19 코일 내 자속의 변화

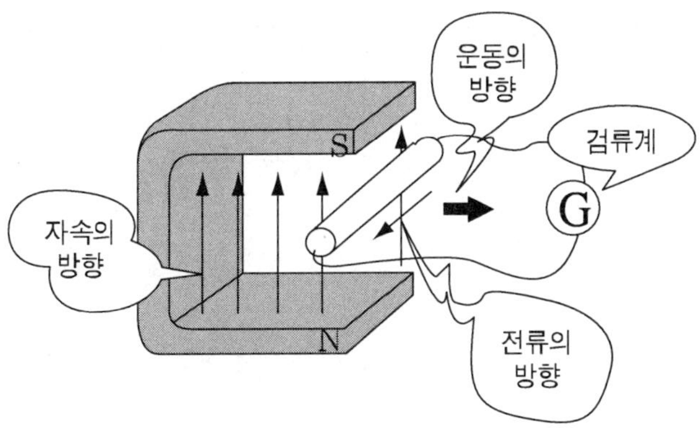

그림 4.20 도체의 운동과 전자유도

(3) 패러데이의 전자유도 법칙

전자유도에 의해 코일이나 도체에 생기는 유도 기전력의 크기는 코일이나 도체에 교차하는 자속수가 단위시간에 변화하는 비율에 비례한다. 이것을 전자유도에 관한 패러데이 법칙이라 한다. 일반적으로 도체 또는 코일의 권선수가 N인 코일을 통과하는 자속이 Δt초 동안에 $\Delta\Phi[\omega b]$만큼 차단되었을 때 발생하는 유도 기전력의 크기 e는 다음과 같다.

$$e = N\frac{\Delta\Phi}{\Delta t}\ [V] \tag{4-9}$$

전자유도 현상에서 전류와 자속의 관계를 보면 코일을 지나는 자속이 증가할 때 자속을 감소시키는 방향으로 유도 기전력이 발생하고, 자속이 감소할 때 자속을 증가시키는 방향으로 유도 기전력이 발생한다. 이와 같이 유도 기전력은 코일 내 자속의 변화를 방해하는 방향으로 발생한다. 이것을 렌츠(Lenz)의 법칙이라 한다. 부호의 (-)는 유도 기전력의 방향을 나타낸다.

$$e = -N\frac{\Delta\Phi}{\Delta t}\ [V] \tag{4-10}$$

예제 4-8

권선수가 10회인 코일에 자속을 1초 동안에 5[ωb]의 변화를 시켰을 때 발생하는 유도 기전력의 크기는 얼마인가?

풀이

$$e = N\frac{\Delta\Phi}{\Delta t} = 10\times\frac{5}{1} = 50\ [V]$$

(4) 자기유도

그림 4.21과 같이 원통형의 코일에서 스위치를 닫는 즉시 흐르는 전류를 가변저항기에 의하여 전류의 크기를 변화시켜 흐르게 하면 원통형 코일의 내부에 자속이 변화된

다. 이 때 코일 자체에 이 자속의 변화를 방해하는 방향으로 유도 기전력이 생긴다. 이 현상을 자기유도(self induction)라고 한다.

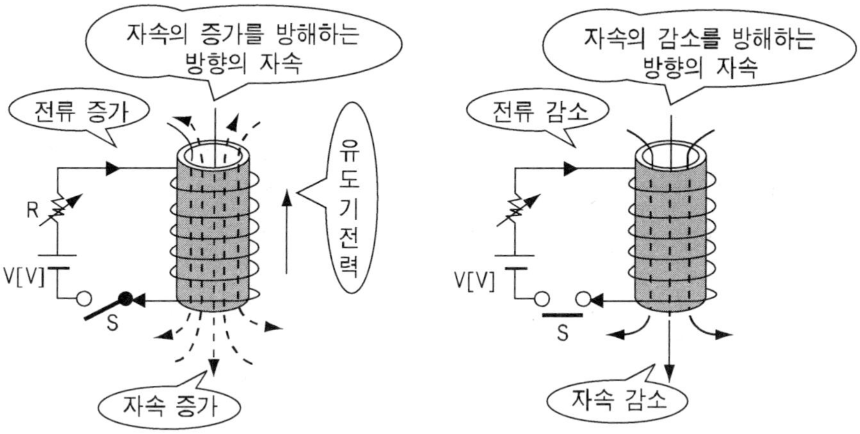

그림 4.21 자기유도

(5) 상호유도

그림 4.22과 같이 철심에 2개의 코일 P, S를 감고 P 코일에는 전원과 가변저항기를 연결하고, S 코일에는 검류계를 연결한다. 1차 코일에 흐르는 전류를 가변저항기로 변화시키면서 1차 코일 P에 발생하는 자속이 변화하게 되고 이 자속이 2차 코일 S에 쇄교한다. 전자유도에 의해 2차 코일에는 자속의 변화를 방해하는 방향으로 유도 기전력이 발생한다. 이 현상을 상호유도(mutual induction)라고 한다.

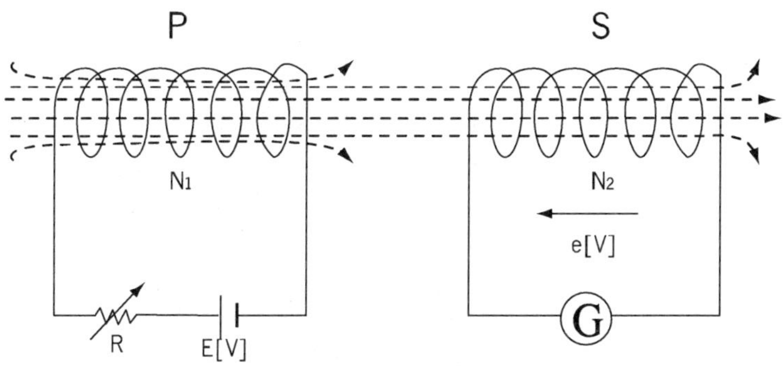

그림 4.22 상호유도

1차 및 2차 코일에 각각 N_1, N_2회의 권선을 감고, 1차 측의 전류 I가 Δt[s]에 ΔI[A] 변화했다면 2차 코일을 통과하는 자속Φ도 $\Delta\Phi$만큼 변화하여 2차 측의 코일에 전압이 유도된다. 이 때 유도되는 기전력은

$$e_2 = -N_2\frac{\Delta\Phi}{\Delta t} \tag{4-11}$$

이다. 또한, 자속의 변화율은 전류의 변화율에 비례하므로 비례상수를 M이라면 유기되는 기전력은 다음과 같이 표현될 수 있다.

$$e_2 = -M\frac{\Delta I}{\Delta t} \tag{4-12}$$

여기서 비례상수 M을 상호 인덕턴스(mutual inductance)라 하며, 상호유도작용의 정도를 나타낸다. 상호 인덕턴스 역시 코일의 형상, 권수, 크기, 길이, 투자율, 상호간의 위치 등에 의존하고 단위는 헨리[H]를 사용한다. 위 두 식으로부터

$$M = N_2\frac{\Phi}{I} \tag{4-13}$$

로 나타낼 수 있다. 이와 같이 한쪽 코일의 전류가 변할 때 다른 쪽 코일에 유도기전력이 발생하는 현상을 상호유도(mutual induction)라 하며, 변압기 등에 응용되며, 그림 4.23과 같은 원리이다.

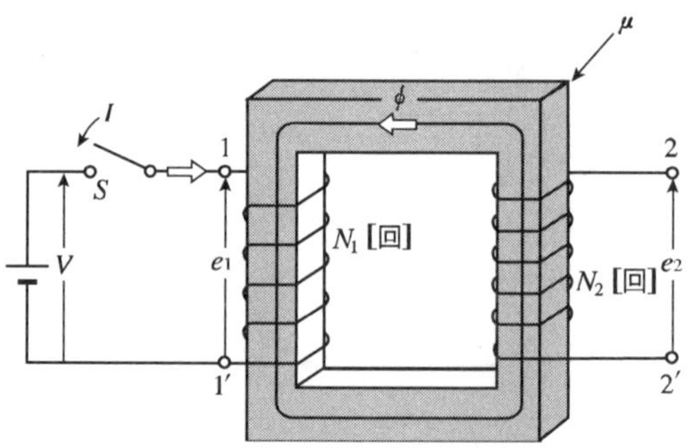

그림 4.23 상호유도작용 및 상호 인덕턴스

예제 4-9

자기 인덕턴스가 5[H]인 코일에 전류를 0.01초 동안에 1[A] 변화시켰다면 유도 기전력은 얼마인가?

풀이

$$e = L\frac{di}{dt} = 5 \times \frac{1}{0.01} = 500\,[V]$$

(6) 자계내에 축적되는 에너지

큰 인덕턴스를 가지고 있는 코일에 전류를 흘리면 전자에너지(electromagnetic energy)가 항상 자기회로 내에 축적되고 있다. 이 에너지는 전기용접 등에 응용되고 있다. 자기인덕턴스 L[H]의 코일에 I[A]의 전류가 흘렀을 때 코일이 만드는 자계내에 축적되는 에너지 W는

$$W = \frac{1}{2}LI^2[J] \tag{4-14}$$

이다.

예제 4-10

100[mH]의 자기인덕턴스를 가진 회로에 10[A]의 전류가 흐르고 있을 때 축적되는 에너지는 얼마인가?

풀이

$$W = \frac{1}{2}LI^2[J] = \frac{1}{2} \times 100 \times 10^{-3} \times 10^2 = 5[J]$$

요 약

- 자극은 자기현상이 강한 자석의 끝 부분이며 각각 N극, S극인 두 종류가 있다.
- 자극은 다른 극끼리는 흡인력이 같은 극끼리는 반발력이 작용한다.
- 자기력이 미치는 자기장 중의 한 점에 단위 정자극을 놓았을 때 작용하는 힘을 자계의 세기라 한다.
- 자기유도(magnetic induction) 또는 자화란 자극을 갖지 않은 자성체가 자계 중에서 자석이 되는 현상이다.
- 암페어의 오른손법칙은 도선에 흐르는 전류에 발생에 자계의 방향을 결정한다.
- 고정된 자계 속에 있는 도선에 전류를 흘릴 때 도선이 받는 힘이 전자력이다.
- 플레밍의 왼손법칙은 자계와 전류에 의한 전자력의 방향을 결정한다. (전동기의 원리)
- 플레밍의 오른손법칙은 자계 내를 도선이 움직일 때 발생하는 전류의 방향을 결정한다. (발전기의 원리)
- 시간적으로 변하는 자장은 폐회로에 전류를 흐르게 할 수 있는 전압을 유도한다. 이 유도전압은 폐회로를 쇄교하는 자력선의 시간적 변화율에 비례하는데 이를 패러데이의 전자유도 법칙이라 한다.
- 코일에 흐르는 전류가 변화할 때 그 코일 자신에 전압이 발생하는 현상을 자기유도라 한다.
- 두 개의 코일을 가까이 할 때 한 개의 코일에 흐르는 전류의 변화에 의해 다른 코일에 전압이 유도되는 현상을 상호유도라 한다.
- 인덕턴스 성분을 가지는 전기소자를 인덕터라 한다.

연 습 문 제

1. 1[wb]의 두 자극이 진공 중에서 1[m] 떨어져 있을 때 작용하는 힘은 몇[N]인가?

2. 반경 5[cm], 권선수 10회의 원형코일에 5[A]의 전류를 흘릴 때 코일의 중심 자계는 몇[AT/m]인가?

3. 히스테리시스 곡선에서 알 수 있는 것은?

4. 변압기 철심을 규소 강판으로 성층하는 이유는 무엇인가?

5. 자기 인덕턴스 100[mH]의 코일에 0.1초 동안에 2[A]의 전류가 변화하였다면 이때 발생하는 유도기전력은 몇 V인가?

6. 자성체의 비투자율은 얼마인가 예를 들어 비교해 보자

제 5 장

교류회로

5.1 정현파와 교류전압

직류(direct current, DC)는 시간에 따라 방향이 일정한 전류이며, 불변전류나 맥동전류가 있다. 교류(alternating current, AC)는 시간에 대해서 크기와 방향이 주기적으로 변하는 전류이며, 그의 변화가 사인파(sine wave)형으로 되는 것을 사인파 교류 또는 정현파 교류라 하고, 사인파가 아닌 것을 비정현파 교류라 한다. 가정이나 공장 등에서 일반적으로 사용되고 있는 것은 정현파 교류이다.

쉬 어 가 기

패러데이(Michael Faraday)가 전자유도를 발견한 해인 1831년 영국의 과학자 맥스웰(James Clerk Maxwell)이 태어났다. 그는 "전기자기학" 이라고 제목을 붙인 책을 저술하고, 전기나 자기에 관한 여러 현상이나 법칙을 정리했다. 또한 패러데이는 전자파 이론을 제창하고, 오늘날 무선통신을 가능하게 하는 전파를 예언했다.

1842년 헨리(Joseph Henry)는 콘덴서에 축적된 전하를 인덕턴스를 통해 방전할 때, 전기진동이 발생하는 것을 발견하였다. 그리고 1888년에 독일의 과학자 헤르츠(Heinrich Hertz)는, 패러데이가 기초 이론을 세우고, 맥스웰이 예측한 전파를 실험에 의해 확인했다. 교류의 주파수 단위인 헤르츠[Hz]는 그의 이름을 딴 것이다. 독일에서 태어난 후, 미국으로 건너간 전기기술자 슈타인메츠(Charles P. Steinmetz)는 1897년에 저서 "교류이론" 을 발간하는 등 전기공학 전반에 걸쳐 위대한 성과를 남겼다. 특히 교류회로의 계산에 벡터 표시법을 이용한 연구는 유명하다.

쉬 어 가 기

우리나라에서 가정이나 공장에 공급되는 교류전압의 주파수는 60[Hz]이다. 이러한 주파수를 상용주파수라고 부른다. 주파수 60[Hz]는 발전소에서 교류발전기가 만들어 내는 주파수로 초창기에는 25[Hz]와 60[Hz]를 사용하였으나, 25[Hz]에서는 형광등과 같은 소형 등의 깜박거림이 현저하게 눈에 띄어 오늘날에는 주로 60[Hz]가 사용된다. 이웃나라 일본에서는 50[Hz]와 60[Hz] 주파수를 공용하고 있다.

(교류의 사용이유)

1) 전력전달

가정, 공장 등에서 점등, 가열, 냉각, 설비, 기계장치 등을 위한 전기적인 전력을 제공한다. (예, 발전기, 변압기)

2) 정보의 전달

두 지점 간에 Radio, TV 화면 등의 정보를 전달하거나 통신을 제공한다.(예, 변환기, 전기파, 무선통신)

(파의 종류와 속도)

1) 음파

공기분자 압축과 희박으로 기압 변화, 음성속도(344.4[m/s])로 전파된다.

2) 전기파

전압 V, 전류 I의 증가와 감소 변화, 빛의 속도(3×10^8[m/s])로 전파된다.

3) 전자기파

전자기장의 세기, 빛의 속도로 전파된다.

(주파수대)

국제전기통신조약에 9개 대역으로 분류되는 주파수 대역(전파분류)이 있다.
이것을 간단히 3단계로 분류하면

1) 초저주파(1[Hz] 이하) : 지진, 건물진동, 천체운동 등
2) 저주파(1[Hz]~수십[kHz] 이하) : 오케스트라. Audio 주파수, 상용전원 등
3) 고주파(100[kHz] 이상~) : 중파 Radio방송(100[kHz]~), FM방송=TV([MHz]대), 위성방송([GHz]대)

(교류에 사용되는 용어)

1) 진폭(amplitude)은 0 으로부터 변화되는 교번의 진폭 또는 크기이다.

2) 피크값(peak value 또는 최대값)은 최대 또는 가장 높은 진폭레벨이다.

3) 피크-피크값(peak-to-peak value)는 정(正:+)의 최대값과 부(負:-)의 최대값 간의 차이를 말한다.

4) 실효값(rms: root mean square)은 교류 전압, 전류, 전력파형의 rms 값이고, 최대값의 0.707배와 같다.

5) 평균값(average value)은 교류 전압, 전류, 전력파형의 평균값이고, 최대값의 0.637배와 같다.

6) 주파수(frequency)는 Hertz로 측정되는 단위시간(1초)동안 주기파의 반복율이며, 1초 동안 반복되는 변화의 횟수를 말한다.

7) 주기(period)는 주기적인 또는 반복되는 파형 1개의 cycle을 마치는데 걸리는 시간을 말한다. 주기파란 일정 시간 간격을 두고 동일 파형이 반복되는 파이다.

8) 파장(wave length)은 1주기에 교류가 전파하는 거리를 말하며, 서로 대응되는 위상간의 거리이며, 파형속도 또는 주파수로 나누어지는 속도와 동일하다.

9) 음파(sound wave)는 기계적인 진동이 파의 진행을 방해하는 공기입자에 종속적이므로 전자기파보다 느린 속도로 이동한다.

10) 전자기파(electromagnetic wave)는 공기 중에서 빛의 속도로 이동한다.

11) 위상(phase) : 두 파형, 정상적으로 교류회로의 전류와 전압간의 위상적인 관계를 말하며, 동상(in-phase), 이상(out-of-phase)으로 구분한다.

5.2 정현파 교류의 발생

그림 5.1과 같이 직류는 시간이 경과함에 따라 전류의 크기에 변화가 없는 것, 즉 $\frac{di}{dt}=0$인 경우를 말하며, 교류는 시간에 따라 전류의 크기 및 방향이 주기적으로 변화한다. 특히, 교류의 파형이 정현적인 곡선일 경우 정현파 교류라 하며, 일반적으로 교류라 함은 정현파 교류를 뜻한다.

정현파는 그림 5.2와 같이 선분 OP를 반경으로, OX에서부터 반 시계 방향으로 일정한 속도로 선분을 회전하여 갈 때, 회전각도 θ를 X축으로 하고, 이때의 선분 OP의 수직성분의 크기 PQ를 Y축으로 하여 X와 Y의 관계를 표현함으로써 간단히 얻을 수 있다.

한편, 정현파 전압이 발생하는 원리는 전자유도 작용으로 간단히 이해할 수 있다. 우선 그림 5.3과 같이 영구자석의 N, S극을 마주하면 N에서 S로 향하는 자속이 발생한다. 그 자속 내에 ABCD의 철편을 놓고 XX'를 축으로 하여 반 시계 방향으로 일정한 속도로 회전시키면 코일의 변 AB와 CD가 자속을 쇄교하므로 전자유도현상에 의해 기전력이 발생한다. 물론 이때 자속 및 도체의 회전방향에 대하여 발생되는 기전력의 방향은 플레밍의 오른손 법칙에 따른다.

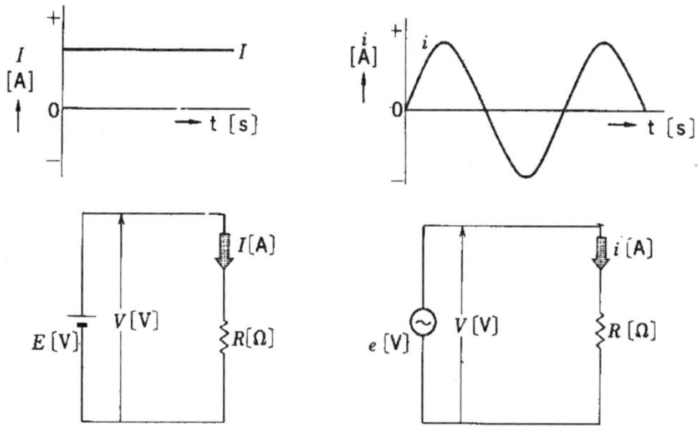

(a) 직류 (b) 교류

그림 5.1 직류와 교류

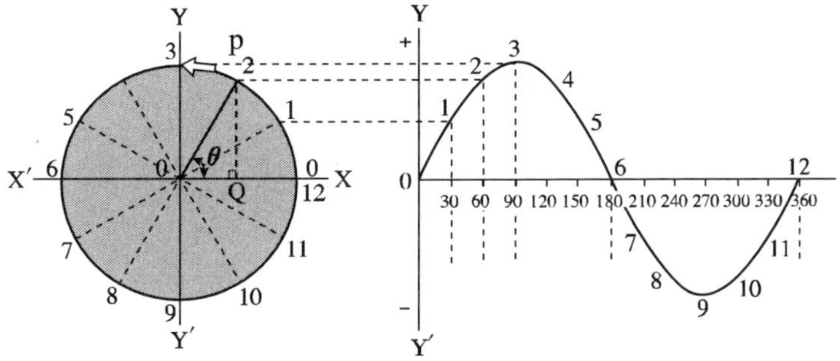

그림 5.2 정현파의 발생

모든 시변 신호들은 시간에 대해서 정현적(正弦的)으로 변화하는 정현파들의 조합으로 구성되어 있다. 그림 5.2와 같이 변화하는 정현파 교류는 반경V_m[V], 각속도 ω [rad/sec]로 원운동을 하는 점의 하나의 축에 대한 투영된 모습을 시간 축으로 펼쳐서 보여주는 것이라고 할 수 있다. 전자유도현상에 의해 발생되는 기전력 e는 쇄교하는 도체의 길이를 L, 직선운동시의 속도를 v라 하고, 자속밀도를 B라 할 때.

$$e = BLv\sin\theta \tag{5-1}$$

로 주어지며, 각 θ는 속도(회전) 방향과 자속 사이의 각이다.

코일의 회전운동에 의해 코일과 쇄교하는 자속의 양은 변화한다. 그림 5.3과 같이 코일의 면이 자속과 직각이 되었을 때 쇄교량은 최대가 되며, 이 때 코일면을 관통하는 자속을 Φ_m[Wb], 코일의 권수를 N이라 하면, 이들 사이에 θ[rad]의 각이 존재할 때의 쇄교자속수는

$$N\Phi = N\Phi_m \sin\theta \tag{5-2}$$

이다. 또한, 코일이 1초 동안에 회전한 각도의 크기를 각속도 w[rad/sec]라 하고, t[s] 동안 θ[rad] 만큼 회전하였다면

$$\theta = wt \tag{5-3}$$

이므로 코일의 위치를 고려한 자속과의 쇄교수는 다음과 같다.

$$N\Phi = N\Phi_m \sin wt \tag{5-4}$$

쇄교 자속이 시간에 따라 이와 같이 변화하므로 전자유도작용에 의해 발생되는 기전력은

$$\begin{aligned} e &= -\frac{d}{dt}(N\Phi) \\ &= -wN\Phi_m \cos wt \\ &= wN\Phi_m \sin\left(wt - \frac{\pi}{2}\right) \\ &= E_m \sin(wt + \theta) \end{aligned} \tag{5-5}$$

로 주어진다. 단, 여기서 $E_m = wN\Phi_m, \theta = -\frac{\pi}{2}$ 이다.

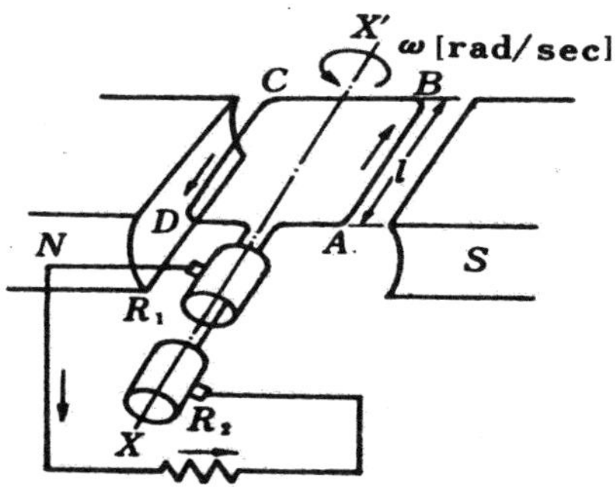

그림 5.3 교류전압의 발생

5.3 교류의 크기 표시

우리는 가정에 공급되는 전원이 교류 형태인 정현파임을 알고 있다. 전압의 크기도 100[V] 혹은 220[V]라고 말하고 있다. 그렇다면 이 값의 의미는 무엇인가? 직류 전원인

건전지를 생각해 보자. 그 종류는 가장 많이 사용되는 1.5[V] 건전지에서 자동차에 사용되는 12[V] 배터리까지 다양하다. 그렇다면 이 값의 크기는 무엇을 의미하는가?

건전지나 배터리의 전압은 DC 전압의 크기를 나타낸다. DC 전압의 크기는 주어진 신호의 평균값(average value)이다. 평균값이 크다는 것은 동일한 회로에 더 많은 에너지를 공급한다는 의미이다. 만약 교류 신호에 평균값을 취하면 모든 교류 신호의 크기는 영이다. 교류의 크기를 나타내는 데에는 순시값, 최대값, 평균값, 실효값 등이 있다.

교류의 전압, 전류는 일반적으로 다음과 같이 표시된다.

즉 $e = E_m \sin\omega t[V]$, $i = I_m \sin\omega t[A]$ 이 때 e, i는 시시각각으로 그 값이 변화하는 순시값 이라 하고, 이 중 가장 큰 값인 E_m, I_m을 최대값이라 한다.

이 절에서는 이들에 관해서 알아보기로 한다.

(1) 평균치와 실효치

앞서 코일이 일정속도로 회전함에 따라 교류 기전력이 유기되었다. 발생하는 기전력의 크기는 0, E_m, 0, $-E_m$,0 · · · 의 순으로 일정시간마다 같은 파형을 되풀이하게 된다. 이 때 코일의 1회전의 결과 나타나는 파형을 1 사이클(cycle)이라 하며, 1초 동안의 회전수를 주파수(frequency)라 한다. 주파수는 일반적으로 f로 나타내며 단위는 [Hz]를 사용한다. 우리나라의 전원 주파수는 60[Hz]이므로 1초에 60번 회전시켜 만들어낸 전압이라 볼 수 있다. 이러한 교류 파형의 1번의 반복에 필요한 시간을 주기라고 한다. 따라서 주파수 f[Hz]의 교류는 1[s]에 f회의 파형의 반복이 있으므로 주기 T는

$$T = \frac{1}{f}[s] \qquad (5\text{-}6)$$

이다.

정현파는 이용목적에 따라 서로 다른 주파수를 사용한다. 높은 주파수의 경우 10^3[Hz]를 킬로헤르츠 [kHz]로, 10^6[Hz]를 메가헤르츠 [MHz]로, 10^9[Hz]를 기가헤르츠 [GHz]로 사용한다. 표 5.1에는 다양한 목적에 사용되고 있는 주파수를 나타내었다.

표 5.1 주파수 예

주파수	사용처
60Hz	교류 전력
50~1500Hz	음성장치
535~1605kHz	AM 라디오 대역
54~60MHz	TV 채널 2
88~108MHz	FM 라디오 대역

더욱이 주파수 f[Hz]는 코일이 1[s]에 $2\pi f$ [rad] 회전하므로 t[s]동안의 회전수는 $2\pi ft$ [rad]이 된다. 결국 t[s]후의 코일의 위치 θ는

$$\theta = 2\pi ft \text{ [rad]} \tag{5-7}$$

이 되고, $\theta = \omega t$[rad] 이므로 ω는 각주파수(angular frequency) 혹은 각속도(angular velocity)로 표현할 때 전압의 크기는 wt에 따라 시간적으로 변화한다.

$$w = 2\pi f \text{ [rad/s]} \tag{5-8}$$

이다. 한편, θ는 t=0일 때의 정현파의 위치 상태를 나타내는 것으로 이것을 위상(phase)이라 하고, 두 교류의 위상의 차이를 위상차(phase difference)라 한다. 예를 들어 두 전압 e_A 및 e_B가 각각

$$\begin{aligned} e_A &= E_m \sin wt \\ e_B &= E_m \sin(wt - \theta) \end{aligned} \tag{5-9}$$

라 하면, e_A와 e_B 사이에는 θ의 위상차가 존재한다. 즉 e_A는 e_B보다 θ만큼 앞서며, e_B는 e_A보다 θ만큼 늦다. 앞서는 경우를 진상(**lead**) 한다고 하며, 반대의 경우, 지상(lag) 한다고 한다. 두 파형의 시간적 변화가 일치할 때, 두 파형은 서로 동위상(inphase)이 된다.

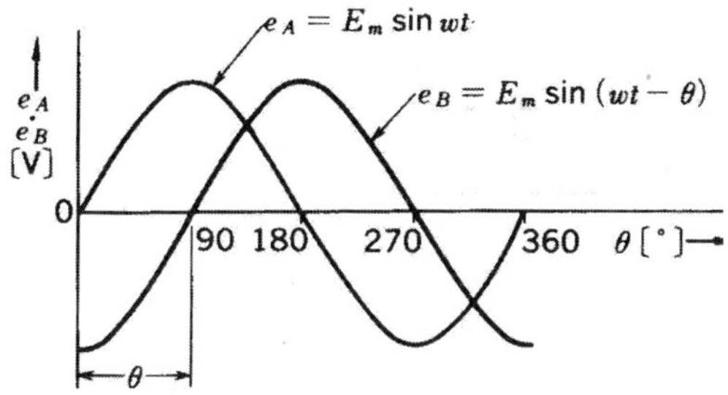

그림 5.4 전압파형의 위상차

교류전압을 나타내는

$$e = E_m \sin wt \qquad (5\text{-}10)$$

위의 식에서 교류 전압 e의 값은 시간에 따라 매 순간 변화하므로 이것을 교류 전압의 순시값(instantaneous value)이라 하고, 전압과 전류의 순시값은 각각 v, i의 기호를 사용한다. 일반적으로 DC전압의 순시값은 대문자로 표시하고 AC전압의 순시값은 소문자를 표시한다.

E_m을 최대치(maximum value) 전압 또는 진폭(amplitude)이라 한다. 정현파 교류전압의 크기는 그 크기가 0인 선을 중심으로 위와 아래가 대칭이므로 평균하면 0가 된다. 그래서 그림 5.5와 같이 교류 파형의 반주기의 평균값을 평균치(average value)로 나타내어 $E_{av.}$로 표시한다. 교류전류의 경우도 마찬가지로 $I_{av.}$로 나타낸다. 정현파 교류의 평균치는 최대치의 약 0.637배와 같다.

$$E_{av.} = \frac{1}{T/2}\int_0^{\frac{T}{2}} e\,dt$$

$$\doteqdot 0.637\ E_m \quad [V] \qquad (5\text{-}11)$$

$$I_{av.} \doteqdot 0.637\ I_m \quad [A]$$

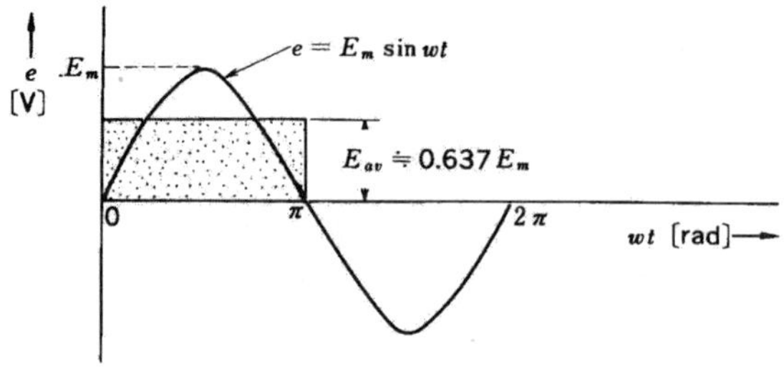

그림 5.5 교류전압의 평균치

한편, 저항에 전류가 흐르면 저항은 RI^2의 열을 발생한다. 지금 그림 5.6과 같이 동일한 크기의 저항 R에 직류 전압과 교류 전압을 인가하여 전류를 흘릴 때, 직류전압에 의한 발열량과 동일한 효과를 얻을 수 있는 교류의 크기를 실효치(effective value)라 한다, 실효치는 순시치의 제곱의 평균의 평방근(root mean square)으로 정의한다.

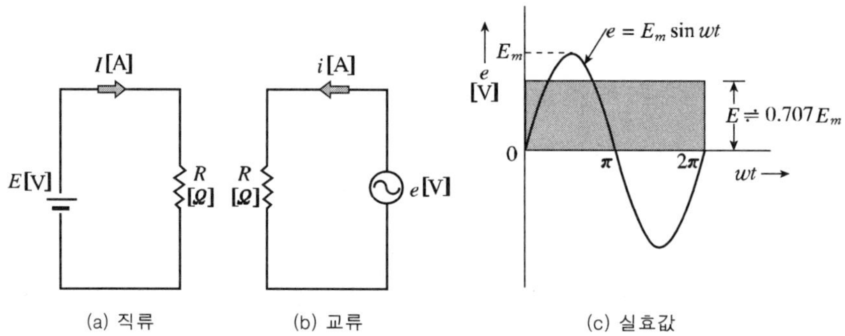

그림 5.6 교류전압의 실효값

즉,

$$E = \frac{E_m}{\sqrt{2}} \fallingdotseq 0.707\ E_m\ [V]$$

$$I = \frac{I_m}{\sqrt{2}} \fallingdotseq 0.707\ I_m\ [A] \qquad (5\text{-}12)$$

이다.

가정에서 사용하고 있는 220[V]의 상용 전압은 교류 전압의 실효값을 의미한다. 실효값이란 교류가 흐를 때 하는 일의 크고 작음에 따라 값을 정한 것이다.

일반적으로 교류의 값은 실효치를 사용하는 경우가 많다. 실효치는 순시치의 대문자 E 혹은 I로 나타낸다. 한 주기 T초 동안에 저항 R을 통하여 발생한 열량은 그림 5.6(a)와 그림 5.6(b)의 경우 동일하므로 다음과 같이 기술할 수 있다.

$$\int_0^T I^2 Rdt = \int_0^T i^2 Rdt \qquad (5\text{-}13)$$

식 (5-13)으로부터 실효값을 구하기 위하여 I를 계산하면,

$$I = \sqrt{\frac{1}{T}\int_0^T i^2 dt} \qquad (5\text{-}14)$$

가 된다. 즉, 실효값 I는 교류의 순시값의 rms(root mean square)값을 계산한 것과 같다. 이러한 이유로 실효값을 rms값이라고도 한다.

식 (5-10)으로 표시되는 정현파의 실효값을 식 (5-14)을 이용하여 구하면,

$$V_{rms} = \frac{V_m}{\sqrt{2}} = 0.707\,V_m$$

$$I_{rms} = \frac{I_m}{\sqrt{2}} = 0.707 I_m \qquad (5\text{-}15)$$

예제 5-1

정현파 교류 전압 $v = 110\sin\omega t$의 실효값은 얼마인가?

풀이

$$V_{rms} = \frac{V_m}{\sqrt{2}} = \frac{110}{\sqrt{2}}\,[V]$$

예제 5-2

최대값이 220[V]인 교류의 평균값을 구하라.

풀이

$$V_{avg} = \frac{2}{\pi}V_m = \frac{2}{\pi}\times 220 \fallingdotseq 140.06[V]$$

예제 5-3

20[Ω]의 저항을 가진 전열기에 $v = 110\sqrt{2}\sin\omega t$[V]의 교류 전압을 가하면 전류는 어떻게 되는가?

풀이

순시값 : $i = \frac{v}{R} = \frac{110\sqrt{2}\,sin\omega t}{20} = 5.5\sqrt{2}\,sin\omega t[A]$이고

실효값 : $I = \frac{V_{rms}}{R} = \frac{110}{20} = 5.5[A]$이다.

(2) 파형율과 파고율

교류의 크기는 실효치 표시를 하지만 실효치 만으로 파형까지 알 수 없으므로 파형의 개략적 인지 방법으로 다음의 계수를 사용한다. 교류의 파형을 수량적으로 표시하는 데는 파형율(waveform factor)과 파고율(crest factor & peak factor)을 사용하는 경우가 있다. 따라서 정현파 교류 $e = E_m\sin\omega t[V]$에 있어서

$$파형율 = \frac{실효치}{평균치} = \frac{\frac{E_m}{\sqrt{2}}}{\frac{2E_m}{\pi}} \fallingdotseq 1.111$$

$$\text{파고율} = \frac{\text{최대치}}{\text{실효치}} = \frac{E_m}{\frac{E_m}{\sqrt{2}}} = \sqrt{2} = 1.414$$

가 된다.

예제 5-4

평균값이 100[V]인 정현파 전압의 실효값을 구하라.

풀이

실효값 = 파형율 × 평균값 =1.11 × 100= 111[V]

(3) 교류의 벡터 표시

시간 및 온도 등과 같이 크기만을 가진 양을 스칼라 양(scalar quantity)이라 하며, 속도, 교류의 전압, 전류 등과 같이 크기와 방향을 가진 양을 벡터 양(vector quantity)이라 한다. 스칼라 양은 크기에 비례하는 선분으로 표시하며, 벡터 양은 크기에 비례하는 길이의 선분 앞에 방향을 나타내는 화살표를 붙혀 표시한다. 벡터를 문자로 나타낼 때는 $\dot{Z}$ 와 같이 문자 위에 점(dot)을 붙이고 Z도트, 또는 벡터 Z라 부르며, Z등의 문자는 벡터의 크기(절대치)를 나타내는 것이다. 벡터를 사용하여 전압과 전류의 크기나 위상관계를 나타낸 것을 벡터도라 한다.

크기와 위상을 갖는 임의의 복소량 $\dot{Z}$는 그림 5.7과 같이 크기를 Z, 각을 ϕ라 할 때

$$\dot{Z} = a + jb = Z\angle\phi \tag{5-16}$$

이며,

$$a = Z\cos\phi, \quad b = Z\sin\phi \tag{5-17}$$

이므로 다음과 같이 삼각함수 형으로도 표현이 가능하다.

$$\dot{Z} = Z(\cos\phi + j\sin\phi) \tag{5-18}$$

또한 Eular의 정리에 의하면

$$e^{j\phi} = \cos\phi + jsin\phi \tag{5-19}$$

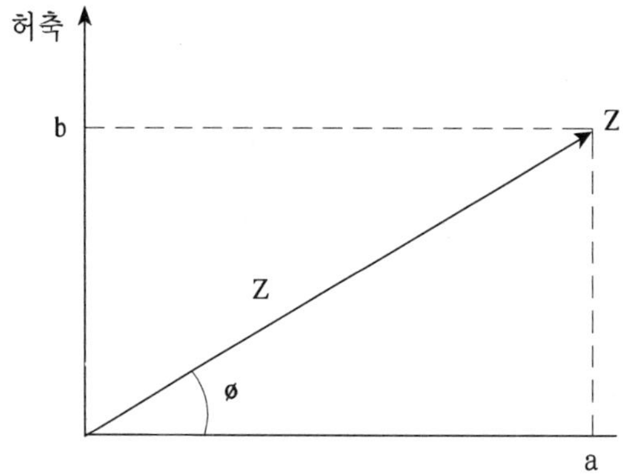

그림 5.7 복소수의 표시법

이므로

$$\dot{Z} = Ze^{j\phi} \tag{5-20}$$

의 지수형으로 나타낼 수도 있다.

지금 교류전압 및 전류와 같은 정현파의 경우 그림 5.8과 같이 선분 E_m이 시간 t=0 일 때 X축을 출발하여 각 속도 ω[rad/sec]로 회전한다고 하면 t초 후의 선분 E_m은 $\theta = \omega t$의 위치에 오게 되므로 이때의 Y축 상의 크기 OY는

$$OY = E_m \sin\theta = E_m \sin\omega t \tag{5-21}$$

가 된다. 즉 정현파는 선분의 길이 E_m과 위상을 갖는 복소량으로, 일정한 각 속도 ω

로 반시계 방향으로 회전하는 회전벡터로 볼 수 있다. 따라서 정현파 전압 및 전류의 순시치를 각각 e 및 i 라면

$$e = E_m \sin(\omega t + \theta_1) = \sqrt{2} E \sin(\omega t + \theta_1)$$
$$i = I_m \sin(\omega t + \theta_2) = \sqrt{2} I \sin(\omega t + \theta_2) \qquad (5\text{-}22)$$

이므로, 이를 지수형으로 나타내면

$$\dot{E}_m = E_m\ e^{j(\omega t + \theta_1)}$$
$$\dot{I}_m = I_m\ e^{j(\omega t + \theta_2)} \qquad (5\text{-}23)$$

이고, t=0에서의 경우 실효치로 표현하면

$$\dot{E} = Ee^{j\theta_1} = E\angle\theta_1$$
$$\dot{I} = Ie^{j\theta_2} = I\angle\theta_2 \qquad (5\text{-}24)$$

이다. 이 복소수 형태의 표시를 페이저(phasor)라 하며, 정현파 교류전압 및 전류를 표시하는데 유용하게 사용한다.

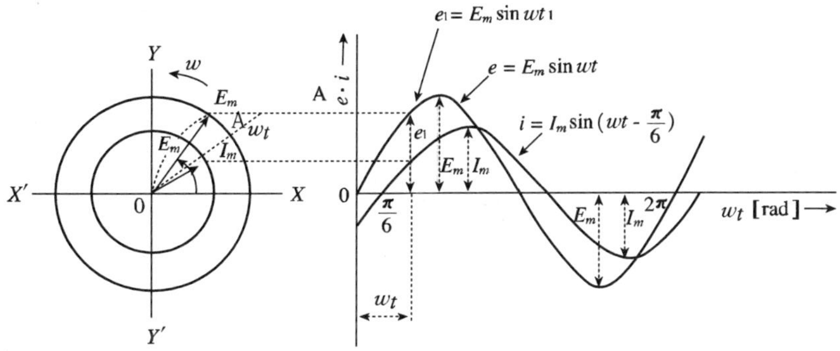

그림 5.8 회전벡터

5.4 단상 교류회로

(1) 저항 회로

그림 5.9(a)와 같이 저항R[Ω]에 교류전압 $v = V_m sinwt = \sqrt{2}\, Vsin\omega t[V]$를 인가하면 옴의 법칙에 의해

$$i = \frac{v}{R} = \sqrt{2}\,\frac{V}{R} sinwt = \sqrt{2}\, Isinwt\ [A] \tag{5-25}$$

의 전류가 흐른다. 이 때 V 및 I는 교류 전압과 전류의 실효치 이다. 그리고 이 관계를 파형으로 표시하면 그림 5.9(b)와 같다. 따라서

$$I = \frac{V}{R} \tag{5-26}$$

이고, V와 I는 동위상 이므로 페이저로 표시하면 그림 5.9(c)와 같이

$$\dot{V} = R\dot{I} \tag{5-27}$$

가 된다.

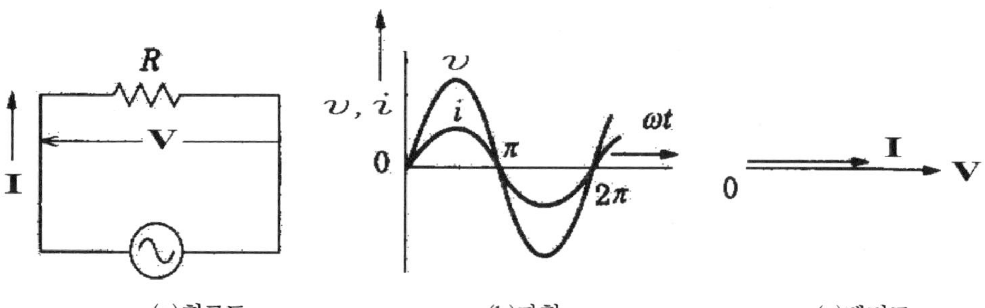

(a)회로도 (b)파형 (c)벡터도

그림 5.9 저항의 교류회로

(2) 인덕턴스 회로

그림 5.10(a)는 인덕턴스 L[H]의 코일에 교류전압 $v = \sqrt{2}\,Vsin\omega t[V]$를 인가한 회로이다. 여기서 코일에 유도되는 기전력 e_L은 다음과 같다.

$$e_L = -L\frac{di}{dt}[V] \tag{5-28}$$

또한 교류전압 v에 의한 전류 i_L은

$$i_L = \sqrt{2}\,I_L \sin wt \ [A] \tag{5-29}$$

이므로

$$e_L = -\sqrt{2}\,wLI_L \cos wt \ [V] \tag{5-30}$$

가 된다. 또한 전원전압 v와 유도기전력 e_L은 크기가 같고 방향이 반대이므로

$$\begin{aligned} v &= -e_L = \sqrt{2}\,wLI_L \cos wt = \sqrt{2}\,wLI_L \sin(wt + \frac{\pi}{2}) \\ &= \sqrt{2}\,Vsin(wt + \frac{\pi}{2}) \end{aligned} \tag{5-31}$$

이다. 여기서 전압 및 전류의 실효치는

$$\begin{aligned} V &= wLI_L \qquad [V] \\ i_L &= \frac{V}{wL} = \frac{V}{X_L}\ [A] \end{aligned} \tag{5-32}$$

이다. X_L은 인덕턴스 회로의 전류를 제한하는 저항의 역할을 하며 유도 리액턴스(inductive reactance)라 한다. 단위는 옴[Ω]을 사용한다. 즉

$$X_L = wL = 2\pi f L[\Omega] \qquad (5\text{-}33)$$

로 되어, 리액턴스는 주파수에 비례한다. 인덕턴스 회로의 전압과 전류의 파형을 그림 5-10(b)에 나타내며, 교류전압 v는 전류 i_L보다 $\frac{\pi}{2}$만큼 앞서므로

$$\dot{I} = I\angle 0 \ [A]$$
$$\dot{V} = V\angle \frac{\pi}{2} \qquad (5\text{-}34)$$

이다. 기호법으로 나타내면

$$\dot{V} = jwL\dot{I} \ [V]$$
$$\dot{I} = \frac{\dot{V}}{jwL}[A] \text{ 이다.} \qquad (5\text{-}35)$$

그림 5-10(c)는 이 관계를 나타낸 벡터도이다.

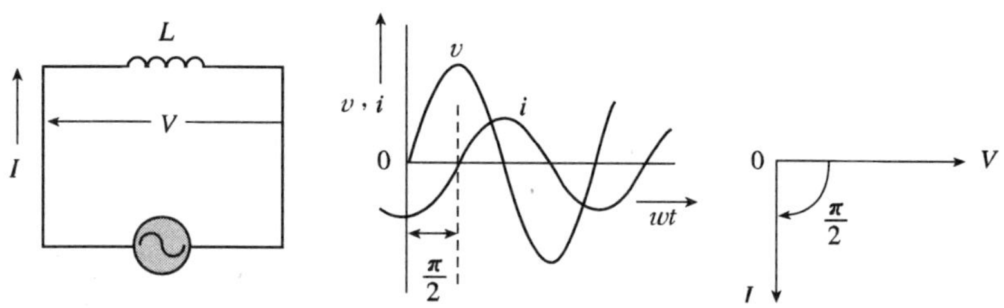

(a)회로도 (b)파형 (c)벡터도

그림 5-10 인덕턴스의 교류회로

(3) 콘덴서 회로

그림 5.11(a)와 같이 정전용량이 C[F]인 콘덴서에 정현파 교류전압

$v = \sqrt{2}\,V sinwt [V]$를 인가하면 축적되는 전하 Q는 Q = CV [C]이므로

$$Q = \sqrt{2}\,CV sinwt \ [C] \tag{5-36}$$

이다. 콘덴서를 흐르는 전류는 전하 Q의 시간적 변화율로 나타낼 수 있으므로

$$\begin{aligned} i_c &= \frac{dQ}{dt} \\ &= \sqrt{2}\,wCV coswt = \sqrt{2}\,wCV sin(wt + \frac{\pi}{2}) \\ &= \sqrt{2}\,I_c \sin(wt + \frac{\pi}{2}) \ [A] \end{aligned} \tag{5-37}$$

이다. 여기서

$$I_c = wCV = \frac{V}{X_c} \quad [A] \tag{5-38}$$

이다. X_C는 교류전압과 전류의 실효치의 비로써 용량 리액턴스(capacitive reactance)라 한다. 단위는 [Ω]을 사용하여

$$X_c = \frac{1}{wC} = \frac{1}{2\pi f C} \quad [\Omega] \tag{5-39}$$

이므로 용량 리액턴스는 주파수에 반비례함을 알 수 있다. 그림 5.11(b)에 전압과 전류의 파형을 나타낸다. 콘덴서 회로의 전압 v는 전류보다 $\frac{\pi}{2}$만큼 지상이므로

$$\begin{aligned} \dot{V} &= V\angle 0 \ [V] \\ \dot{I}_c &= I_c \angle \frac{\pi}{2} \ [A] \end{aligned} \tag{5-40}$$

이며, 기호법으로 나타내면

$$\dot{V} = \frac{1}{jwC} I\,[V]$$
$$\dot{I}_c = jwCV\,[A] \quad (5\text{-}41)$$

이다. 그림 5.11(c)에 벡터도를 나타낸다.

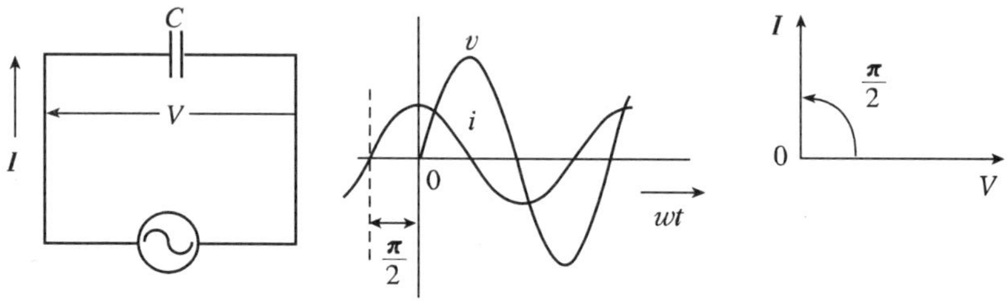

(a)회로도 (b)파형 (c)벡터도

그림 5.11 콘덴서의 교류회로

예제 5-5

$i = I_m \sin\omega t[A]$의 전류가 흐를 때 전압 $v = V_m \sin(\omega t + \frac{\pi}{2})[V]$가 되는 회로는 무엇인가?

풀이

유도성 회로

예제 5-6

어떤 회로에 $v = 100\sqrt{2}\, sin(\omega t + \frac{\pi}{3})[V]$ 의 전압을 인가하여 $i = 20\sqrt{2}\, sin\omega t[A]$의 전류가 흘렀다면 이 회로의 임피던스 Z는 얼마인가?

풀이

$V=I\cdot Z$ 에서 $Z=\frac{V}{I}=\frac{100}{20}=5[\Omega]$

(4) R-L 직렬회로

그림 5.12(a)의 회로에 전압 v를 인가하여 $i=\sqrt{2}\,Isin\omega t[A]$의 교류전류가 흐른다면, 전압 v는 R 및 L에서의 전압강하 e_R 및 e_L의 합과 같으므로

$$v=e_R+e_L \tag{5-42}$$

이다. 인덕턴스의 전압은 전류에 비해 $\frac{\pi}{2}$만큼 앞서므로

$$\begin{aligned} e_R &= \sqrt{2}\,RIsinwt \\ e_L &= \sqrt{2}\,wLIsin(wt+\frac{\pi}{2})=\sqrt{2}\,X_LIcoswt \end{aligned} \tag{5-43}$$

가 되고, 따라서

$$v=\sqrt{2}\,I(Rsinwt+X_L\cos wt) \tag{5-44}$$

가 된다. 그림 5.12(c)의 벡터도에서 $\tan\theta=\frac{X_L}{R}$의 관계로부터

$$R=\sqrt{R^2+X_L^2}\,cos\theta,\quad X_L=\sqrt{R^2+X_L^2}\,sin\theta \tag{5-45}$$

로 되므로

$$v = \sqrt{2}\,I\sqrt{R^2+X_L^2}\,(\sin wt\ \cos\theta + \cos wt \sin\theta)$$

$$= \sqrt{2}\,I\sqrt{R^2+X_L^2}\,sin(wt+\theta) \qquad (5\text{-}46)$$

$$= \sqrt{2}\,Vsin(wt+\theta)$$

단, $V = I\sqrt{R^2+X_L^2}$, $\theta = \tan^{-1}\dfrac{X_L}{R}$ 로 된다.

또한, 기호법을 적용하면

$$V = RI + jwLI = (R+jwL)I$$

$$= \sqrt{R^2+(wL)^2}\ \angle \tan^{-1}\frac{wL}{R} \qquad (5\text{-}47)$$

$$I = \frac{V}{R+jwL} = \frac{V}{Z} \quad [A]$$

가 된다.

여기서 $Z = R + jwL$ 을 회로의 임피던스(Impedance)라 하며 단위는 옴[Ω]을 사용한다.

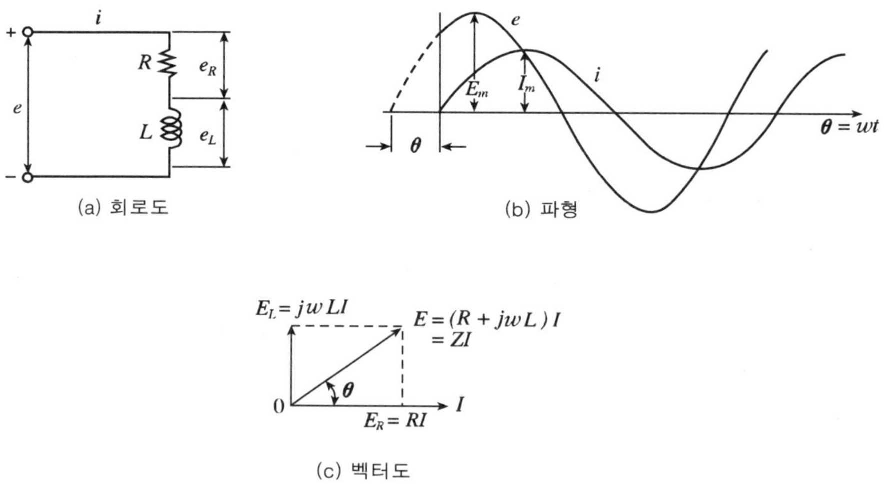

그림 5.12 저항과 인덕턴스의 직렬회로

예제 5-7

3[Ω]의 저항과 4[Ω]의 유도성 리액턴스를 직렬로 접속한 회로에 100[V]의 전압을 가했을 때 이 회로에 흐르는 전류는 얼마인가?

풀이

$Z = \sqrt{R^2 + X_L^2} = \sqrt{3^2 + 4^2} = 5[\Omega]$, $I = \frac{V}{Z} = \frac{100}{5} = 20[A]$

(5) R-L-C 직렬회로

그림 5.13과 같이 R, L, C 가 직렬로 연결된 회로에 전압 V를 인가하여, I의 전류가 흐르면

$$\dot{V} = \dot{V}_R + \dot{V}_L + \dot{V}_C = R\dot{I} + jwL\dot{I} + \frac{1}{jwC}\dot{I} \tag{5-48}$$

이다. 또한, 부하 R, L, C 에 각각 RI, jX_LI, $-jX_CI$ 의 전압강하가 발생하므로

$$\begin{aligned} \dot{V} &= R\dot{I} + jX_L\dot{I} - jX_c\dot{I} \\ &= [R + j(X_L - X_c)]\dot{I} \end{aligned} \tag{5-49}$$

의 관계가 성립되어 V_L과 V_C 는 180°의 위상차가 발생함을 알 수 있다. 한편, 임피던스를 Z 라 하면

$$\begin{aligned} \dot{I} &= \frac{\dot{V}}{R + j(X_L - X_C)} = \frac{\dot{V}}{\dot{Z}} \\ \dot{Z} &= R + j(X_L - X_C) = R + jX \end{aligned} \tag{5-50}$$

가 된다.

여기서 $X_L = \omega L$, $X_C = \frac{1}{\omega C}$ 이므로

$$X = wL - \frac{1}{wC} \tag{5-51}$$

이 되며, 이를 합성 리액턴스(resultant reactance)라 한다.

R, L, C 직렬회로에서는 합성 리액턴스 $X = X_L - X_C$의 값은 X_L및 X_C의 크기에 따라 전류의 크기 및 위상이 변하므로 대단히 중요하다. $X_L > X_C$ 인 경우, 회로는 유도성 회로가 되어 전류는 전압에 비해 θ[rad] 만큼 늦어진다. 그러나 $X_L < X_C$ 의 회로에서는 전류가 전압보다 위상이 앞서므로 용량성 회로라 한다. 또한 $X_L = X_C$ 이면 전류와 전압은 동위상이 되며, 이를 직렬 공진회로(resonance circuit)라 한다. 한편, 임피던스 Z 의 크기와 위상각은 다음과 같다.

$$\begin{aligned} Z &= \sqrt{R^2 + (X_L - X_C)^2} \quad [\Omega] \\ \theta &= \tan^{-1}\frac{X_L - X_C}{R} \quad [rad] \end{aligned} \tag{5-52}$$

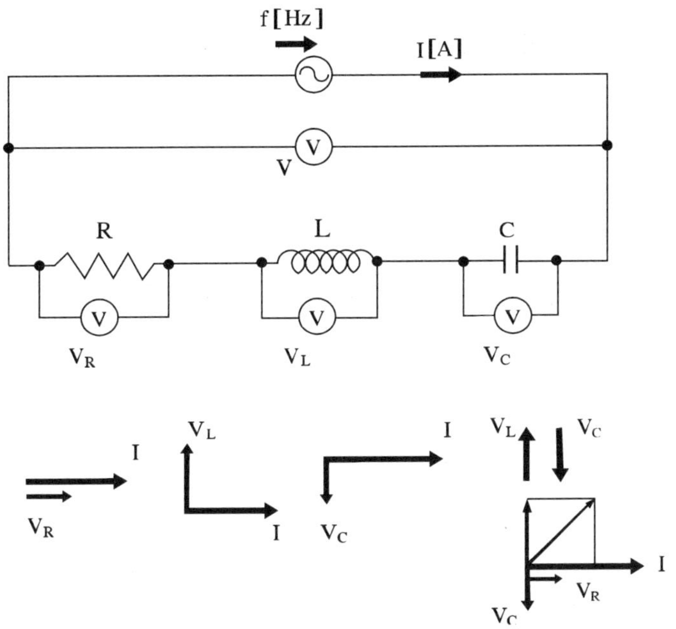

그림 5.13 R-L-C 직렬회로

예제 5-8

R = 10[Ω], $L=\frac{1}{6\pi}[H]$, $C=\frac{1}{1200\pi}[F]$인 R-L-C 직렬회로에서 주파수 f=60[Hz], 전류I=10[A]를 흘릴 때 임피던스 Z, 전압 V, 위상차 θ는 각각 얼마인가?

풀이

$X_L=2\pi fL=20[\Omega]$, $X_C=\frac{1}{2\pi fC}=10[\Omega]$,

$$Z=\sqrt{R^2+(X_L-X_C)^2}=\sqrt{10^2+(20-10)^2}=\sqrt{200}=10\sqrt{2}\,[\Omega]$$

$$V=I\cdot Z=10\times 10\sqrt{2}=100\sqrt{2}\,[V]$$

$$\theta=\tan^{-1}\frac{X_L-X_C}{R}=\tan^{-1}\frac{10}{10}=\tan^{-1}=45^\circ$$

(6) R-L-C 병렬회로

그림 5.14와 같은 R-L-C 병렬회로에 V[V]의 교류전압을 인가하여 각각 I_R, I_L, I_C의 전류가 흐른다면 전 전류 I는

$$\begin{aligned}\dot{I} &= \dot{I}_R + \dot{I}_L + \dot{I}_C \\ &= \frac{\dot{V}}{R} + \frac{\dot{V}}{j\omega L} + j\omega C\dot{V} = \frac{\dot{V}}{\dot{Z}}\end{aligned} \tag{5-53}$$

가 된다. 여기서

$$\dot{Z} = \frac{1}{\frac{1}{R} - j\left(\frac{1}{\omega L} - \omega C\right)} [\Omega] \tag{5-54}$$

이다.

R-L-C 병렬회로에서는 일반적으로 임피던스 역수로 어드미턴스(admittance)를 사용하면 매우 편리하다. 어드미턴스는 Y로 나타내며, 단위는 지멘스[S]를 사용한다. R, L, C 부하의 어드미턴스를 각각 $\dot{Y}_1, \dot{Y}_2, \dot{Y}_3$라 하면

$$\begin{aligned}&\dot{Z}_1 = R\ ,\ \dot{Z}_2 = j\omega L\ ,\ \dot{Z}_3 = \frac{1}{j\omega C} \\ &\dot{Y}_1 = \frac{1}{R},\ \dot{Y}_2 = \frac{1}{j\omega L},\ \dot{Y}_3 = j\omega C\end{aligned} \tag{5-55}$$

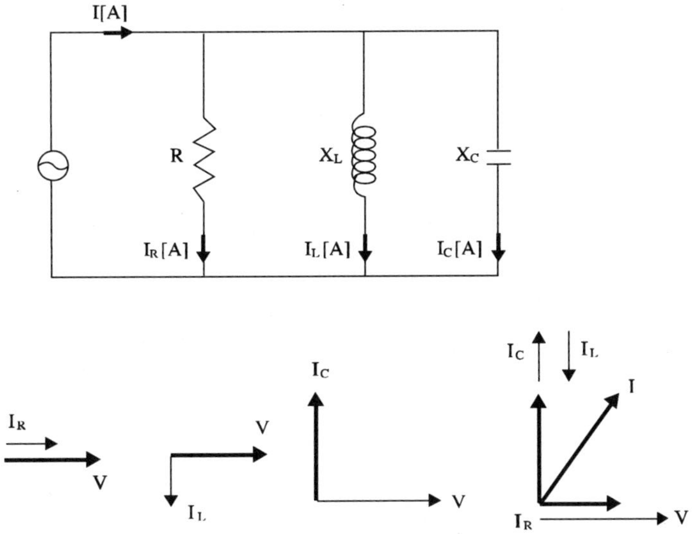

그림 5.14 R-L-C 병렬회로

이므로, 합성 어드미턴스 $\dot{Y}$ 는

$$\begin{aligned}\dot{Y} &= \dot{Y}_1 + \dot{Y}_2 + \dot{Y}_3 = \frac{1}{R} + \frac{1}{j\omega L} + j\omega C \\ &= \frac{1}{R} - j\left(\frac{1}{\omega L} - \omega C\right) = G + jB\end{aligned} \tag{5-56}$$

가 된다. 따라서 그 크기는

$$Y = \sqrt{\left(\frac{1}{R}\right)^2 + \left(\frac{1}{\omega L} - \omega C\right)^2}\ [S] \tag{5-57}$$

이며, 이 때 실수부 콘덕턴스(conductance), 허수부 B를 서셉턴스(susceptance)라 한다.

(7) 공진회로

1) 직렬공진

R-L-C 직렬회로에서 합성 임피던스의 크기는

$$Z = \sqrt{R^2 + (X_L - X_C)^2}\ [\Omega] \tag{5-58}$$

으로 주어진다. X_L과 X_C는 각각 ωL 및 $\dfrac{1}{\omega C}$ 로써, 주파수에 의존하는 값이므로 주파수를 변화해 보면 $X_L = X_C$를 만족하는 주파수가 존재한다. 이 주파수하에 X_L과 X_C는 크기가 서로 같고, 위상이 반대이므로 서로 상쇄되며 임피던스는 저항성분 R만으로 되어 최소값을 가진다. 따라서 전류는 최대의 상태가 될 수 있다. 이 현상을 공진 현상 이라 하며, 이때의 주파수를 공진 주파수라 한다. 공진 주파수를 f_0라 하면 공진 현상을 일으킬 조건은

$$\omega_0 L = \frac{1}{\omega_0}C,\quad \omega_0^2 = \frac{1}{LC},\ \omega_0 = \frac{1}{\sqrt{LC}} \tag{5-59}$$

이므로, 공진 주파수 f_0는

$$f_0 = \frac{1}{2\pi\sqrt{LC}}[Hz] \tag{5-60}$$

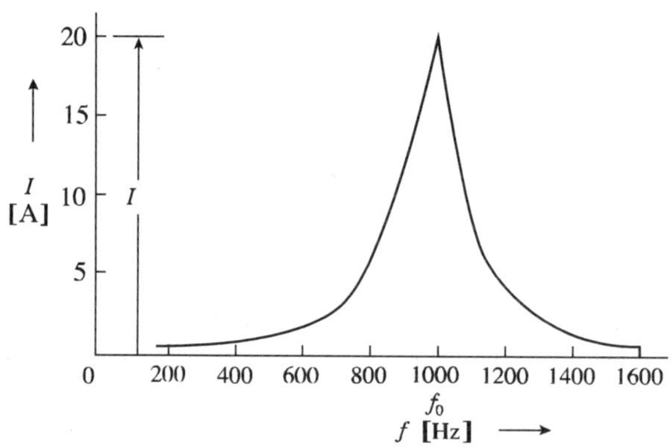

그림 5.15 공진 곡선

한편 그림 5.15의 공진 곡선으로부터 공진 주파수에서 전류가 가장 크고, 공진 주파수

로부터 멀어짐에 따라 전류는 점점 흐르기 어려워진다. 만약 그림 5.16(a)의 회로와 같이 L과 C의 값을 일정하게 하고 R을 가변 해 가면 그림 5.16(b)와 같은 공진 곡선을 얻을 수 있다. R이 작을수록 임피던스가 작아지므로 흐르는 전류는 커지고, 또한 전류를 흘릴 수 있는 주파수영역이 좁아져 공진 주파수를 크게 벗어난 다른 주파수의 전류는 흐르기 어려워진다. 이러한 성질을 주파수의 선택성이라 한다. 이러한 선택성의 정도를 나타내는 양으로 선택도 혹은 회로의 Q가 있다.

$$Q = \frac{V_L}{V_R} = \frac{X_L I_0}{R I_0} = \frac{2\pi f_0 L}{R}$$

$$Q = \frac{V_C}{V_R} = \frac{X_C I_0}{R I_0} = \frac{1}{2\pi f_0 CR} \qquad (5\text{-}61)$$

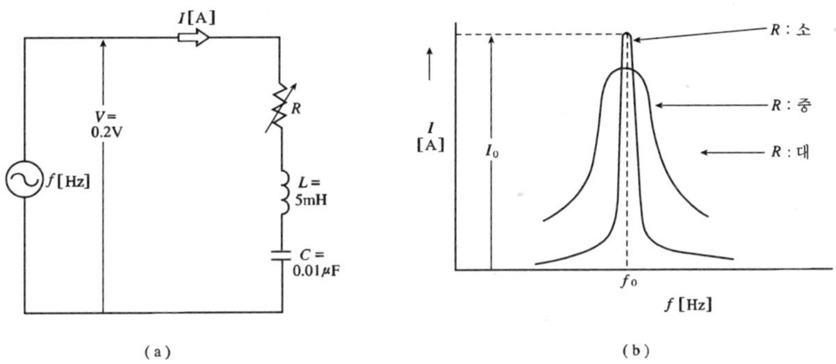

그림 5.16 선택도 Q

2) 병렬공진

R-L-C 병렬회로의 합성 임피던스는

$$\dot{Z} = \frac{1}{\frac{1}{R} - j\left(\frac{1}{\omega L} - \omega C\right)} \ [\Omega] \qquad (5\text{-}62)$$

이므로 $\frac{1}{\omega L} = \omega C$ 의 경우, Z=R로써 최대가 되어 전원으로부터 흐르는 전류는 최소가 된다. 이 현상을 병렬 공진이라 한다. 그림 5.17에 병렬 공진 곡선을 나타낸다. 병렬 공진의 경우에도 공진 조건은 $X_L = X_C$ 이므로, 공진주파수를 f_0라 하면

$$f_0 = \frac{1}{2\pi\sqrt{LC}}[Hz] \tag{5-63}$$

로 주어진다.

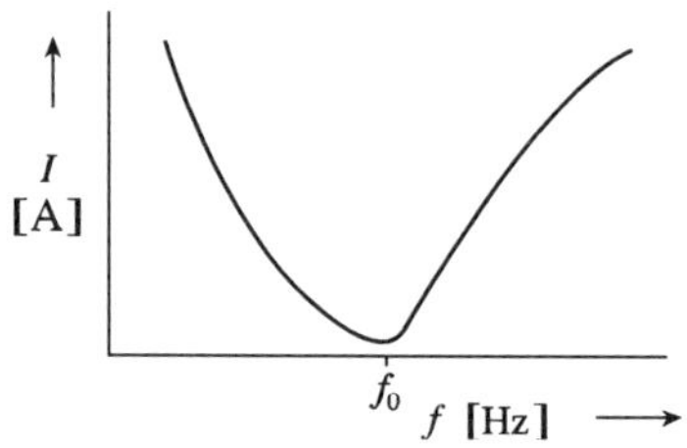

그림 5.17 병렬 공진 곡선

예제 5-9

R-L-C직렬회로에서 R=20[Ω], L=100[μH], C=100[pF]일 때공진주파수를 구하시오.

풀이

$$f_0 = \frac{1}{2\pi\sqrt{LC}} = \frac{1}{2\pi\sqrt{100\times10^{-6}\times100\times10^{-12}}} = 1.59[\text{MHz}]$$

5.5 교류전력

(1) 순시전력과 평균전력

직류회로의 전력은 전압과 전류의 곱으로 주어진다. 그러나 교류회로에서는 R, L, C 등의 부하의 성질에 의해 전압과 전류사이에 위상차가 발생하므로 전력의 개념은 다소 복잡하다. 임의의 회로에 전압 및 전류가 각각

$$\begin{aligned} v &= V_m \sin\omega t \\ i &= I_m \sin(\omega t - \theta) \end{aligned} \tag{5-64}$$

로 주어질 때

$$\begin{aligned} p = vi &= V_m I_m \sin\omega t \sin(\omega t - \theta) \\ &= \frac{1}{2} V_m I_m [\cos\theta - \cos(2\omega t - \theta)] \\ &= VI\cos\theta - VIcos(2\omega t - \theta) \end{aligned} \tag{5-65}$$

가 되고 이를 순시전력(instantaneous power)이라 한다. 이 때 θ는 전압 v와 전류 i의 위상차로써 회로의 부하조건에 의해 결정되므로 $\cos\theta$는 상수이다. 일반적으로 교류전력은 전력의 순시치 p의 1주기의 평균치로 정의하며 이를 평균전력(average power)이라 한다. 평균전력 P는

$$\begin{aligned} P &= \frac{1}{T}\int_0^T p\ dt \\ &= VIcos\theta \end{aligned} \tag{5-66}$$

이다. 만약 회로가 저항만의 회로라면, 전압과 전류사이에 위상차는 없으므로 $\cos\theta$=1이 되므로 P=VI로 최대가 되며, 이는 직류전력과 같다. 그러나 부하가 L 혹은 C만의 회로에서는 어느 경우나 위상차가 $\frac{\pi}{2}$이므로 $\cos\theta$=0이 된다. 따라서 평균전력 P=0이므로 회

로에서 소비되는 전력은 없다. 이는 그림 5.18에서 보는 바와 같이, 예를 들어 L만의 회로인 경우 $\frac{\pi}{2}$를 주기로 정(+)의 전력과 부(-)의 전력이 같기 때문이다. 이상과 같이 교류전력은 전압과 전류의 실효치와 $\cos\theta$의 곱으로 표현되며, 여기서 $\cos\theta$를 회로의 역률(power factor)이라 한다. 역률 $p.f$는

$$p{\cdot}f = \frac{P}{VI} = \cos\theta \tag{5-67}$$

로 주어진다. 역률은 $\cos\theta$=1 일 때가 최대로써 이 때 P=VI가 되어 전력의 소모가 가장 효과적인 상태이다. 가정에서 사용하는 많은 가전기기의 경우 코일을 포함한 유도성 부하가 많다. 이 경우

$$\cos\theta = \frac{R}{\sqrt{R^2 + X_L^2}} = \frac{R}{Z} \tag{5-68}$$

에서 인덕턴스가 클수록 역률이 나빠지므로 부하와 병렬로 콘덴서를 연결하여 역률을 개선하고 있다.

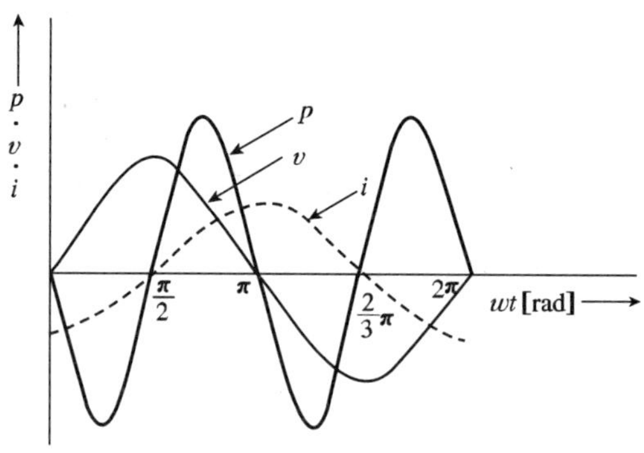

그림 5.18 전압, 전류 및 전력의 파형

예제 5-10

R-L직렬회로에서 R과 L의 단자전압 V_R과 V_L이 같을 때 역률은 얼마인가?

풀이

$$\cos\theta = \frac{R}{Z} = \frac{R}{\sqrt{R^2 + X_L^2}} = \frac{1}{\sqrt{2}} = 0.707$$

(2) 피상전력과 무효전력

회로가 저항과 리액턴스를 포함하는 경우 전압과 전류사이에 θ의 위상차가 생긴다. 지금 그림 5.19의 벡터도에서 전류는 전압을 기준으로 동 위상의 전류성분 $I\cos\theta$와 직각 방향의 전류성분 $I\sin\theta$로 나눌 수 있다.

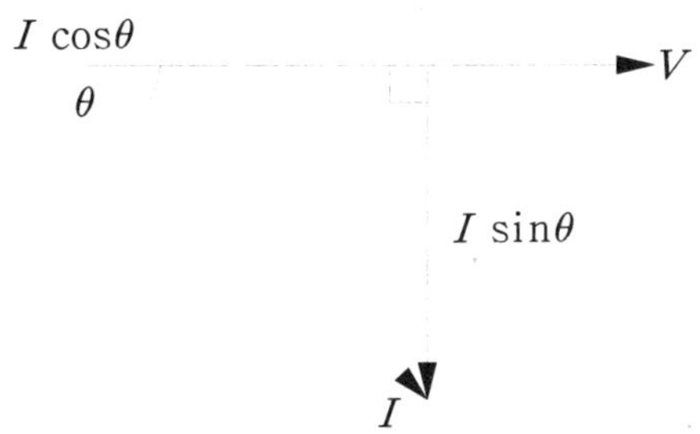

그림 5.19 리액턴스 회로의 전압과 전류의 벡터도

이 두 전류 성분 중 전력 $P = VI\cos\theta$만이 전력이 될 수 있다. 즉 $I\cos\theta$는 전력에 대한 전류의 유효성분이 되고 $I\sin\theta$는 무효성분인 것이다. 따라서

$$VI = V\sqrt{(I\cos\theta)^2 + (I\sin\theta)^2} = \sqrt{(VI\cos\theta)^2 + (VI\sin\theta)^2} \quad (5\text{-}69)$$

가 되는데, 이 때 $VI\cos\theta$를 유효전력이라고 하며 $VI\sin\theta$를 무효전력이라 한다. 또한 전압과 전류의 실효치의 곱 VI를 피상전력이라 한다. 피상전력 S는

$$S = VI\,[VA] \tag{5-70}$$

로 주어진다. 일반적으로 전기기기의 용량을 나타내는 데에는 피상전력을 사용한다. 유효전력이 저항성 부하에서 실제 소비되는 전력을 나타내는데 반해 무효전력은 코일 등에 축적되어 소비되지 않는 전력을 말한다. 단위는 [Var]를 사용한다.
유효전력 P 및 무효전력 Q를 정리하면 다음과 같다

$$\begin{aligned} P &= VI\cos\theta\,[W] \\ Q &= VI\sin\theta\,[Var] \end{aligned} \tag{5-71}$$

5.6 3상 교류 전원

가정이나 학교 등에서 사용하고 있는 220[V]의 교류 전기는 두 개의 전선을 이용하여 전류를 흐르게 하고 있다. 이것을 단상 교류라고 한다. 그런데 집밖으로 나가보면 전주에 3선을 1조로 하여 전선을 가설한 것이나, 수만 kVA에 달하는 전기도 큰 발전기에서 나오고, 공장에서 사용하고 있는 수천 W의 큰 전동기도 모두 3개의 전선으로 전기를 사용하고 있다. 이와 같이 3개의 전선으로 송전하는 전기를 **3**상 교류라고 하여 지금까지의 두 선으로 쓰는 단상 교류와 구별해서 부른다.

전류는 전선이 왕복 2선만 있으면 충분히 흐를 수 있는데 어째서 3개의 전선을 사용하고 있을까? 그림 5.20은 3상 교류의 개념을 나타내고 있다. 그림 5.20(a)는 3개의 단상 교류가 서로 다른 부하에 흐르고 있다. 이 3개의 단상 교류를 하나로 통합하여 표현한 것이 그림 5.20(b)이다. 이와 같이 3상 교류는 3개의 전원을 가지고 3개의 전선으로 부하에 전류를 흘려보낸다.

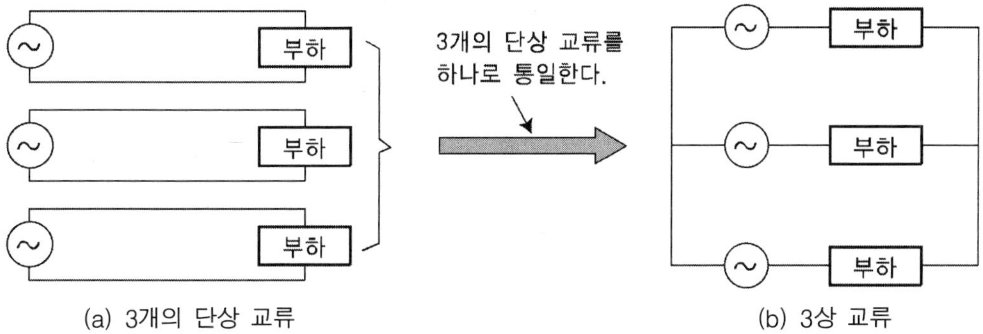

그림 5.20 3상 교류의 개념

5.7 3상 교류 전원의 발생

그림 5.21(a)에서와 같이 3개의 동일한 코일 A, B, C를 서로 120°의 간격으로 배치하여 일정한 속도로 회전시키면 그림 5.21(b)와 같이 서로 120°의 위상차를 갖고, 크기가 동일한 3개의 전압 v_a, v_b, v_c가 발생한다. 그림 5.21(b)와 같은 위상 관계에 있는 3개의 기전력을 대칭 3상 기전력(symmetrical three electromotive force)이라 하며 이러한 기전력을 만드는 전원을 3상 교류 전원이라 한다. v_a의 전압을 기준으로 하면, 각각의 코일에 발생하는 전압이 최대가 되는 순서는 v_a, v_b, v_c의 순서이다. 이 순서를 상순(phase sequence)이라 하며, 이러한 상순은 그림 5.21(a)에서 코일이 A, B, C의 순서로 회전하기 때문에 발생한다. v_a를 기준으로 하여 A, B, C 각 상의 전압 v_a, v_b, v_c를 순시값으로 나타내면 다음과 같은 식으로 표시한다.

$$
\begin{aligned}
v_a &= V_m \sin wt \\
v_b &= V_m \sin\left(wt - \frac{2\pi}{3}\right) \\
v_c &= V_m \sin\left(wt - \frac{4\pi}{3}\right)
\end{aligned}
\tag{5-72}
$$

실효값은 같고, 서로 $2\pi/3$의 위상차를 가진다. 3상 교류의 세 기전력의 합은 항상 0이 된다. 즉, $v_a + v_b + v_c = 0$

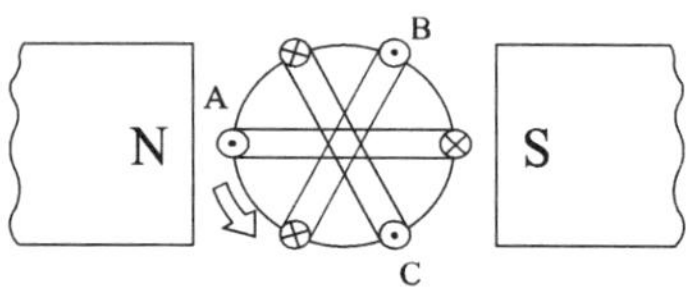

(a) 교류 발전

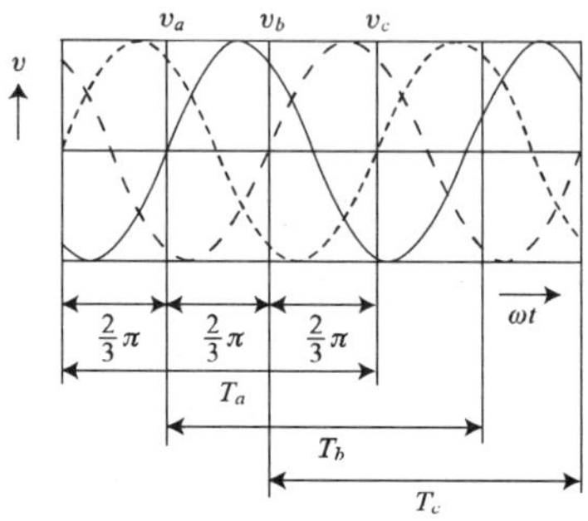

(b) 파형

그림 5.21 3상 교류의 발생

요 약

- 시간에 따라 크기와 극성이 모두 변하는 전류를 교류(alternating current, AC)라 한다.
- 파형이 양(+), 음(-)의 변화를 완전히 반복하여 처음 상태로 돌아갈 때까지의 변화를 1사이클(cycle)이라 한다.
- 1사이클 변하는 데 필요한 시간을 주기(period)라 하고, 단위는 초(sec)를 사용한다.
- 1초 동안에 반복되는 사이클의 수를 주파수(frequency)라 하고, 단위는 [Hz](hertz) 또는 [cycle/sec]를 사용한다.
- 교류가 1초 동안에 변하는 전기각을 ω로 표시하며, 이를 각속도(angular velocity) 또는 각주파수(angular frequency)라 하고 단위는[rad/sec]를 사용한다.
- 주기적인 교류 파형의 1사이클에 대한 평균은 0이 되므로, 반파(half wave)의 평균을 취하여 얻은 값을 교류의 평균값으로 사용한다.
- 동일한 저항에 교류 전압 v를 인가했을 때 소비되는 평균 전력과 같은 소비전력을 내는 직류 전압 V의 값을 교류 v의 실효값(effective value)이라 한다.
- 교류파형에는 정현파 외에 비정현 교류 파형도 이용이 된다.
- 저항은 교류 전압에 대하여 자기유도작용은 없고 매 순간마다 옴의 법칙이 성립한다.

$$i = \frac{v}{R} = \frac{V_m \sin\omega t}{R} \equiv \frac{V_m}{R} sin\omega t$$

- 전압 $v = V_m \sin\omega t$을 인덕턴스 L에 인가하면 인덕턴스는 ωL로 작용해 전류를 방해하는 동시에 전류의 위상을 $\pi/2$만큼 전압보다 늦게 가게 한다.

- 전압 $v = V_m \sin\omega t$를 커패시턴스 C에 인가하면 커패시턴스는 $1/\omega C$으로 작용해 전류를 방해하는 동시에 전류의 위상을 $\pi/2$만큼 전압보다 앞서 가게 한다.
- 평균값은 직류의 크기를 나타내고, 실효값은 교류의 크기를 나타낸다.

연 습 문 제

1. 각속도 ω = 377[rad/s]인 정현파 교류의 주파수는 얼마인가?

2. 정현파 교류의 실효값과 최대값의 관계를 나타내어라?

3. 교류의 파형을 수량적으로 표시하는 파형률과 파고율에 대하여 나타내어라.

4. 정현파 교류는 정(+)파와 부(-)파의 대칭이므로 1사이클의 평균값은 영이다. 따라서 반 사이클의 순시값의 평균을 교류의 평균값이라 한다. 이 평균값은?

5. 최대값이 100[V]인 정현파 전압의 실효값은 얼마인가?

6. 어떤 회로에서 임피던스가 10[Ω], 역률이 60%라면 이 회로의 저항은 얼마인가?

제 6 장

전기측정

일반적으로 측정(measurement)이라 함은 어떤 물리적인 량(量)을 수량적으로 표현하는 조작을 말하는 것으로 보통 측정(測定)이라 한다. 이러한 측정에 사용되는 기기를 계측기(計測器)라 하고 전자기량(電磁氣量)을 측정하는 것을 전기계측 또는 전자계측이라 한다. 물리적인 양이나 화학적인 양은 계측기를 응용하여 측정할 수 있다.

전기 기계 기구 등을 바르게 취급하기 위해서는 전압, 전류, 저항 등의 각종 전기량을 측정하여야 한다. 측정해야 할 전기량의 종류에는 직류와 교류가 있고, 또 크기도 미소 전류에서 대전류, 저전압에서 특별 고전압까지 범위가 매우 넓기 때문에 각각의 크기 및 성격에 적절한 계측기를 선정하여 사용해야 한다.

6.1 측정의 단위

단위(unit)란 측정량과 동일한 종류의 비교기준을 의미하는 것으로 측정하고자 하는 모든 량은 수치와 단위로서 나타내는데 어떤 단위계를 사용하느냐에 따라 수치와 단위를 다르게 표현된다.

우리가 취급하는 물리량은 많은 종류가 있고 따라서 단위의 종류도 많이 있으나 역학(力學)에서는 보통 길이(length), 질량(mass), 시간(second)이 기본량으로 사용되고 있다. 그러나 전자기량은 이 세 개의 기본량으로는 나타내기가 어려우므로 제4의 기본량으로 전기량 또는 자기량을 도입하여 사용한다.

또한 단위계에는 길이, 질량, 시간의 단위로서 centimeter(C), gram(G), second(S)를 취한 CGS 단위계와 meter(M), kilogram(K), second(S)를 각각 취한 MKS 단위계가 있다. CGS 단위계에는 제4의 기본량으로 진공중의 유전율(ε_0)을 1로 한 CGS esu(electrostatic system unit)와 진공의 투자율(μ_0)을 1로 하여 나타내는 CGS emu(electromagnetic system unit)가 있다. 단위를 선택하기 위해서는 단위를 유지하기가 용이하고 재현할 수 있어야 하며 특히 실용단위로 사용할 수 있어야 하는데 CGS esu나 CGS emu로는 전기, 자기에 대한 단위가 너무 작기 때문에 적합하지 않고 모든 공학 분야 및 일상생활에서 MKS 단위계가 주로 사용된다.

6.2 측정의 종류(방법상 분류)

측정은 그 방법에 따라 직접측정과 간접측정 또는 절대측정과 비교측정으로 분류하며 편위법이나 영위법 등은 비교측정에 속한다. 전기측정을 크게 계측기로부터 측정하는 직접측정, 간접측정, 비교측정, 절대측정이 있다

(1) 직접측정(Direct Measurement)

직접측정이란 측정하고자 하는 양 자체를 직접 측정하는 방법으로 전압계로 전압을 측정하거나 전력계로 전력을 측정하는 경우 등을 말한다.

(2) 간접측정(Indirect Measurement)

간접측정은 각각 독립된 두 종류 이상의 측정량을 먼저 직접측정으로 구하고, 그 결과로부터 산출해 내는 것으로 전압계와 전류계를 사용하여 각각의 전압과 전류를 구한 다음 계산에 의해 전력을 구하는 경우 등이다.

(3) 절대측정(Absolute Measurement)

절대측정이란 표준량과 비교하는 측정하려는 양의 종류가 전혀 다른 경우에 3개의 기본량 즉 길이, 질량, 시간을 측정함으로써 측정하려는 양을 직접 또는 간접으로 구하는 방법이다. 이 측정법은 가장 정확한 측정법으로 정확성을 요하는 단위 유지에 널리 사용되고 있으나 측정이 복잡하여 실용화되고 있지 않다. 예를 들면 전류 저울에 의해 전류를 측정하거나 길이와 시간의 측정으로 전기저항을 구하는 것 등이 있다.

(4) 비교측정(Relative Measurement)

비교측정은 측정하려는 알 수 없는 양을 그와 같은 성질의 알고 있는 양 또는 표준기(標準器)와 비교 측정하는 법으로서 간단하고 편리하며 측정조건을 일정하게 보존할 수 있어 공업상의 모든 측정에 실용되고 있다. 이 방법에는 편위법, 영위법 및 치환법 등이 있다.

편위법(deflection method)은 알 수 없는 양을 지침의 편위로서 구하는 방법으로 전류계로 전류를 측정하는 경우 등이다. 이 방법은 지침을 회전시키는 회전력을 발생시키기 위한 에너지를 피측정 회로로부터 공급받아야 하기 때문에 감도가 떨어지나 간단하고 신속하게 측정할 수 있어 가장 많이 사용되고 있다.

영위법(zero method)은 알 수 없는 양과 별도로 크기를 조정할 수 있는 표준량을 준비하고 이것을 알 수 없는 양과 평형시켜 표준량의 크기로부터 알 수 없는 양을 구하는 방법으로 전위차계(potentiometer)로 전압을 측정하거나 휘이트스톤 브리지(wheatstone bridge)로 저항을 측정할 때 검류계(galvanometer)의 지시가 영이 되는 점을 찾아서 측정하는 경우 등이다. 이 방법은 다이얼을 회전시키는 에너지를 인력으로 공급하기 때문에 편위법 보다 감도가 높고 정밀한 측정에 적합하지만 측정조건이 안정되지 않으면 완전한 영위를 구하기 어렵기 때문에 공업상의 측정에는 적당하지 않다.

치환법(substitution method)은 알 수 있는 양과 알 수 없는 양을 치환하여 두 가지를 비교하는 방법으로서 특히 높은 감도를 필요로 할 때 사용하는 것이 편리하다.

6.3 측정 오차와 정도

어떤 양을 아무리 정밀하게 측정한다 해도 그 참값을 구할 수는 없으므로 측정 결과는 그 양의 참값과 조금의 차이가 있게 마련이다. 이 차를 오차(error)라고 하며 보통 참값은 표준기의 값을 말하나 측정할 때에는 측정한 값으로부터 가능한 한 모든 오차를 적게 하고 그 결과에 의해 가장 확실한 값을 찾아서 참값의 대용으로 한다. 이러한 오차가 적은 측정으로 정도가 높은 측정이라고 한다.

(1) 오차

측정값을 M(measurement value), 참값을 T(truth value)라 하면 오차는 e(error) 라고 한다. 식 (6-1)과 같이 그 차로서 구할 수 있으며 이 차를 백분율오차와 비교하기 위해 절대오차(absolute error)라고 한다.

$$e = M - T \quad (6\text{-}1)$$

또한 이와 같은 오차와 참값과의 비를 오차율 또는 상대오차(relative error)라 하며 식 (6-2)와 같이 나타낸다.

$$e' = \frac{e}{T} = \frac{M - T}{T} \quad (6\text{-}2)$$

오차는 보통 백분율로 표시하게 되는데 이를 백분율 오차라 하며, 측정정도를 나타낸다. 보통 측정에서의 정도는 0.1~1[%]이다. 백분율오차(percentage error)를 식으로 나타내면 다음과 같다.

$$\pm e_0 = \frac{M - T}{T} \times 100[\%] \quad (6\text{-}3)$$

(2) 보정

측정결과는 반드시 오차가 포함되어 있기 때문에 측정한 값을 참값에 가깝게 하기 위해서 어떤 값을 더해 주어야 하는데 이를 보정(a: correction)이라하며 식 (6-4)와 같다.

$$a = T - M \quad (6\text{-}4)$$

식 (6-4)에서 보정은 오차와 절대값이 같음을 알 수 있다. 한편, 보정과 측정값과의 비를 보정율이라 하고 식 (6-5)와 같이 나타내나, 이 식을 식 (6-6)과 같이 변형하여 측정값으로부터 참값을 산출하는데 사용한다.

$$a' = \frac{a}{M} = \frac{T - M}{M} \quad (6\text{-}5)$$

$$T = M(1 + a') \tag{6-6}$$

보정율을 백분율로 나타낸 것이 보정백분율(percentage correction)로써 식 (6-7)과 같다.

$$\pm a_0 = \frac{T - M}{M} \times 100[\%] \tag{6-7}$$

또 상대오차 즉 오차율과 보정율 사이에는 다음의 관계가 있다.

$$(1 + \frac{e}{T})(1 + \frac{a}{M}) = 1 \tag{6-8}$$

보정값은 보통 측정값에 따라 차이가 있기 때문에 이를 편리하게 구하기 위해서는 보정곡선(correction curve)을 사용한다.

(3) 오차의 발생원인

측정기 오차의 원인은 여러 가지가 있으며 그 중에서도 눈금(scale)의 부정확, 마찰, 스프링의 과로, 온도, 외부자계, 주파수 및 파형 등이 주요원인이 되고 있다.

1) 눈금(Scale)의 부정확

눈금을 정할 때 대개 주요부분 몇 군데를 표준기에 맞추고 그 중간을 분할하기 때문에 오차가 발생하게 된다. 어떤 위치에서든지 균등한 눈금이 좋으며 정밀계기인 경우에는 표준기에 반드시 맞추어 사용해야 한다.

2) 마찰(摩擦)

마찰은 주로 베어링에서 일어나게 되며 지침이 눈금판에 닿아서 생기는 경우도 있다. 마찰의 유무를 확인하기 위해서는 계기에 전류를 서서히 증가시켜 지침을 임의의 위치에 정지시키고 난 후, 계기에 약간의 충격을 가하여 지침이 이동하면 마찰이 있음을 알 수 있다.

3) 스프링의 과로(過勞)

계기에 장시간 전류를 흘린 후에 차단하면 스프링의 과로로 인하여 지침은 영점으로 돌아오지 못하여 오차가 생기게 된다. 이때에는 영점조정 장치로 지침을 영점에 맞춘다. 지침이 영점으로 돌아오는 것을 영위(零位)의 이동이라 한다.

4) 온도(溫度)

온도가 변화하면 코일의 저항(온도계수 0.4%/℃), 스프링의 탄성(-0.04%/℃), 영구자석의 극의 세기(-0.02%/℃) 등이 영향을 받아 오차가 생기게 되며 이때에는 적당한 온도보상을 해야 한다.

5) 외부자계(外部磁界)

DC계기인 경우에는 일정한 방향의 외부자계에 의하여 영향을 받고, AC계기는 측정하고자 하는 양과 같은 주파수의 교번적인 외부자계의 영향을 받는다. 이와 같은 외부자계의 영향을 적게 하려면 직류방향을 변환하여 두 번 측정한 값의 평균을 취하거나, 위치를 180° 반전하여 두 번 측정의 평균값을 구하면 좋다. 또 가동부분은 자기차폐해야 한다.

6) 정전계(靜電界)

고압용 회로 측정에는 외부로부터 정전계의 영향을 받는다. 이를 방지하기 위해서는 정전차폐를 하거나, 각 부분을 동전위로 보존하기 위해 적당한 곳에 접지한다.

7) 주파수(周波數) 및 파형(波形)

대부분의 AC 계기는 주파수 및 파형의 영향을 받는다. 즉 주파수가 변화하면 가동부분의 임피던스가 변하기 때문에 오차가 생기게 된다. 이런 경우에는 주파수보상을 해야 한다.

8) 자기가열(Self Heating)

자기가열이란 전류가 흐르는 계기 내부에 열이 발생하는 것으로 계기에 열이 생기면 온도가 점차 상승하여 온도가 일정 할 때까지 지시가 변화한다. 따라서 지침이 최종 위치에 도달하는 데 많은 시간을 소요하는 계기는 사용이 불편하다. 보통 15분 이내에 지시가 일정해 지는 계기이면 무방하다.

9) 가동(可動)부분의 불평형(不平衡)

수준기가 부착되어 있는 계기를 사용할 때에 수준을 똑바로 맞추지 않으면 오차가 생긴다. 또 어느 위치에서든지 사용할 수 있도록 만든 계기는 가동부분의 평형되어 있지 않으면 사용위치에 따라 오차가 생기게 된다.

6.4 전기계기의 분류

전기계기는 성능, 목적이 다르고 크기나 정도(精度)에 따라 적합계기로 분류되며, 또 측정대상이 직류, 교류인지에 따라 또는 같은 교류라 할지라도 주파수에 따라 그에 알맞은 성능의 계기가 필요하게 되므로 계기의 종류는 대단히 많다.

(1) 계기의 동작상 분류

계기는 그 동작에 따라 지시계기와 적산계기 및 기록계기 등으로 분류할 수 있다.

지시계기(indicating instrument)란 측정하고자 하는 전류, 전압 및 전력을 지침으로 직접 지시하는 것이고, 적산계기(integrating instrument)란 임의의 시간 내에 소비되는 전류 및 전력을 적산하는 계기이며, 기록계기(recording instrument)는 시시각각으로 변화하는 전류와 전압 및 전력 등을 기록하는 계기이다. 한편 이와 같은 계기 외에 숫자로 직접 지시하는 숫자식계기, 미소 전기량을 측정하는데 사용되고 있으나 전압, 전류의 유무 검출하는 검류계(galvanometer), 평형을 취하여 전기적인 량을 비교하는 브리지(bridge)와 전위차계(potentiometer)가 있고, 측정범위 확대에 사용되는 배율기(multiplier), 분류기(shunt), 변성기(transformer)가 있으며 시간에 대하여 급격히 변화하는 값을 파형으로 관측하는 계기인 오실로스코프(oscilloscope)등이 있다.

(2) 계기의 원리상 분류

전기계기 특히 지시계기의 원리에 따라 분류하면 표 6.1과 같다.

표 6.1 지시계기의 원리상 분류

사용회로	종 류	원 리
DC전용	• 가동코일형(moving coil type) • 가동자침형(moving neddle type) • 전해형(electrolytic type)	전자작용 이용 전자작용 이용 전해작용 이용
AC전용	• 유도형(induction type) • 진동형(resonance type) • 정류형(rectifier type)	회전자계 및 이동자계 이용 공진 및 진동 이용 정류작용 이용
DC, AC 겸용	• 전류력계형(electrodynamometer type) • 가동철편형(moving iron type) • 열전형(electrothermal type) • 정전형(electrostatic type)	전류상호작용 이용 전자작용 이용 열전류작용 이용 정전작용 이용

6.5 전기계기의 구성요소

지시계기는 사용이 간편하고 견고하며 확도가 높고 절연저항 및 절연내력도 높아야한다. 도한 응답도가 양호하고 눈금은 균등하거나 대수적이어야 하며 오차가 작아야 한다.

이와 같은 계기의 구비조건을 충족시키기 위해서는 계기를 구성하고 있는 각각의 요소가 양호해야 한다.

(1) 계기의 주요 3요소

지시계기를 구성하고 있는 요소는 여러 가지가 있으나 그 중에서 중요한 것으로 구동장치, 제어장치, 제동장치가 있다. 그 외에도 지시장치와, 계기를 보호하는 케이스가 있다.

1) 구동장치(driving device)

구동장치는 측정하려는 전기적인 양에 비례하는 구동력 또는 구동토크(driving torque)를 발생시키는 것인데 가동체에는 지침(pointer)이 붙어 있으며, 가동부분의 회전 또는 변위에 따라서 지침이 이동하여 측정하려는 전기의 양을 지시하게 된다.

가동부분(可動部分)을 전압, 전류 및 전력 등에 의하여 지침을 경사시키는 힘을 경사토크(Torque) 또는 구동 토크라 하며 이러한 토크의 발생원인은 다음과 같다.

(1) 영구자석의 자계와 전류사이에 작용하는 전자력
(2) 두 코일에 흐르는 전류 간에 작용하는 힘
(3) 자계 내에 있는 철편(鐵片)에 작용하는 힘
(4) 이동자계(移動磁界) 또는 회전자계(回轉磁界)내에 있는 금속도체에 작용하는 힘
(5) 충전된 두 전극 간에 작용하는 힘
(6) 종류가 다른 금속체 사이에 발생하는 열기전력
(7) 스프링의 탄성(彈性)
(8) 공진회로(共振回路) 및 진동편(振動片)의 공진(共振)작용
(9) 전류에 의한 전류분배

2) 제어장치(control device)

구동장치에 전기를 가하여 구동력 또는 구동토크가 작용할 때, 그 운동을 방해하는 것이 없으면 가동체는 무한히 이동 또는 회전하게 된다. 따라서 구동력 또는 구동토크와 평형시켜 가동체를 일정한 위치에 정지시키는 제어력 또는 제어토크를 발생시키는 제어장치가 필요하다. 제어에는 스프링제어, 중력제어, 전자제어 등이 있다.

3) 제동장치(damping device)

계기의 가동부분 구동토크가 작용하여 그 변화에 따라서 제어토크가 생길 때 가동체는 운동에너지 때문에 구동토크와 제어토크가 평형을 이루어 정지하려는 위치의 전후에서 작은 진동을 하다가 마찰로 인한 진폭이 줄어들어 정지한다. 제동장치에는 공기제동, 와류제동, 액체제동, 전자제동 등이 있다.

(2) 기타 구성요소

지시계기의 주요 3요소 외에 가동체가 정지할 때 그 값을 알기 위한 지시장치인 지침과 눈금이 있다.

지침(pointer) 지침은 가볍고 튼튼하며 관성 모멘트가 작은 구조로 하기 위하여 알루미늄이나 듀랄루민이 사용되며 실형, 칼날형, 창형과 같은 종류가 있다.

실형은 지침의 선단을 활모양으로 하여 양 끝에 가느다란 실을 맨 것이고, 칼날형은 속이 비어있는 금속관의 끝부분을 칼 모양으로 만든 것이고, 창형은 먼 위치에서 볼 수 있도록 한 것으로 화살형 이라고도 한다.

눈금(scale) 눈금은 구동장치와 제어장치의 조합으로 균등눈금과 불균등눈금으로 대별되며 불균등 눈금에는 여러 가지가 있다. 균등눈금은 눈금간격이 영의 위치에서부터 최대눈금까지 같은 간격으로 되어 있으며 가동코일형, 전류력계형 전력계 등이 이에 해당한다. 거울면을 붙혀 정밀계기로 사용한다.

불균등눈금은 중앙부의 간격이 넓고 영의 위치와 최대눈금 부분의 간격이 좁으며 균등눈금과 같이 눈금전체가 유효측정 범위이다. 주파수계, 역률계, 위상계 등이 이 눈금에 해당된다.

2승 눈금은 불균등눈금의 일종으로 영의 위치보다 최대눈금에 가까울수록 간격이 넓다. 가동철편형, 전류력계형, 유도형, 정전형, 열형 등의 전압계 또는 전류계가 여기에 해당한다. 특히, 이 눈금은 정격치의 25%이하의 눈금에서는 오차가 커지는 단점이 있다.

대수눈금은 측정범위가 넓고 눈금을 읽는 오차의 영향을 균등하게 할 수 있다. 메가(megger), 오옴계(ohm meter)등이 이 눈금으로 되어 있다. 눈금 전체가 유효측정 범위이다. 빗금눈금은 몇 개의 선을 가로로 긋고 그 위에 눈금선이 빗겨져 그어 있기 때문에 한 눈금 사이의 교차점에 의해 세밀한 값을 구할 수 있다. 대각선눈금으로 불리는 이 눈금은 20[%]까지 정확하게 읽을 수 있게 되어 있다.

광각도 눈금은 270° 정도의 넓은 각도의 눈금을 말하며 배전반용 계기에 사용된다.

연형눈금은 연형(edge wise form)계기의 눈금으로서 공업계기에 주로 사용되고 있다.

다중눈금은 눈금을 2중, 3중으로 표시한 것을 2중 눈금 또는 다중눈금이라 하며 휴대용 소형 계기에 많이 사용된다.

6.6 기타 측정 장비의 종류

측정 장비에는 여러 가지의 종류가 다양하게 있으나 이 절에서는 전기적인 량을 측정하기 위한 계측기기 들 중에서 디지털 멀티미터와 오실로스코프에 관해 설명하고, 직류전원공급장치, 함수발생기, 주파수카운터에 대해서는 간략하게 알아본다.

(1) 디지털 멀티미터(Digital Multimeter)

지시 계기형 테스터와는 달리 전자회로를 내장하고 있어 높은 임피던스를 가지고 지시 값을 직접 수치로 나타내므로 측정오차가 적다. 디지털 멀티미터는 여러 가지 형태의 전기적인 양을 측정할 수 있는 다기능 계기이다. 즉 직류전압과 전류, 교류전압과 전류, 저항 값을 측정하여 디지털 숫자로 나타내도록 되어있고 기능전환 스위치도 일반적으로 푸시 버튼(push button)으로 되어 있으며 기능 및 측정 범위의 변화에 따라 자동적으로 측정값의 단위와 자리수가 디지털 표시판에 나타난다. 만약 큰 값을 가질 수 있는 미지의 전압을 측정할 경우 항상 최대의 측정범위를 선택한 후 차츰 낮은 범위로 단계적으로 내려가면서 측정해야 한다. 디지털 멀티미터의 외관을 그림 6.1에 나타내었다.

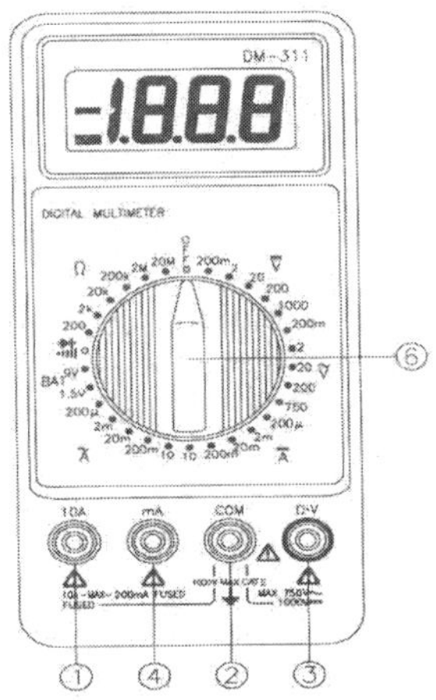

그림6.1 디지털 멀티미터 외관

디지털 멀티미터는 교류전압 (AC), 직류전압(DC), 교류전류, 직류전류, 저항 측정을 할 수 있다. 이 그림에서 각부의 명칭과 기능은 다음과 같다.

①	10A 입력단자	10A의 전류를 연속으로 측정할 때 사용하는 단자
②	COM 단자	GND 단자
③	Ω·V	전압과 저항을 측정할 때 사용하는 단자
④	mA 입력단자	10A 이하의 전류를 측정할 때 사용하는 단자

(2) 오실로스코프(Oscilloscope)

오실로스코프는 전기현상의 변화를 모두 관측할 수 있는 측정기이다. 비록 관측하고자 하는 현상이 전기적인 현상이 아니더라도 그 현상을 적절한 변환기를 이용하여 전기현상으로 변환할 수 있다면 이를 관측할 수 있다. 오실로스코프에서 가장 핵심이 되는 것이 음극선관(Cathode Ray Tube, CRT)이며 일반적인 구조를 그림 6.2에 나타낸다.

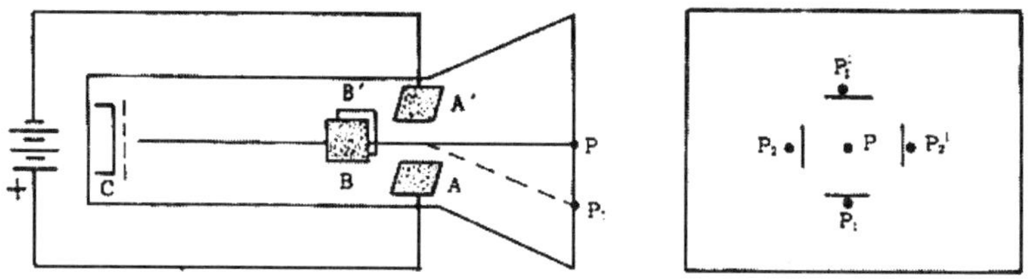

그림 6.2 CRT 구조

그림 6.2에서 보는 바와 같이 가속과 동시에 집속된 전자빔을 만드는 전자총과 여기서 나오는 전자빔의 방향을 조정하는 전자빔 편향판(Electron Beam Deflection Plate) 그리고 전자의 충격을 받아 가시의 형광을 내는 스크린(Luminesent Screen)의 세부분으로 구성되어 있다. 그림 6.3의 왼쪽 끝부분에 위치한 Cathode(C)에서 전자가 방출되어 전자총에 의해 가속되어 빔(Beam)을 형성한다. 이 빔은 연속적으로 발생된다. 만약 A, A′와 B, B′간에 전압이 인가되지 않을 경우 전자빔은 형광판 중앙인 P점에서 점을 형성하게 된다. 만약 A, A′양단에 전압이 인가될 경우 전자빔은 아래쪽인 점 P_1으로 편향되고 전압의 극성이 바뀌면 점 P_1'로 편향된다. 마찬가지로 B, B′양단에 전압이 인가될 경우 점 P_2와 P_2'로 편향이 된다.

오실로스코프에서 변화하는 전기현상을 관측하기 위해서는 전기현상으로부터 전압파형을 CRT의 수직편향판에 걸어주고 수평편향판에 톱니파형의 전압을 걸어 CRT를 동작시킴으로써 스크린에 상을 얻는다. 만약 그림 6.3(a)와 같이 수직편향판에 정현파 전압을 인가하고 그림 6.3(b)와 같이 수평편향판에 톱니파 전압을 인가하고 $t=0$일 때 동기시키면 $t=0$ 일 때 수직편향판은 0[V]이고 수직증폭부의 전압이 2[V/DIV]이라 가정하면 수직편향은 0[cm]이고 수평편향은 중심에서 왼쪽으로 4 [cm]에 위치한다. $t=0.5$[ms]일 때 수평편향은 -1.5[V]이므로 중심에서 왼쪽으로 3[cm]에 위치하며 수직편향은 +1.4[V]로 스크린 중심축에서 상단으로 2.8[cm]에 위치한다. 따라서 이 두 입력이 동기가 되면 [그림 6.3(c)]와 같은 파형이 화면에 나타난다. 표 6.2에서는 각 시간에서의 수직 및 수평편향의 위치와 시간을 나타내었다. 그림 6.3(c)의 점 9 다음은 동일한 파형이 반복된다. 그림 6.4는 오실로스코프의 한 종류를 나타내었다.

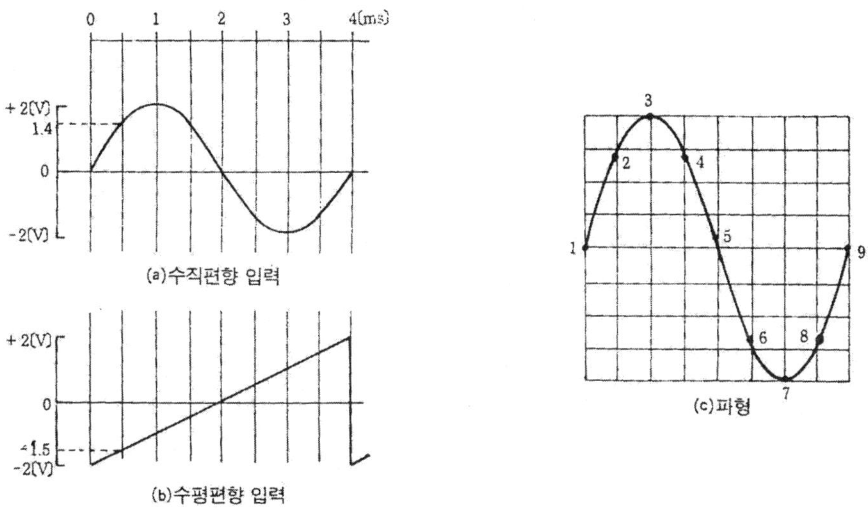

그림 6.3 오실로스코프의 동작원리

표 6.2 CRT 화면 각 점의 위치 및 전압

t	1.0	1.5	2.0	2.5	3.0	3.5	4.0
수직전압[V]	2.0	1.4	0	-1.4	-2.0	-1.4	0
수직편향[cm]	4.0	2.8	0	-2.8	-4.0	-2.8	0
수평전압[V]	-1.0	-0.5	0	0.5	1.0	1.5	2.0
수평편향[cm]	-2.0	-1.0	0	1.0	2.0	3.0	4.0
위치	3	4	5	6	7	8	9

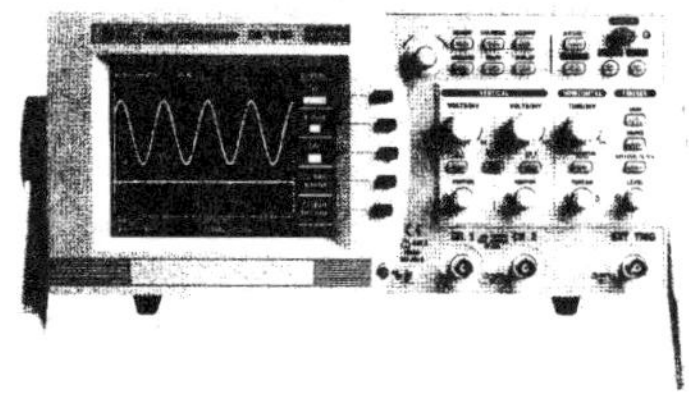

그림 6.4 오실로스코프

(3) 직류전원 공급장치(DC Power Supply)

상용의 교류전원을 트랜스를 통해 전압을 조절하고 정류하여 가변 직류전원을 공급하는 장치이다. 수많은 종류가 있으나 편의상 기초 전기・전자공학에서 많이 쓰이는 모델을 기초로 설명한다. 이 장치는 0~30[V]의 직류전압을 공급하는 2개의 채널과 5[V]를 공급하는 1개의 채널을 가지고 있고, 전체 160[W]까지의 전력 공급이 가능하며, 전류는 가변 전압일 경우 3[A] 까지, 고정전압 5[V]의 경우 2[A] 까지 공급이 가능하다.

한편 입력 전원은 110/220[V] 60[Hz]를 이용하며(휴즈 250[V] 3[A]), 입력 자동레인지 방식으로 구성, 또한 2개의 가변출력 전압에는 2개의 DVM(Digital Volt Meter)이 각각 부착되어 있고, 전류는 아나로그 전류계에 의해 나타내도록 되어있다. 그림 6.5는 2채널의 출력전압을 얻을 수 있는 일반적인 전원공급 장치이다.

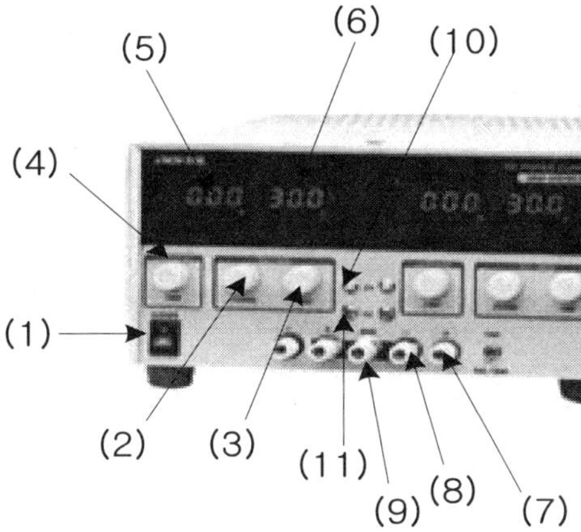

그림 6.5 직류전원공급장치

(1)	전원 스위치	위로 누르면 전원이 켜지고, 아래로 누르면 꺼짐
(2)	전압 조정다이얼	이 다이얼을 돌리면 출력전압이 가변
(3)	전압미세조정다이얼	이 다이얼을 돌리면 전압을 미세하게 조정할 수 있다.
(4)	전류 조절다이얼	이 다이얼을 돌리면 전류를 조절할 수 있다.
(5)	전류 표시창	현재 전기회로에 흐르는 전류의 크기를 보여준다.
(6)	전압 표시창	출력되는 전압의 크기를 보여준다.
(7)	(+)단자	+ 전압이 출력
(8)	(-)단자	- 전압이 출력
(9)	COM	공통 접지단자
(10)	CV 램프	전기회로에 정상적으로 전류가 흐르고 있음을 표시
(11)	CC 램프	전기회로에 과전류가 흐르고 있음을 표시

(4) 함수발생기(Function Generator)

가변주파수의 사인파, 직사각형파, 삼각파, 램프함수 또는 펄스 신호를 발생시키는 장치이다. 이 장치도 여러 종류가 있지만 편의상 기초 전기·전자공학에서 많이 쓰이는 모델을 기초로 설명한다. 그림 6.6은 EZ사의 FG-7002G 함수발생기로서 0.02Hz~2 MHz의 출력주파수에 대하여 왜곡이 작은 정현파와 구형파, 삼각파의 출력을 얻을 수 있다.

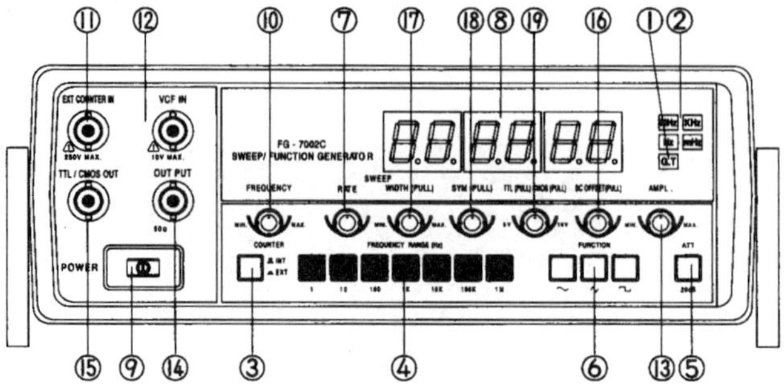

그림 6.6 함수발생기 전면도

출력은 5-Range의 Attenuator(감쇄기)와 진폭을 조정하여 임의의 출력을 얻을 수 있다. 그림 6.6에서 번호의 명칭 및 기능은 다음과 같으며 이는 FG-7002G 장비의 매뉴얼을 이용하였다.

명 칭		기 능
①	GATE 시간표시기	내부/외부 주파수 측정 시 게이트시간을 표시
②	단위표시 램프	화면에 표시된 측정값과 주파수 단위 표시
③	측정신호 선택스위치	내부 발생주파수 또는 외부 입력주파수 측정을 선택
④	주파수범위선택스위치	원하는 발생 주파수범위 선택
⑤	감쇄기	출력되고 있는 신호의 크기를 20dB 감쇄시킴
⑥	파형선택 스위치	출력파형을 선택하는 스위치로 정현파, 삼각파, 구 형파를 발생한다.
⑦	소인속도조절손잡이	내부 소인기능 동작시 소인속도를 조절
⑧	주파수 표시기	내부/외부 주파수 값을 표시
⑨	전원 스위치	누르면 전원이 켜지고, 다시 한 번 누르면 꺼진다
⑩	주파수 다이얼	이 다이얼을 돌려 발생주파수를 조정
⑪	외부주파수입력단자	외부주파수를 측정하고자 할 때 신호를 이곳에 연결
⑫	VCF 입력단자	신호를 외부에서 입력하고자 할 때 이곳에 신호원을 연결
⑬	출력레벨 조절기	조절기를 좌우로 돌리면 출력신호 크기가 증감
⑭	출력 단자	발생되는 신호가 출력되는 곳
⑮	TTL/CMOS 출력단자	TTL/CMOS 신호를 사용할 때 이 단자에 연결
⑯	DC Offset 조절손잡이	출력신호의 DC OFFSET을 조절하기 위해서는 이 손잡이를 조절
⑰	소인 폭 조절 손잡이	소인기능 사용 시 소인 폭 조절
⑱	Symmetry 조절손잡이	출력파형의 대칭 또는 경사를 조절하고자 할 때 사용
⑲	TTL/CMOS조절손잡이	CMOS 레벨을 조절하고자 할 때 이 손잡이를 당겨서 원하는 레벨로 조절

요 약

- 측정은 대상의 물리량이나 화학량을 수량적으로 표현하는 조작을 말하며 보통 측정이라 한다.
- 측정은 방법에 따라 직접측정과 간접측정 또는 절대측정과 비교측정으로 분류하며 편위법이나 영위법과 치환법 등은 비교측정에 속한다.
- 측정오차란 어떤 양을 아무리 정밀하게 측정한다 해도 그 참값을 구할 수는 없으므로 측정결과의 값이 참값과 차이가 있게 마련이다. 이차를 오차라 한다.
- 보정이란 측정결과는 반드시 오차가 포함되어 있으므로 측정한 값을 참값에 가까이 하기 위해 어떤 값을 더해주어야 하는데 이를 보정이라 한다.
- 측정기 오차의 발생원인은 여러 가지 원인 중 눈금의 부정확, 마찰, 스프링의 과로, 온도, 외부자계, 주파수 및 파형 등이 주요 원인이 된다.
- 전기계기의 분류는 계기의 동작에 따라 분류되는 지시계기와 적산계기 및 기록계기 등으로 분류되며, 계기의 원리에 따라 분류하면 DC전용계기와 AC전용계기 및 DC/AC겸용으로 나누어 진다.
- 전자계기의 구성 요소는 여러 가지가 있으나 중요한 것은 구동장치, 제어장치, 제동장치가 있다.
- 지시계기의 주요 3요소 외에 가동체가 정지할 그 값을 알기위한 지시장치인 지침과 눈금이 있다.
- 오실로스코프는 각종 전기 파형을 관측할 수 있는 계측장비이다.

연 습 문 제

1. 측정의 종류 중 방법상 분류하여 설명하라.

2. 오차와 정도에 대하여 설명하라.

3. 오차는 보통 백분율로 표시하게 되는데 이를 백분율 오차라 하며, 측정정도를 나타낸다. 백분율 오차를 식으로 나타내시오.

4. 보정은 오차와 절대값이 같음을 알 수 있다. 보정과 측정값과의 비를 보정율이라 한다. 보정백분율을 식으로 나타내시오.

5. 오차의 발생 원인과 그 보정방법에 대하여 기술하시오.

6. 측정 장비에는 여러 가지의 종류가 다양하게 있다. 이들 중에서 많이 사용되고 있는 디지털 멀티미터와 주파수 카운터 및 오실로스코프에 관하여 사양과 특성을 비교해 보시오.

제 7 장

반도체 소자

반도체는 도체와 절연체의 중간인 고유저항을(상온에서 $10^{-5} \sim 10^{8}[\Omega \cdot m]$정도) 가지고 있기 때문에 반도체라 부른다. 대표적인 물질에는 게르마늄(Ge)과 실리콘(Si)을 들 수 있으며, 이 Ge, Si는 diode, TR, IC 등 반도체 소자에 사용된다. 이들 반도체를 결정구조로 분류하면 진성반도체와 불순물반도체로 분류된다.

7.1 진성반도체

진성반도체는 99.9999999999[%](12-nine) 이상의 순도로 정제된 순수반도체이며, Ge나 Si처럼 가전자대와 전도대만으로 성립되어 있는 반도체이고, 불순물 첨가시 저항률이 크게 변하고, 전기적 성질의 변화가 크다. 대부분의 물질은 여러 가지 종류의 원자들로 구성되어 있다. 원자는 중앙에 위치하는 정(+)의 전하를 갖는 1개의 원자핵과 그 주위의 궤도를 운동하고 있는 부(−)의 전하를 갖는 몇 개의 궤도전자들로 구성되어 있다. 또한 원자는 자신의 원자번호와 같은 수의 전자를 보유하고 있다. 예를 들어 전형적인 반도체 재료로 사용되는 실리콘(Si)의 원자 번호는 14이므로 14개의 전자가 정해진 규칙에 의해 원자핵 주위에 분포되어 있다. 물론 전자의 배치를 포함한 원자의 보다 정확한 구조는 양자론에 의해 결정되나, 실리콘 원자의 원자 구조를 평면적으로 간단히 나타내면 그림 7.1과 같다.

전자는 그림과 같이 정해진 장소(전자궤도)에 정해진 개수만큼 원자핵으로부터 가까운 궤도부터 채워져 있다. 원자핵에서 가까운 궤도부터 K각, L각, M각, N각 이라 부르며, K각을 첫 번째 궤도라 할 때, n번째의 궤도에는 $2n^2$개의 전자가 들어갈 수 있다. 예를 들어 L각은 2번째의 궤도이므로 $2 \times 2^2 = 8$개의 전자가 들어갈 수 있으며, 3번째의 궤도인 M각에는 18개의 전자가 존재할 수 있다.

한편 그림에 나타낸 바와 같이 궤도상의 전자의 에너지는 불연속적인 에너지의 폭을 가지고 있으며, 이를 에너지 준위(energy level)라 한다. 원자핵에 가까울수록 전자의 에너지 준위는 낮다. 이는 원자핵에 가까운 전자일수록 원자핵과의 쿨롱 인력이 크게 작용하여 원자핵의 속박이 강하기 때문이다.

이와 같이 전자는 외부에서 에너지를 가하지 않는 정상상태에서는 반드시 원자핵을 중심으로 형성된 몇 개의 궤도상에만 존재하며, 가장 바깥 측의 궤도에 있는 전자를 가전자라 한다.

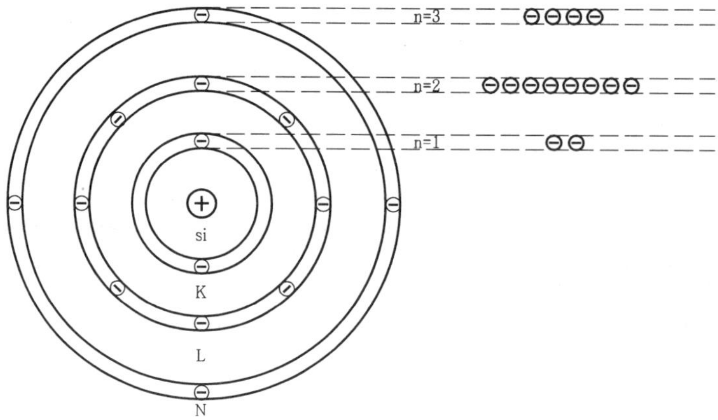

그림 7.1 실리콘 원자의 원자구조 및 에너지 준위

실리콘의 경우 가전자는 4개이며, 원소 반도체로 많이 사용되는 게르마늄(Ge)도 4개의 가전자를 보유하고 있다. 가전자는 원자핵과의 거리가 멀어, 쿨롱 인력이 가장 약한 상태이므로 온도나 전압 등의 외부 에너지를 가함으로써 가장 쉽게 원자핵의 속박에서 분리될 수 있다. 원자핵의 속박에서 벗어난 전자를 자유전자(free electron)라 한다.

전자의 에너지 준위에는 충만대, 금지대, 전도대 등의 에너지 영역이 존재한다. 그림 7.2에 나타낸 바와 같이 충만대는 가장 낮은 에너지 준위로, 전자가 완전히 차 있는 에너지의 영역을 나타낸다. 금지대는 전자가 취할 수 없는 에너지의 영역을 뜻하는 것으로, 반도체의 경우 절연체에 비해 금지대가 매우 좁은 것이 특징이다. 전도대는 충만대에 있는 전자가 금지대 폭 이상의 에너지를 얻었을 때, 취할 수 있는 에너지 영역을 의미한다. 이를 대 구조(band structure)라 하며, 물질을 전기적으로 분류하거나 혹은 반도체의 특성을 이해하는데 매우 유용하다.

실리콘 원자들이 모여 반도체 물질을 형성할 때에는 인접한 원자와 1개씩의 가전자를 내어 서로 공유하는 공유결합의 형태를 취한다. 이것은 가전자가 4개이나 주위에 있는 원자의 가전자를 공유하여 8개조(공유전자는 2개씩 4조로 구성)로 된다. 실리콘 원자가 모여 결정을 이루는 형태를 그림 7.3에 나타낸다. 이러한 반도체 결정에 열을 가하거나, 광을 쪼이거나, 혹은 전압을 인가하면 가전자는 자유전자가 되어 물질 내부를 자유롭게 이동한다.

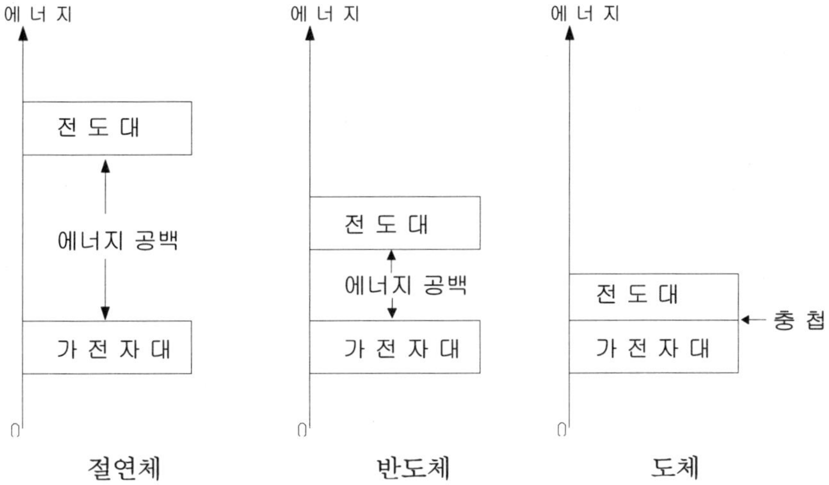

그림 7.2 물질의 에너지대 구조

결과, 전기적으로 중성의 원자에서 가전자가 빠져나간 부분은 중성에 비해 정(+)의 전하를 발생하게 되며, 이 부분을 정공(hole)이라 한다. 정공은 결국 자유전자의 발생에 의해 생성되며 그림 7.4에 표현되어 있는 바와 같이 전계가 존재할 때, 전자는 쿨롱의 법칙에 의해 전계와 반대 방향으로 이동하므로 정공의 흐름은 전자의 이동과 반대 방향이 됨을 알 수 있다. 이는 정공을 정(+)의 전하를 띄는 하전입자로 간주 될 수 있음을 의미하는 것이다. 그림 7.5에 진성 반도체의 에너지 준위도를 나타낸다.

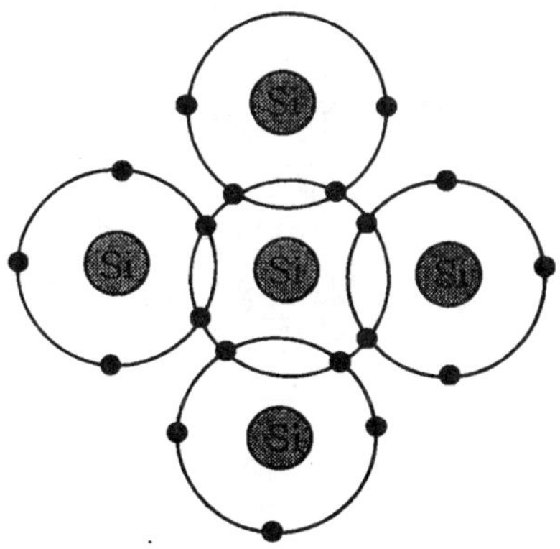

그림 7.3 실리콘 원자의 공유결합

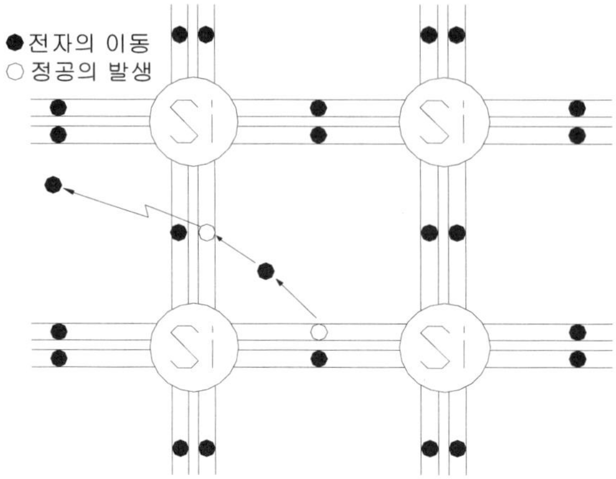

그림 7.4 자유전자 및 정공의 발생

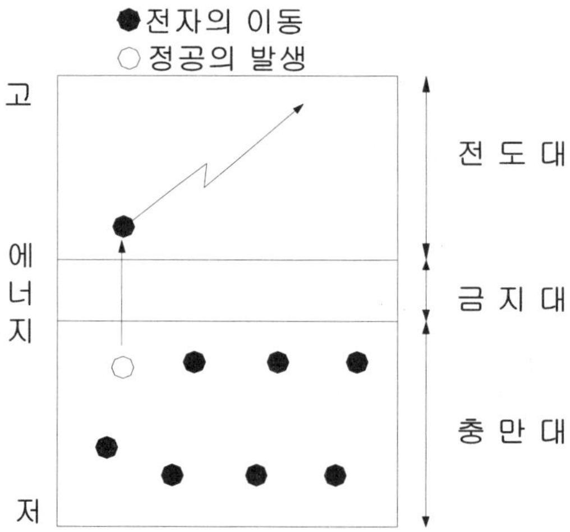

그림 7.5 진성반도체의 에너지 준위도

7.2 불순물반도체

순수반도체에 인위적으로 불순물을 첨가한 반도체로 Si나 Ge등에 4가의 원소 반도체에 인(P), 비소(As) 및 안티몬(Sb) 같은 5가의 원소를 첨가(doping)하면 As는 Ge의 일부와 치환하여 결합하는 치환형 불순물로 작용된다. 이 경우 5가의 As는 가전자가 5개이므로 인접한 4가의 Ge와 공유결합을 하여도 1개의 가전자가 남게 된다. 이 전자를 과잉전자(excess electron)라 한다. 과잉전자는 결합에 참여하지 않으므로 비교적 자유로우나 과잉전자를 소유하지 못한 As가 이미 +1가의 이온으로 작용하므로 완전한 자유전자는 되지 못하고 쿨롱 인력에 의해 As 주위를 맴돌게 된다. 그러나 As^+이온과 과잉전자와의 쿨롱 인력은 공유결합력에 비해 매우 작으므로 상온(약 300° K)의 열에너지에 의해서도 쉽게 쿨롱 인력을 벗어나 전도대로 유기될 수 있다. 결국 5가의 불순물을 투입함으로써 전도대에는 많은 전자가 들어갈 수 있으며, 진성 반도체에 비해 전자가 정공보다 훨씬 많게 된다. 이와 같은 반도체를 n형 반도체(n−type semiconductor)라 하며, As 불순물은 전도대에 전자를 많이 공급해 주는 역할을 하므로 도너(**donor**)라 한다. n형 반도체의 경우, 전자가 매우 많으므로 다수 캐리어, 정공을 소수캐리어라 부른다.

한편, Ge 원자에 3족의 원소인 인듐(In), 보론(B), 갈륨(Ga) 및 알루미늄(Al)을 불순물로 혼입하면 Ge 원자와의 공유결합을 위한 전자 1개가 부족하게 되어 그 부분에 정공이 생긴다. 만약 주위에 공유결합 되어 있던 전자가 이동하여 그 부분을 메우게 되면 이동 이전의 장소에 다시 정공이 발생하게 되어 전자와 반대 방향으로 이동해 가게 된다. 이와 같이 불순물 원자로 혼입된 In은 지속적으로 하나의 전자를 더 보유하게 되므로 −1가의 이온으로 되어 정공과의 사이에 쿨롱 인력을 작용하게 된다. 정공에 대한 이 인력의 크기도 공유 결합력에 비해 매우 작아 정공은 상온에서도 결합의 속박을 벗어나 캐리어로 작용하게 된다. 이러한 정공은 가전자대에 존재하게 되며, 결국 가전자대에는 불순물 원자의 흡입 때문에 정공이 많이 발생하여, 정공이 다수 캐리어, 전자가 소수 캐리어로 되어 전기전도를 일으킨다. 혼입된 불순물 In은 전자를 받아들이는 역할을 하므로 억셉터(**acceptor**)라 한다. 이러한 반도체를 p형 반도체(p−type semiconductor)라 한다. 그림 7.6 및 7.7에 n형 및 p형 반도체의 형성과 에너지 준위도를 나타낸다. 그림 7.6에서는 자유전자가 주역인 n형 반도체의 형성구조로 실리콘이 가전자가 5인 비소(As)와 혼합(doping)한 경우 비소 원자의 가전자는 1개가 남아 자유전자가 되고 비소 원자는 +

의 전하를 갖게 된다. 그림 7.7에서는 정공이 주역인 p형 반도체의 형성 구조로 실리콘이 3가인 불순물 인듐(In)과 결합시 가전자 1개가 부족하여 이 자리에 +전기를 띠는 정공이 된다.

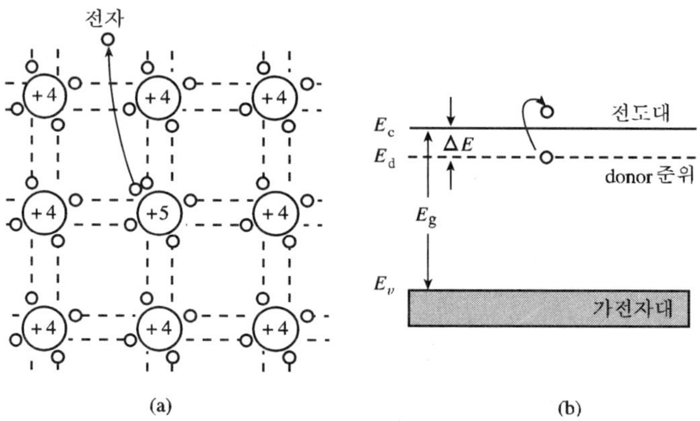

그림 7.6 n형 반도체의 형성 및 에너지 준위

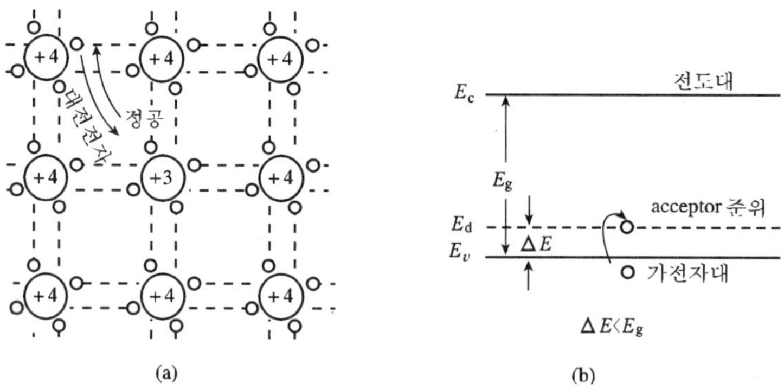

그림 7.7 p형 반도체의 형성 및 에너지 준위

7.3 다이오드

(1) pn 접합

실리콘 결정에 절반을 n형으로 나머지 절반을 p형으로 도우핑(Doping)시켰을 때 pn 접합이 형성되며, 이것을 pn접합 다이오드라고 부른다.

(접합하기 전)

p형 반도체와 n형 반도체를 접합시키기 전의 각 반도체의 상태를 개념적으로 아래 그림 7.8에 표현하였다.

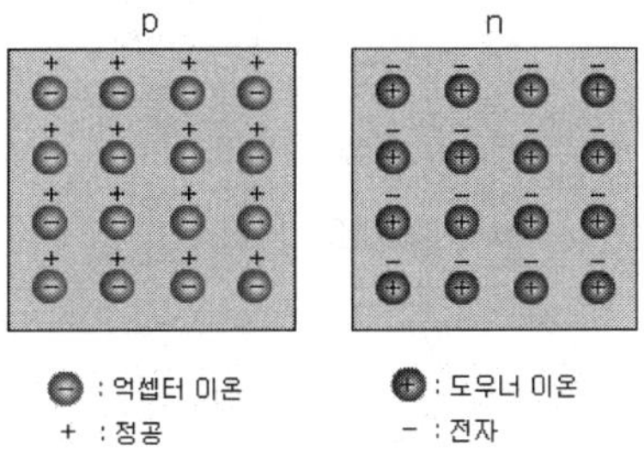

그림 7.8 pn 접합 전

(접합이 이루어진 후)

그림 7.9는 n형 반도체와 p형 반도체를 접합한 후 PN접합이 이루어지는 과정을 나타낸 것이다. n형 쪽의 전자는 전자의 농도가 낮은 모든 방향으로 확산 하려고 하며, 이 확산은 접합면을 넘어서 전자의 농도가 적은 p형 쪽으로 전자가 확산되어 들어간다. p형 쪽으로 확산해 들어간 전자는 소수 캐리어가 되며 많은 정공으로 부터 둘러싸이기 때문에 전자는 쉽게 정공과 결합하게 된다. 따라서 소수 캐리어의 수명은 짧게 된다. 그러므로 정공은 소멸되며 그에 관련된 원자는 음전하를 띠게 된다. 한 개의 전자가 접합면은 넘을 때마다 한 쌍의 이온은 만든다. 이 이온은 공유결합 때문에 결정구조 안에 고정되어 있고, 전도대 전자나 정공처럼 움직일 수 없다. 이온이 점점 생성됨에 따라 접합면 부근에는 자유전자와 정공이 없어지게 되는데 이 영역을 공핍층 이라고 한다. 처음에는 공핍층이 어느 정도까지 확대되는데 어느 순간이 되면 공핍층 내에 있는 이온으로 인해 생겨난 전계(Electric Field)로 인하여 더 이상 전자가 pn접합면

을 넘을 수 없게 되어 더 이상 공핍층이 확대되지 않게 된다. 이를 평형상태라 한다.

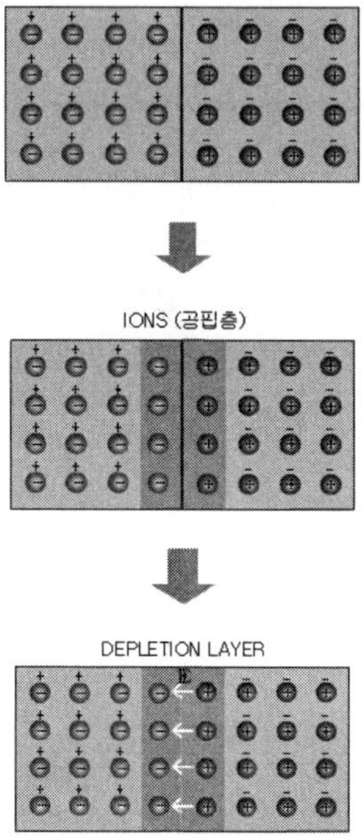

그림 7.9 pn접합 후 과정

그림 7.10은 PN접합의 기본인 다이오드를 나타낸 것이다. 그림 (a)는 접합된 다이오드 소자이고, 그림 (b)는 다이오드 기호이며 A는 anode(양극)으로 전류가 흘러 들어가는 쪽의 전극이고, C는 cathode(음극)는 전류가 흘러나오는 쪽이라고 한다. 이와 같이 PN 접합다이오드는 한쪽 방향으로만 전류를 통과시키는 단일방향 특성을 가지고 있다. 따라서 다이오드는 동작 상태에 따라 ON/OFF 되는 이상적인 스위치로 생각할 수 있다.

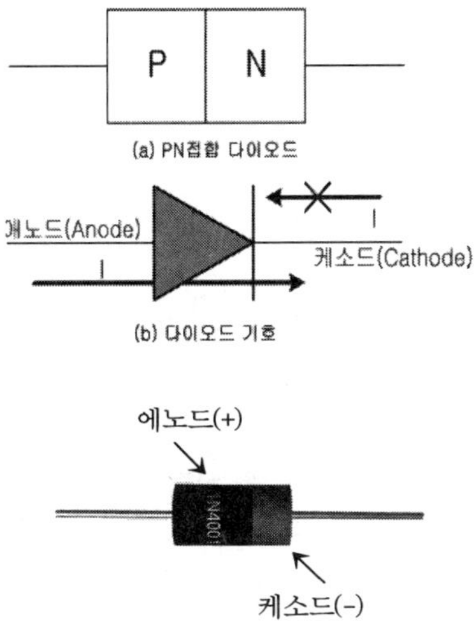

그림 7.10 PN 접합다이오드 소자 및 기호

(2) 정류작용

pn 접합 반도체에 전극을 통해 p형에 부(−)의 전압을, n형에 정(+)의 전압을 가하면, 그림 7.11과 같이 전계의 작용으로 정공은 음극으로, 전자는 양극으로 끌려가게 되어 접합면을 통한 전자와 정공의 이동은 더욱 어려워진다. 이는 전위장벽이 더욱 커지고 공핍층도 더욱 넓어짐과 동일한 개념이다. 따라서 하전입자의 이동이 어려워 전류는 흐르지 않는다. 이러한 전압을 역방향 전압(reverse−bias voltage)이라 한다. 그러나 그림 7.12와 같이 p형에 정(+)의 전압을 가하고 n형에 부(−)의 전압을 가하면 전위장벽과 공핍측이 작아져 정공은 전계방향으로, 전자는 전계와 반대 방향으로 자유롭게 이동하게 된다. 결과 전류가 흐르게 된다. 이러한 전압을 순방향 전압(forward−bias voltage)이라 한다.

이상과 같이 가해준 전압의 극성에 따라 전류는 흐를 수도 있고, 흐르지 않을 수도 있다. 이를 잘 이용하면 전류가 한 쪽 방향으로만 흐르는 정류현상을 나타내게 할 수 있다. 정류현상을 나타내는 반도체 소자를 다이오드(diode)라 한다. 그림 7.13은 다이오드의 전압−전류 특성 곡선을 나타낸다.

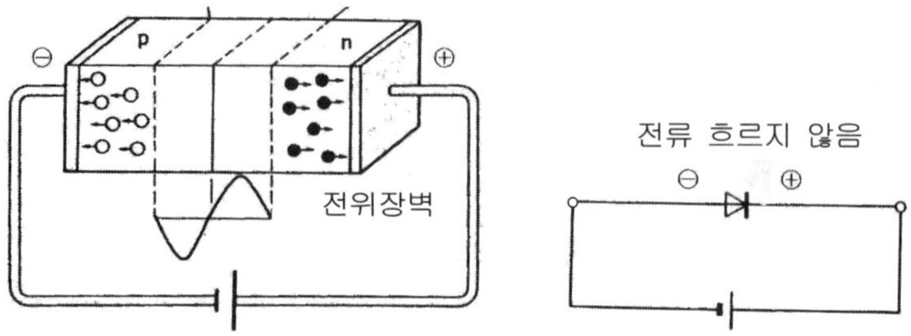

그림 7.11 역방향 전압 인가

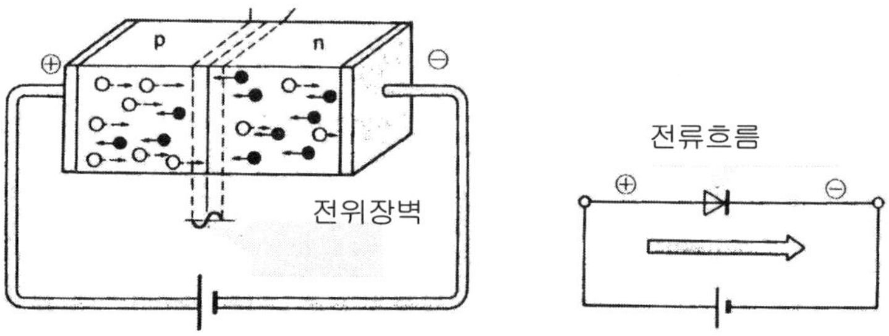

그림 7.12 순방향 전압 인가

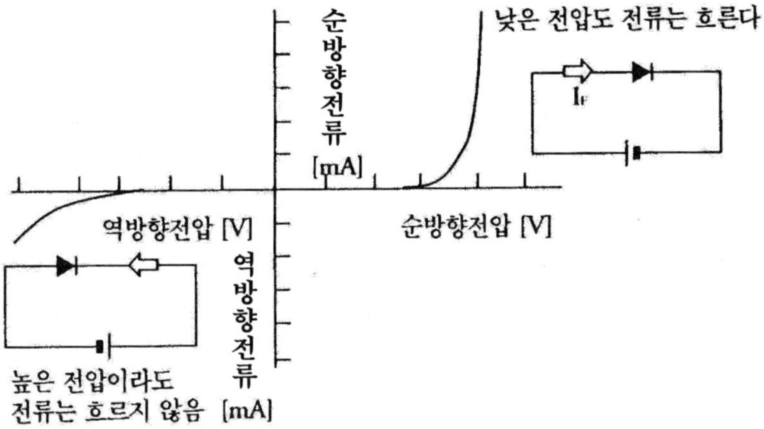

그림 7.13 pn 접합 다이오드의 전압-전류 특성

(3) 여러 가지 다이오드

그림 7.14에 여러 가지 용도의 다이오드를 나타낸다. 다이오드에는 동작 원리 및 특성의 차이에 의해 여러 가지의 종류의 다이오드가 있으나 여기에는 간단히 몇 가지의 다이오드를 소개하기로 한다.

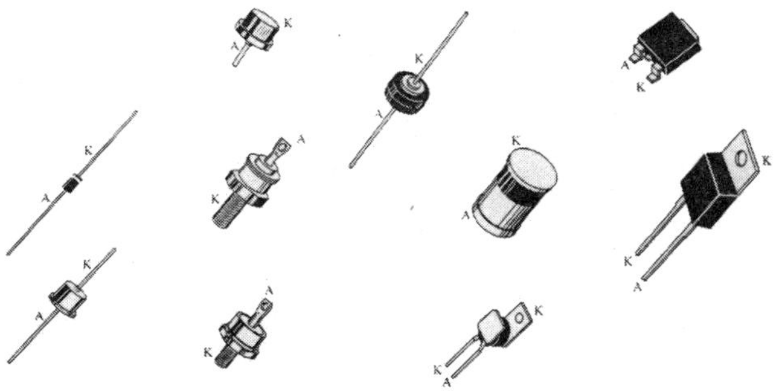

그림 7.14 여러 가지 종류의 다이오드

1) 제너 다이오드

불순물을 많이 가지고 있는 pn접합에 역방향 전압이 증가하면 전자 및 정공은 공핍층을 투과해 상대편으로 이동한다. 이는 앞서 언급한 하전입자의 밀도차에 의한 확산현상과 다른 것으로 터널효과(tunnel effect)라 한다. 역방향의 전압이 매우 커져 터널효과가 일어나면 전류가 급격히 증가하게 되는데 이를 항복현상이라 하고, 항복현상을 일으키는 전압을 항복전압(breakdown voltage) 혹은 제너전압(Zener voltage)이라 한다. 이러한 제너현상을 이용하여 만든 반도체 소자가 제너 다이오드(Zener diode)이다. 그림 7.15는 제너 다이오드의 전압-전류특성을 나타낸 것이고, 그림 7.16은 회로에 표시되는 기호이다. 제너 다이오드는 정상적인 동작 상태에서는 매우 미소한 역방향 전류가 흐르지만, 항복점에 도달하면 약간의 역방향 전압의 증가에도 전류는 급격히 증가한다. 따라서 그림 7.17과 같이 다이오드를 항복전압 영역에서 사용함으로써 부하의 단자 전압을 거의 일정하게 유지할 수 있다. 이러한 특성 때문에 제너 다이오드는 정전압 다이오드라 하기도 하며, 제너전압안정기(정전압소자)로 사용되고, 수V~수100V정도 범위로 다양하게 제작이 되고, 전압 변동이 매우 작아야 하는 전원 회로 등에 사용된다.

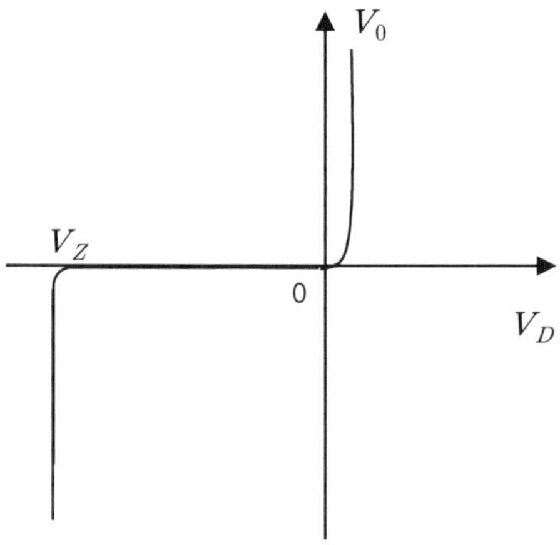

그림 7.15 제너 다이오드의 전압-전류특성

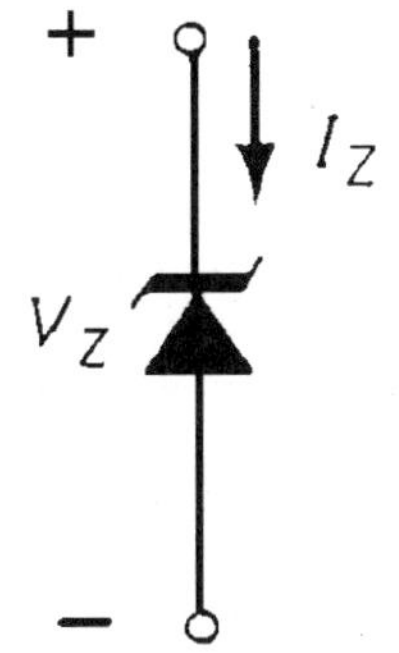

그림 7.16 제너 다이오드의 회로기호

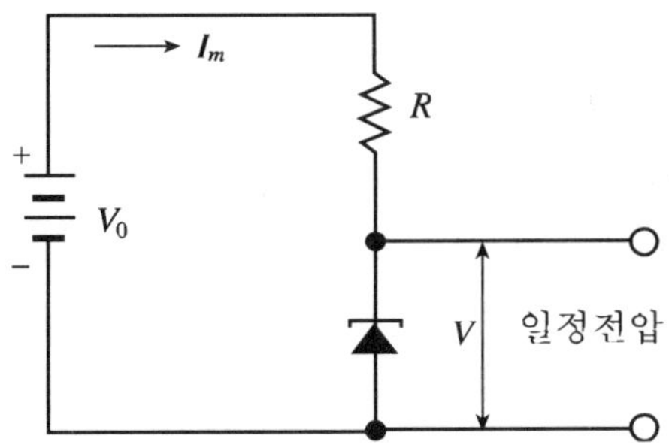

그림 7.17 제너 다이오드

2) LED (발광 다이오드)

pn 접합 반도체에 순방향 바이어스 전압을 인가하면 전자와 정공이 밀도 차에 의한 확산 현상으로 이동한다. 이동 중 pn접합 부근에서는 전자와 정공이 만나 서로 다시 결합하는 재결합(recombination) 현상이 활발하게 일어나는데 이 때 전자와 정공이 가지고 있던 에너지의 차이만큼 광자(h ν)의 형태로 방출된다. 방출되는 광은 그 진동수의 크기에 따라 적색을 비롯하여 녹색 그리고 황색 등의 빛이 발생한다. 이와 같이 광의 방출을 목적으로 하는 다이오드를 발광 다이오드(LED : light emitting diode)라 한다. 발광 다이오드는 백열전구나 네온사인(neon sign)등의 발광 소자에 비해 저전압(1.5~3[V]), 저전류(5~150[mA])에서 동작하며 응답속도(100ns정도)가 빠르며, 요구되는 전력은 10~150[mW]이다. 신뢰성이 매우 우수하여 표시장치나 광통신에 필요한 발광소자 등 다용도로 많이 사용되고 있다.

3)실리콘 다이오드

실리콘의 pn접합면의 정류작용을 이용한 정류기로 전류 용량 및 역내 전압이 크고 고온에도 견디므로 종래의 셀렌 정류기나 게르마늄 정류기 대신 널리 쓰이고 있다. 당초에는 게르마늄에 의한 것과 실리콘에 의한 것이 만들어져 그 우열에 대한 논의가 있었으나 실리콘이 훨씬 내열성이 좋다는 것이 입증되어 급속히 보급 되었다. 실리콘 다이오드의 특성을 보면 소형 경량이고, 가볍고 견고하여 수명이 길다. 또한 정류 용량이 셀렌 정류기의 1000배이고, 1개의 역내 전압은 최고 500[V], 전압강하는 정격전류에서 0.5[V]정도이고 온도 상승은 정격 출력에서 5° C 정도이다.

4)태양전지

순수 게르마늄은 암전류가 크기 때문에 실용적 광도전체는 못된다. 그러나 역 바이어스 된 pn 다이오드가 지극히 큰 저항을 나타내는 성질을 이용하면 광감도를 높일 수 있다. 이러한 pn다이오드를 photo 다이오드라 한다. 감도는 CdS cell보다 떨어지나 광전류가 인가전압에 그다지 관계하지 않으며, 보다 높은 광신호주파수(≅ 수백㎑)에서도 동작할 수 있다. photo다이오드 보다 큰 광감도를 가진 광전소자로는 photo 트랜지스터가 있다.

7.4 트랜지스터

트랜지스터(transistor)는 1948년 미국의 Bell 연구소의 Bardeen, Brattain, Shockley 등에 의해 발명된 전압 및 전류를 제어하고 증폭하는 소자이다. 트랜지스터는 과거의 진공관에 비해 소형이고 가벼우며, 저전압으로 동작하고 속도가 매우 빠른 장점이 있어 우리가 사용하는 전자 제품에 널리 이용되고 있다. 현재 사용되고 있는 트랜지스터는 그림 7.19와 같이 접합형 트랜지스터와 전계효과형 트랜지스터의 두 가지로 나눌 수 있다.

쉬어가기

LCD(액정 표시 장치)

LCD(liquid-crystal display)는 LED보다 낮은 전력을 소모하는 장점을 갖는다. 즉, LED가 mW 범위인 것에 비하여, LCD는 μW 범위에 있다. 그러나 LCD는 내부 또는 외부의 광원이 필요하고 약 0[℃]에서 60[℃]까지의 온도 범위로 제한되며, LCD는 화학적으로 열화되므로 아직 수명에는 문제점이 있다.

액정은 액체처럼 흐르는 물질(보통 LCD에서 유기물)이지만 분자 구조는 고체와 관계된 몇몇 성질을 갖는다. 광산란 소자에서 가장 큰 관심은 그림 7.18인 것과 같은 결정 구조를 가진 네마틱 액정(nematic liquid crystal)에 있다. 각 분자들은 그림에 나타낸 것과 같이 막대와 같은 모양을 갖는다. 산화인듐(indium oxide) 전도 표면은 투명하며, 그림에서와 같은 조건하에서 입사 광선이 단순히 투과되고 액정 구조가 투명하게 나타난다. 전압이 전도 표면 양단에 가해지면 분자 배열이 교란되고, 결과적으로 다른 굴절률을 갖는 영역이 생기게 된다. 그러므로 입사광은 산란되어 무광택 유리와 같은 모양을 하게 된다.

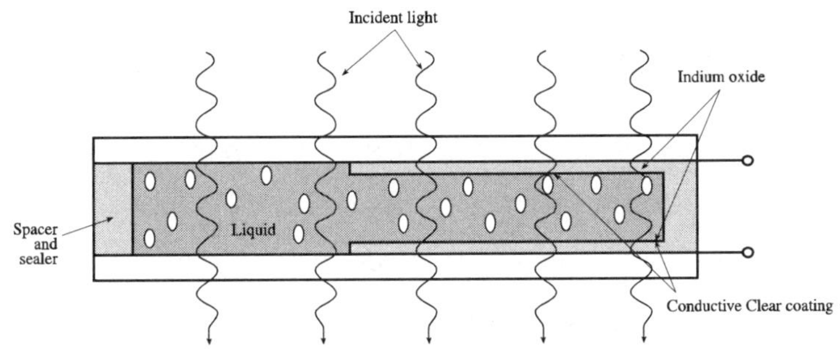

그림 7.18 네마틱 액정의 구조

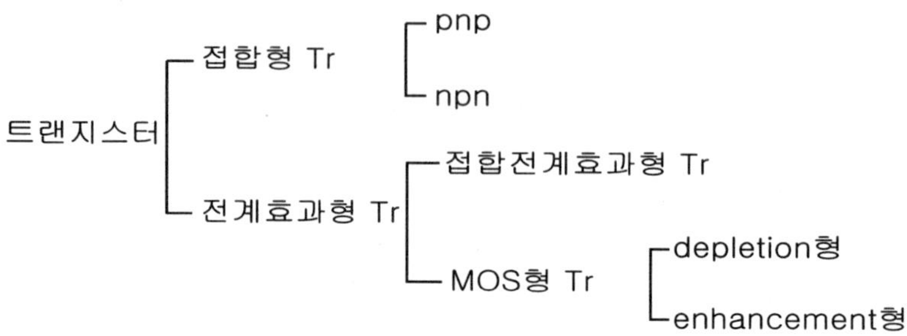

그림 7.19 트랜지스터의 분류

(1) 접합형 트랜지스터

접합형 트랜지스터는 그림 7.20에 나타낸 바와 같이 npn형과 pnp형의 두 가지가 있다. npn형을 예로 들어 설명하면 두께 수 [μm] 정도의 매우 얇은 p형 반도체를 중심으로 양쪽에 n형의 반도체가 있다. 이 중앙부의 p형 반도체를 베이스(B : base)라 하고, 나머지 두 개의 n형 반도체를 각각 에미터(E : emitter) 및 콜렉터(C : collector)라 한다. 즉, 접합형 트랜지스터는 에미터, 베이스, 콜렉터의 3개의 전극을 가진 그리고 np 및 pn의 두 개의 접합을 가진 능동형 반도체 소자를 말한다.

정상적인 트랜지스터의 동작을 위해서는 E−B 사이에는 순방향의 전압 V_{EB}, 그리고 B−C 사이에는 역방향의 전압 V_{CB} 인가한다. 이 경우 접합 및 바이어스 전압의 인가에 의한 에너지 준위는 그림 7.21과 같이 된다.

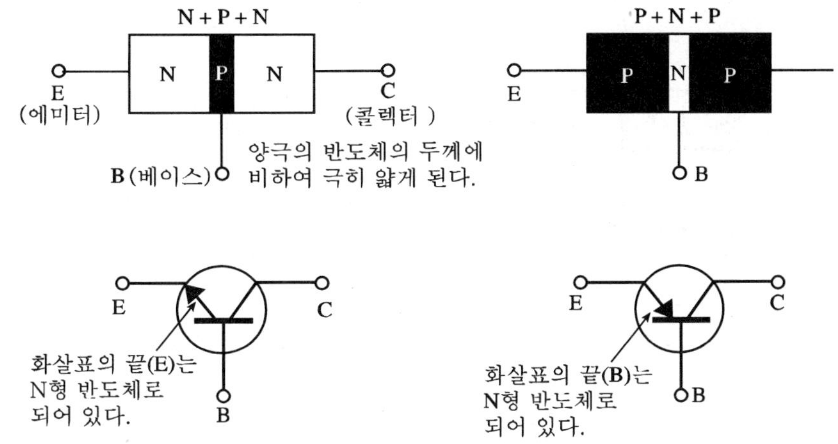

(a) npn 접합 트랜지스터 (b) pnp 접합 트랜지스터

그림 7.20 접합형 트랜지스터의 구성

우선 E−B의 순방향의 전압 V_{EB}에 의해 n층의 다수 캐리어인 전자는 p층으로 용이하게 이동한다. p형의 베이스에는 전자가 소수 캐리어로써 많지 않으므로 베이스 내부로 들어온 전자는 밀도 차에 의해 확산되어 베이스 내부를 이동한다. 이 때 전자와 p형의 베이스의 다수 캐리어인 정공 사이에 재결합이 발생되어 전자 및 정공이 소멸할 수도 있으나 베이스의 폭이 매우 좁아 대부분의 전자는 소멸되지 않고 B−C의 접합면에 도달한다. 한편, B−C의 접합면에는 역방향의 전압이 인가된 상태이므로 베이스의 다수 캐리어인 정공과 콜렉터의 전자가 서로 이동하는 것은 사실상 불가능하지만, 에미터로부터 베이스에 들어온 전자에 대해서 V_{CB}는 순방향으로 작용하므로 전자는 이 전계에 의해 가속되어 콜렉터로 흘러간다. 이 때 콜렉터측의 전자에 의한 전류를 출력 신호라 하면 출력전류는 결국 E−B 사이의 순방향의 전압 V_{EB}의 크기에 의해 결정된다. 즉, 에미터 전류에 의해 콜렉터 전류를 제어 및 증폭하는 트랜지스터 작용이 가능한 것이다. pnp형 트랜지스터의 작용도 정공의 역할을 중심으로 생각하면 npn형과 동일하다. 그림 7.22는 여러 가지 트랜지스터의 외형을 나타낸 그림이다.

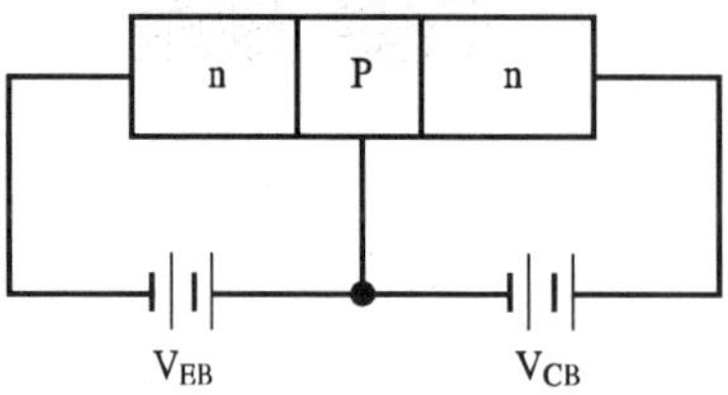

(a) 제너다이오드의 그림기호

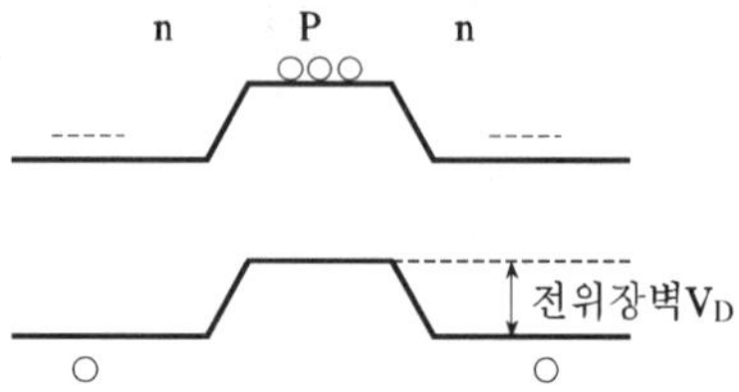

(b) 열평형 상태의 엔너지 준위

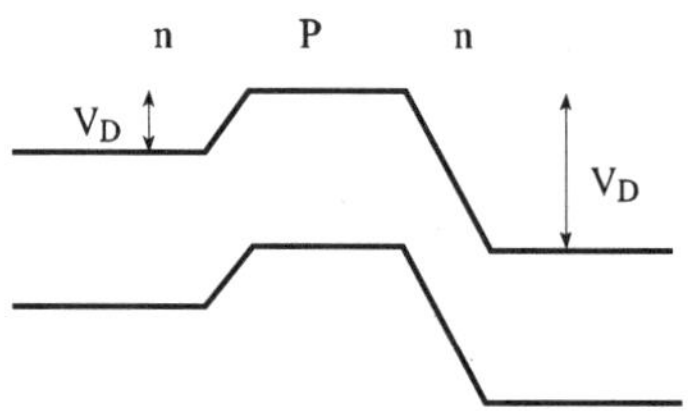

(c) 전압인가후의 에너지 준위

그림 7.21 npn Tr의 에너지 준위

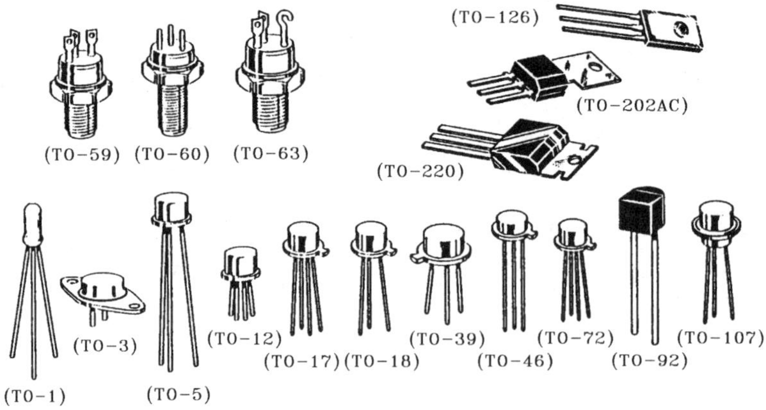

그림 7.22 여러 가지 형태의 트랜지스터

(2) 전계효과 트랜지스터

전계효과 트랜지스터(FET : field effect transistor)에는 접합형 FET와 MOS (metal oxide semiconductor)형 FET가 있으며, 어느 것이나 캐리어의 이동을 전계로 제어하는 방식이다. FET는 소스(S : source), 드레인(D : drain) 그리고 게이트(G : gate)의 3개의 전극을 가지고 있다. 소스는 전자를 공급하는 전극이고, 드레인은 전자를 인출하는 전극이므로 소스는 음극, 드레인은 양극의 역할을 하게 된다. 결국, 소스와 드레인 사이의 전류를 게이트 전극으로 제어하는 방식이다.

접합형 전계효과 트랜지스터

그림 7.23은 접합형 전계효과 트랜지스터의 회로 기호이다. n형 반도체 양단에 소스 및 드레인 전극이 있으며 중앙부에 전류 제어를 목적으로 하는 게이트 전극이 있다. 게이트 전극의 아래에는 p형 반도체가 있어 pn 접합이 이루어지고 있다. 소스와 드레인 전극 사이에 전압 V_{SD} 가 인가되어 있고, 음극인 소스 전극에 대하여 게이트 전극에 VG의 음(−)의 전압이 인가되어 있으므로 pn 접합면에는 역방향 바이어스 되어 있는 것과 같다. 게이트 전압이 0인 상태에서 V_{SD}를 인가하면 옴의 법칙에 의하여 전류 I_{SD}가 흐른다. 전류가 흐르는 S와 D 사이의 통로를 채널(channel)이라 하며, 그림의 경우 n형 반도체이므로 I_{SD}는 전자의 이동에 의해 형성되어 이를 n−channel FET라 한다. 게이트 전압은 pn 접합에 역방향의 전압으로 작용하고, 채널 내의 전압강하는 드레인측에 가까울수록 크기 때문에 공핍층도 두꺼워진다. 결국 드레인 전압 V_{DS}가 일정치 이상이 되면 공핍층이 두꺼워져 전류채널을 차단하게 되어 전류는 포화되고 만다. 이를 핀치오프(pinch off)라 하며, 이때의 전압 V_{DS}를 핀치오프전압(pinch off voltage)이라 한다. 이와 같은 특성을 고려할 때 접합형 FET의 전압−전류의 특성은 그림 7.24와 같이 된다.

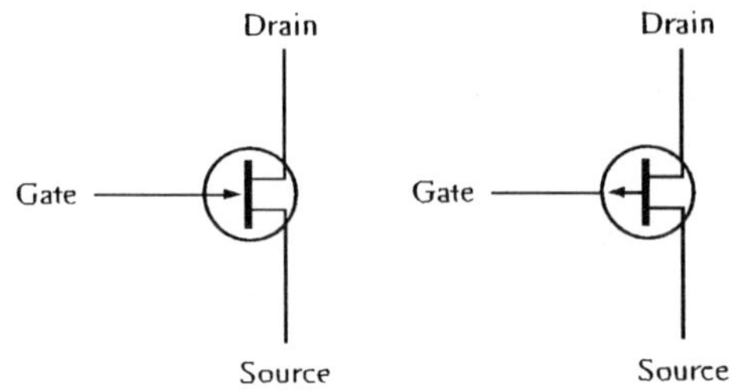

(a) n－채널 (b) p－채널

그림 7.23 접합형 전계효과 트랜지스터의 회로기호

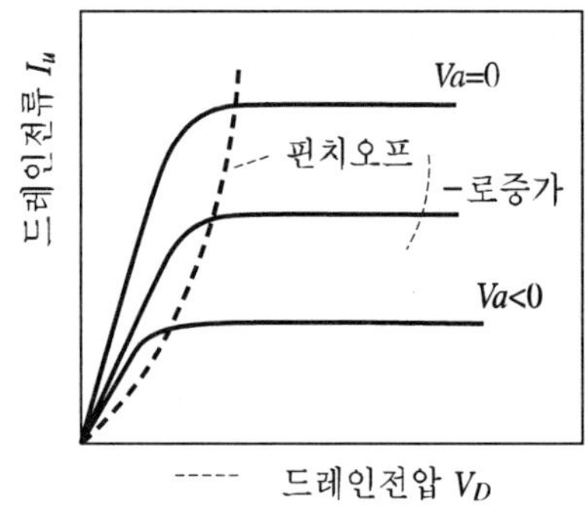

그림 7.24 접합형 FET의 전압－전류 특성

MOS형 전계효과 트랜지스터

MOS형 FET는 그림 7.25와 같이 p형 반도체 내에 n형 반도체를 2개 만들어 각각 소스와 드레인 전극으로 하고, 그 사이에 게이트 전극을 두어 소스와 드레인 전극 사이의 전류를 제어하는 반도체 소자이다. 게이트 전극 아래 부분에는 수 십 [μm] 정도의 산화물 절연체를 만들어 게이트 전극의 금속(metal)－산화물(oxide)－반도체(semiconductor)의 구조를 취하고 있다. MOS형의 의미는 이러한 물질들의 첫 자들에서 연유한다. 우선 게이트 전극에 전압 V_G를 가하면 절연체의 저항이 크기 때문에 대부분의 전압은 산화물 절연막 부분에 전압강하를 발생한다. 이 전계에 의해 p형의 다수 캐리어인 정공이 멀리 추출되고 주변의 n형 반도체의 전자가 끌려와 p형 반도체 내부에 전자의 이동 통로가 형성된다. 즉, 소스와 드레인이 n−channel로 연결되어 소스와 드레인 사이의 전압 V_{SD}에 의해 전류는 증가한다. 물론 정(+)의 게이트 전압은 pn접합에 역방향으로 작용하므로 접합면 주변에는 공핍층이 형성되어 있고, 전압 V_{SD}가 증가함에 따라 드레인 측의 전압강하가 커져 채널은 차단되므로 소스와 드레인 사이의 전류 I_{SD}는 포화하게 된다. 그림 7.26은 MOS형 FET의 전압−전류 특성을 나타낸다.

MOS형 FET에는 처음부터 채널이 만들어져 있는 디플리션형(depletion)과 게이트 전압을 인가해야만 채널이 생기는 인핸스먼트형(enhancement)의 두 가지가 있다.

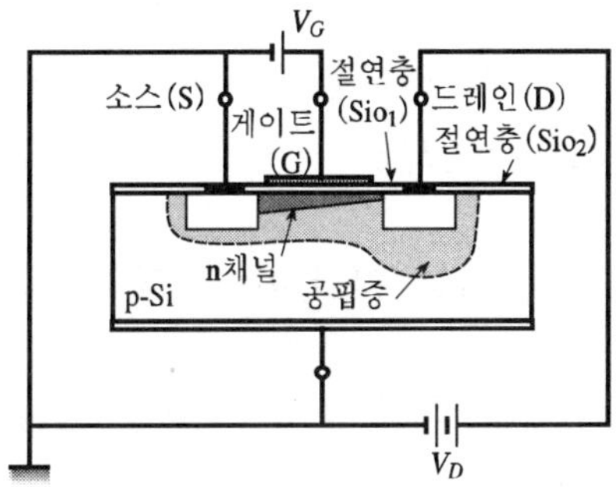

그림 7.25 MOS형 FET의 구성

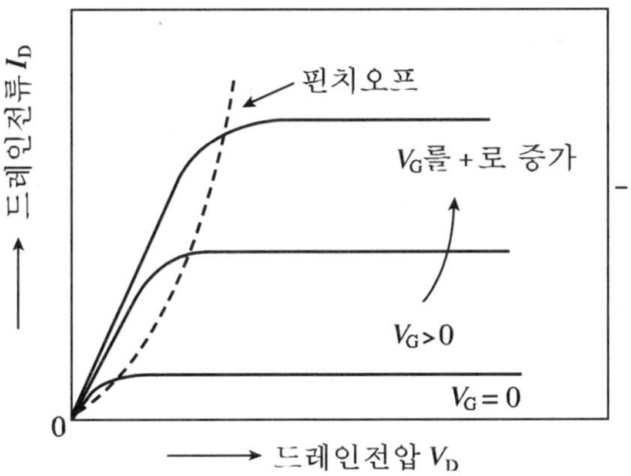

그림 7.26 MOS형 FET의 전압−전류 특성

요 약

- 반도체의 온도가 올라가면 가전자대의 전자가 전도대로 올라가고 가전자대에 정공을 남긴다.
- 반도체에서 전류를 흐르게 하는 것은 전자 이외에도 정공이 있고, 각각 마이너스와 플러스 전하를 갖는다. 또한, 전자와 정공의 이동방향은 반대이다.
- 진성반도체에 불순물로서 5가 원자를 첨가하면 n형 반도체가 얻어지고, 3가 원자를 첨가하면 p형 반도체를 만들 수 있다.
- 반도체에 3가나 5가 불순물 원자를 첨가하는 것을 도핑이라 한다.
- n형 반도체에서 다수캐리어는 전자이고 소수캐리어는 정공이다. p형 반도체에서는 다수캐리어는 정공이고 소수캐리어는 전자가 된다.
- p형과 n형 반도체를 접합시키면 접합부에는 전위장벽이 생긴다.
- 순방향 전압을 걸면 전위장벽은 낮아지고 전류가 흐르며, 역방향 전압을 걸면 전위장벽은 높아지고 전류는 거의 흐르지 않게 된다.
- pn접합에 역방향 전압을 일정이상 걸면 전류가 급격히 흐르고 항복전압이 생긴다.
- 베이스 영역은 대단히 얇고, 이미터나 컬렉터에 비해서 저농도로 도핑된다.
- 컬렉터 전류 I_C는 베이스 전류 I_B에 의해 제어(결정)되며, 컬렉터-이미터 사이의 전압 V_{CE}에 의존하지 않고 일정하다.
- 베이스 전류는 이미터나 컬렉터 전류에 비해서 대단히 작다.
- 트랜지스터가 증폭기로 동작하기 위해서는 활성영역 즉, 베이스-이미터 접합은 순방향 바이어스이고 컬렉터-이미터 접합은 역방향 바이어스가 되어야 한다.

연 습 문 제

1. 진성반도체와 불순물 반도체를 분류해 보자.

2. 다이오드 종류를 열거하고 그 특성을 비교하라.

3. 제너 다이오드의 항복전압이란 무엇인가?

4.트랜지스터를 분류하고 각각에 대하여 그 특성을 비교해 보시오.

5. 접합형 트랜지스터인 PNP, NPN에 대하여 회로의 기호와 특성을 비교해 보자.

6. 도너(donor)와 엑셉터(acceptor)를 설명하시오.

7. 물질의 에너지대 구조를 이용하여 도체, 반도체, 절연체를 설명하시오.

제 8 장

정류회로

지금부터는 앞에서 설명한 반도체 소자로 구성된 각종의 기본적인 몇 가지 전자회로에 대하여 알아보기로 한다. 반도체 소자는 가전제품, 자동화, 통신기기 등 생활 주변의 대부분의 기기들에 사용될 만큼 그 응용영역이 광범위하다. 본 장에서는 반도체 소자의 일종인 다이오드를 이용한 한 가지 응용 예로 정류회로, 안정화 전원장치에 대하여 다루었다.

8.1 정류회로

교류는 값이 싸기 때문에 수많은 장치에 사용된다. 교류는 변압기를 사용하여 전압을 낮추거나 높일 수 있다. 교류는 특정 회로에 전압 또는 전류 요구량에 맞도록 쉽게 변경할 수 있는 전력의 일종이다. 그러나 직류도 많은 전자제품 또는 장치에서 사용되고 있다. 전자공학의 많은 회로부품들은 직류전원을 요구한다. 이러한 직류전원을 얻기 위해서는 휴대용 기기인 경우 전지를 사용하며 그렇지 않은 경우는 교류를 직류로 바꾸어 주는 장치를 이용하여 직류전원을 얻는다. 이처럼 교류전원을 직류전원으로 바꾸는 전자회로를 정류회로라 한다.

(1) 반파 정류회로

반파 정류기는 전류를 전원 공급기에 의한 사이클 중의 반 동안에 장치에 흘려줌으로써 교류를 맥동 직류로 변환시키는 장치이다. 이러한 단방향 전류는 다이오드라 불리는 반도체장치에 의해 제어된다. 그림 8.1은 다이오드가 변압기를 갖는 회로에 어떻게 삽입되는지를 보여준다. 이것은 간단한 반파 정류회로이다. 변압기의 주된 목적은 120[V]를 정류하기 위해 더 높거나 낮은 레벨의 전압으로 증가시키거나 감소시키는 것이다.

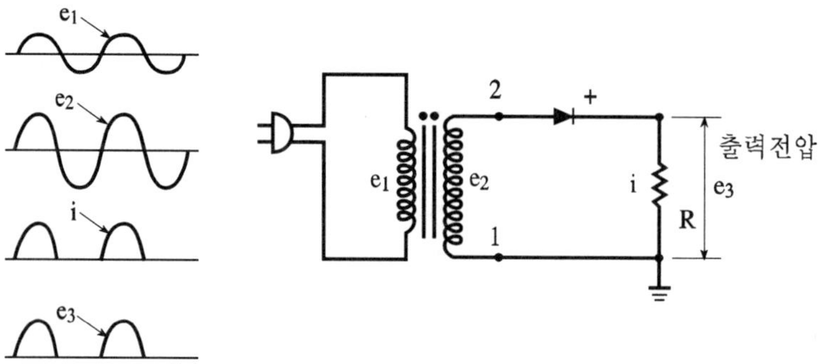

그림 8.1 파형을 표시한 반파 정류회로

저항(R)이 다이오드의 양극(+)에 직렬로 연결됨에 주의하라. 반파 정류기회로의 동작을 그림 8.1에서 보여 진다. 입력전압 e_1의 교류가 2차 권선에 e_2로 증가되어 변압기에 의해 재생된다. 유도된 2차 전압 e_2는 다이오드와 그것의 직렬 부하저항을 거쳐 인가된다. 이 전압은 전류 i가 한 사이클의 양극성 반 주기 동안 다이오드와 직렬 저항을 통해 흐르게 한다. 부하저항에 걸친 최종 전압은 그림 8.1에서, 그림 상에 점 1과 2를 위치시킨다. 점 2가 양이고 점 1이 음일 때, 전자는 부하저항(R)을 통해 접지(점 1)접합으로부터 음극으로(캐소드), 그래서 변압기의 윗쪽 단자, 점 2로 흐를 것이다. 2차 권선은 전류의 흐름을 위한 직접적인 전압원으로서 작용한다.

전류가 다이오드와 그 부하를 통해 오직 한 방향으로 흐르기 때문에, 부하저항에 걸리는 전압의 극성은 항상 그림에서와 같다. 다이오드에 걸리는 전압강하는 부하저항에 걸리는 전압강하에 비해 아주 작다. 다이오드는 매우 작은 순방향 저항을 갖기 때문에, $V = I \times R$ 이므로 그것에 걸리는 전압 강하는 매우 작다.

반파 정류기는 한 사이클 중 오직 하나의 반파 동안 변압기를 사용한다. 그래서 주어진 크기의 변압기에 대해, 변압기가 한 사이클 중 양쪽 반파 상에서 이용된다면 더 적은 전력이 소모될 수 있을 것이다. 만일 전력의 상당량이 부하에 소모된다면, 반파 정류기의 변압기는 한 사이클 중 양쪽 반파가 이용된 때와 비교해서 상대적으로 커야 될 것이다. 이러한 단점은 매우 작은 전류소모를 요하는 응용에 반파 정류기가 사용되도록 제한한다. 반파 정류기는 작은 상용 수신기와 몇몇 초기의 텔레비전 수신기와 오실로스코프에 폭넓게 사용된다. 또한 그것은 전지가 펄스를 평탄하게 하고, 필터로서 작용하는 경향을 갖기 때문에 몇몇 전지 충전회로에 사용된다.

(2) 전파 정류회로

전파정류기는 두 개 이상의 소자가 배치되는 장치이므로 전류 출력은 교류 전원 공급기의 각 반파 사이클 동안 같은 방향으로 흐른다.

전파 정류는 그림 8.2에서 보는 것과 같이 두 개의 다이오드를 사용하여 구성될 수 있다. 부하저항의 끝은 변압기의 중앙 탭(그림 8.2)에 연결된다. 2차 권선의 두 개의 반파, 즉 AC와 BC는 그림에 보이는 것과 같이 중앙 탭을 갖는 권선 이다. 또는 그들은 분리된 권선 일뿐이다. 각각의 경우에서, 부하회로는 A와 B사이의 전위의 중앙점으로 되돌아오게 되기 때문에 부하 전류는 두 개의 다이오드 사이에 똑같이 나누어진다.

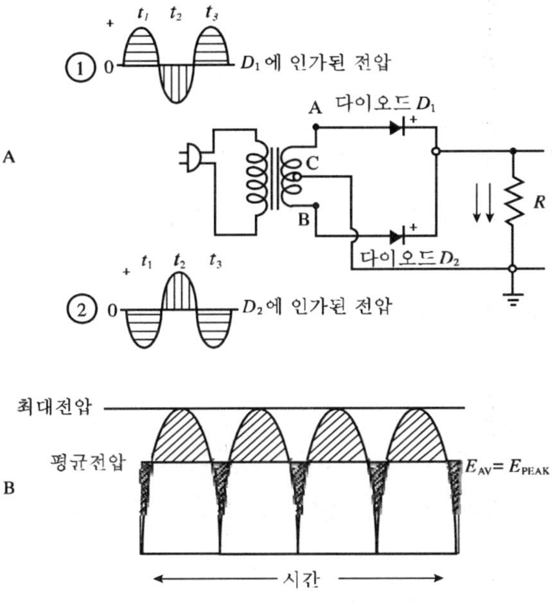

그림 8.2 파형을 표시한 전파 정류기 회로

A와 C사이의 2차 권선부는 그림 8.2에서 ①에 나타내는 형태의 전압을 생성하는 전압원으로 생각할 수 있다. 이 전압은 부하저항 R와 직렬로 연결된 D_1에 걸쳐 인가된다.

t_1으로 표시된 반파 사이클 동안에 전자는 화살표로 표시된 방향으로 흐른다. 접지로부터 부하저항을 통해 흐르는 전자는 접지에 대해 캐소드를 양극으로 만든다.

그래서, 부하 전압은 캐소드와 접지 사이의 R에 걸려 나타난다. 그림 8.2A에서 보는 바와 같이, 이러한 반파 사이클 동안 BC에 걸린 전압은 음이고, D_2는 부전도상태가 된다. 반파 사이클의 후반인 구간 t_2 동안 다이오드 상의 전압 극성은 역방향이 된다. 지금은 D_2가 전도상태이고 D_1은 부전도상태가 된다. D_2를 통한 전자의 흐름은 점선 화살표로 표시된 방향이다. 이러한 전류의 흐름도 역시 접지로부터 R을 통해 흐른다. 그리고 캐소드를 양극으로 만든다. 그래서 부하 전압의 다른 반파 사이클이 R에 걸려 나타난다. 그림을 자세히 보면 오직 하나의 다이오드만이 어느 주어진 순간에 전도상태가 됨을 알 수 있다.

거기에는 인가된 교류 전압의 각 사이클 동안 출력 전류가 두 개의 맥동이 있기 때문에, 전파정류기는 전원공급기를 더 큰 입력 사이클의 비율로 사용한다. 그러므로 전파정류기는 반파정류기보다 효율이 더 좋다. 전파 정류기는 더 적은 맥동(ripple)효과를 갖는다. 그리고 그것은 전자장치와 회로에서 더 많은 범위에 사용된다.

(3) 브리지 정류회로

브리지 정류회로라 불리는 네 개의 다이오드 배열을 갖는 그림 8.3을 보자. 이것은 전파정류기이다. 출력은 이전에 두 개의 다이오드 회로에서 보여 진 것과 같은 전파 정류된 파형이다. 그림 8.3에서, 다이오드 D_1, D_2, D_3, D_4는 반도체 브리지배열이다. 음과 양이 배열로부터 (−)와 (+)출력을 생성하기 위해 어떻게 함께 묶이는지 주의하여라. −와 +가 연결된 곳은 극성이 없음을 나타내고, 교류가 거기에 입력될 수 있다. 실제로, 다이오드들은 한 쪽 끝에 흰색 고리를 갖는 검은 본체를 가질 것이다. 흰색 고리는 +끝(캐소드)을 표시한다. 몇몇 경우에는, 다이오드의 몸체는 흰색이고, +또는 캐소드 연결을 표시하기 위해 한 쪽 끝을 검은 고리로 하는 것도 있다.

일반 반도체 전파 정류 이상으로 브리지 정류기는 몇 가지의 장점이 있다. 첫째로, 브리지배열은 같은 전력 변압기로부터 두 배의 전압 출력을 허용한다. 둘째로, 브리지 정류기는 오직 두 개의 다이오드를 갖는 전파 정류기와 같이 오직 반파의 역전압을 갖도록 설계된다. 피크 역전압(PIV)은 다이오드를 통해 전류의 흐름이 있을 때 다이오드에 인가된 음전압이다.

브리지 정류기의 또 다른 장점은, 필요하다면 취급하기 쉽고 교체하기 쉽게 패키지화 할 수 있다는 것이다.

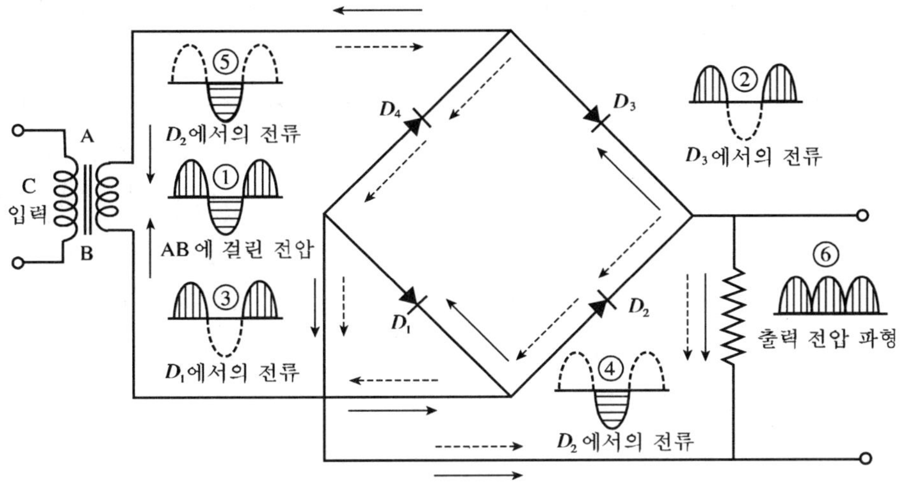

그림 8.3 파형을 표시한 브리지 정류기

8.2 필 터

지금까지 우리는 교류로부터 맥동 직류를 만드는 것에 대해 논의했다. 이것은 몇몇 사용을 위해서는 좋다. 그러나 이러한 맥동 직류는 대부분의 전자회로의 적당한 작동을 위한 순순한 직류는 아니다. 너무 많은 맥동은 예를 들어 컴퓨터회로 등에서 높은 수준의 험을 만들어 신뢰성이 떨어지는 결과를 낳는다. 따라서 보다 맥동이 적은 순수한 직류를 얻기 위해서는 부가적인 회로가 필요하다. 필터회로는 전파와 반파 정류기의 맥동(ripple)을 평탄하게 하는 답을 준다.

전파 정류기에서 필터 되지 않은 출력은 그림 8.4에서 보여 진다. 출력 전압의 극성은 역방향이 아니다. 그러나 그것의 크기는 평균값에 대해 오르내린다. 따라서 연속 펄스 에너지가 부하에 전달된다. 그림 8.4에서, 평균 전압은 면적 A와 면적 B가 같게 되도록 파형을 나누는 선으로써 표시된다. 이 전압기의 위 및 아래로의 전압의 오르내림을 맥동이라 한다.

그림 8.4에서 보여지는 전파 정류기에 대한 맥동의 주성분의 주파수는 정류될 전압 주파수의 두 배이다. 반파 정류기의 경우에 있어서 맥동은 입력 교류, 입력 전압과 같은 주파수를 갖는다. 그래서, 만일 입력 전압이 60[Hz]의 전압원 으로부터 얻어진다면, 반파 정류기 출력 맥동의 주성분은 60[Hz]이다. 그리고 전파 정류기에서는 120[Hz]이다.

정류기의 출력은 직류 전압과 교류 또는 맥동 전압으로 구성된다. 대부분의 사용의 경우, 맥동 전압은 매우 작은 크기로 감소되어야 한다.

맥동의 백분율은 총 출력 전압 E_0, 즉 평균값에 대한 정류기 출력에서의 맥동 전압의 rms값의 비율의 100배이다.

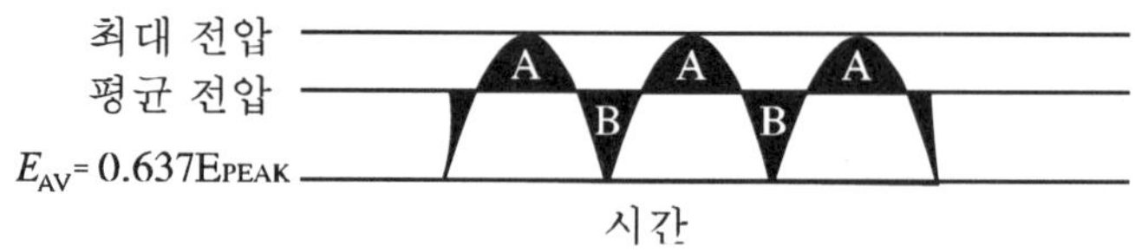

그림 8.4 전파 정류기의 필터되지 않은 출력전압

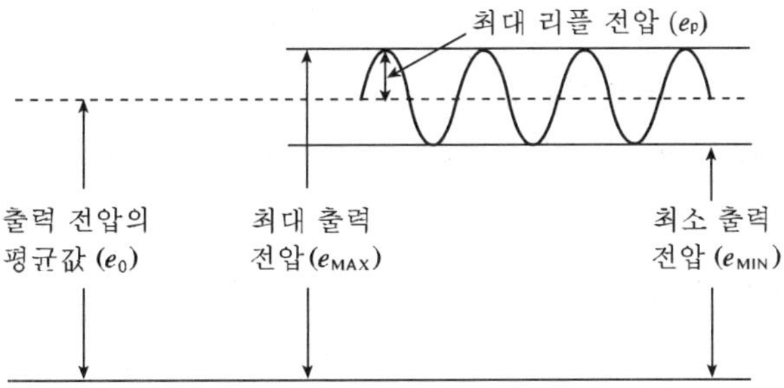

그림 8.5 맥동의 백분율

그림 8.5는 맥동의 백분율이 어떻게 결정되는지를 도식적으로 표시한다. 그것은 맥동 전압이 정현파라고 가정된 것이다. 맥동의 백분율을 결정하는 공식은 다음과 같다.

$$\text{맥동의 백분율} = \frac{E_{rms}}{E_0} \times 100 \qquad (8\text{-}1)$$

여기서, $E_{rms} = 0.707\, e_p$

$e_p =$ 맥동전압의최대값

정류기 출력으로부터 맥동 전압을 제거하는 회로를 필터라고 부른다. 일반적으로 필터 시스템은 커패시터, 인덕터 그리고 어떠한 경우에는 저항의 조합으로 구성된다. 여기서는 커패시터를 사용한 필터회로에 대하여 알아본다.

(1) 커패시터 입력 필터

정류회로의 부하는 다이오드 작용에 의해 교류에서 직류로의 변환으로부터 펄스 상태로 공급되는 전압을 갖는다. 정류기가 펄스를 전달하는 동안 일부 에너지가 커패시터에 저장되고, 펄스사이에서 커패시터로부터 방전될 수 있다면 전압의 오르내림 즉, 맥동은 줄어들 수 있다.

그림 8.6(a)는 반파 정류기의 출력을 보여준다. 이 맥동 전압은 그림 8.6(b)에서(c)로 표시되는 필터 커패시터에 인가된다. 커패시터가 부하에 걸쳐 놓여 있음을 주의하라. 이것은 커패시터가 회로 전압의 어떤 변화에도 반응함을 의미한다. 커패시터의 충전율은

오로지 변압기 2차의 리액턴스, 정류기의 다이오드 양극 내부 저항에 의해 제한되기 때문에, 커패시터에 걸리는 전압은 거의 정류기로부터의 반 정현파 전압 출력만큼 빠르게 올라간다. 다시 말해서, RC충전시간은 상대적으로 짧다. 그러므로 커패시터는 몇 사이클 내에 정류기의 최대 전압으로 충전된다. 커패시터로의 충전은 에너지의 저장을 나타낸다. 정류기의 출력이 0으로 떨어졌을 때, 커패시터에 걸린 전압은 즉시 떨어지지 않는다. 대신에, 커패시터에 저장된 에너지는 정류기가 에너지를 공급하지 않는 시간 동안 부하를 통해 방전된다. 이것이 다이오드 양극 내부 전압이 음이거나 반도체의 캐소드가 음일 때에 발생한다. 다이오드는 반도체의 캐소드를 표시하기 위해 +부호를 가짐을 명심하여라.

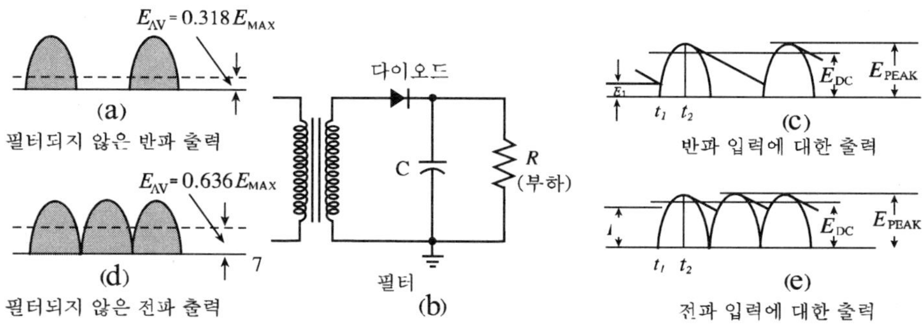

그림 8.6 파형을 표시한 커패시터 입력 필터

커패시터에 걸린 전압(그리고 커패시터와 병렬이기 때문에 부하에 걸린 전압)은 큰 용량과 상대적으로 큰 값의 부하저항을 사용한다면 매우 느리게 떨어진다. 다시 말해서, RC방전시간은 상대적으로 길다. 그러므로 맥동의 크기는 그림 8.6 c에서 보는 것과 같이 매우 감소된다. 그림 8.6(d)는 전파 정류기가 사용되었을 때 필터로서의 입력 전압을 나타낸다. 그리고 그림 8.6(e)는 결과 출력 전압 파형을 보여준다. 커패시터가 방전된 후에(반파 또는 전파 출력이든지 간에)정류기는 정류기의 출력전압이 커패시터에 걸린 전압 이상이 될 때까지 전류를 통과시키지 않는다. 그래서 그림 8.6(c)와 (e)에서, 전류는 정류기 출력이 커패시터 전압과 같은 전압에 도달했을 때 정류기에서 흐르기 시작한다. 이것은 정류기 출력 전압이 크기 E_1을 가질 때, 즉 어떤 시간 t_1에서 발생한다. 전류는 시간 t_2에서 즉, 반 정현파의 최대치에서 약간 후까지 정류기에서 흐른다. 이 시간에 정현파 전압은 커패시터가 방전하는 것보다 빠르게 떨어진다. 그러므로 t_1에서 시작하여 t_2에서 끝나는 전류가 짧은 펄스 전원에 의해 커패시터에 공급된다. 정류기 출력의 평균전압은 그림 8.6(a)와 (d)에서 보여준다. 커패시터가 펄스 동안 에너지를 흡수하고 이 에너지를 펄스 사이의 부하에 전달하기 때문에, 출력전압은 결코 0으로 떨어지지 않는다. 그러므로 필터 출력의 평균전압(그림 8.6 c와 e를 보라)은 필터되지 않은 평균 전압(그림 8.6 a와 d를 보라)보다 크다. 그러나 부하저항이 작다면, 많은 전류가 부하에 의해 소모되고 평균 또는 직류 전압은 떨어진다. 이러한 이유 때문에, 간단한 커패시터 필터는 많은 부하전류를 공급해야 되는 정류기와는 사용되지 않는다. 또한 입력 커패시터는 커패시터가 충전하는 동안 정류기를 거쳐 단락회로와 같이 작용한다. 이러한 정류기 상의 높은 초대 부하 때문에, 커패시터 입력 필터는 고전류 설비에서의 가스관과는 드물게 사용된다. 또한 이러한 최대 부하는 반도체 다이오드를 파괴할 수 있다.

지금까지 우리는 정류회로와 필터를 이용하여 비교적 안정된 직류를 얻는 방법에 대하여 알아보았다. 그러나 이렇게 얻어진 직류전압에는 다소의 차이는 있으나 맥동 성분을 포함하고 있다. 전자계산기나 고급오디오 등의 고순도의 직류전원을 필요로 하는 기기에서는 이러한 맥동 성분을 제거하여야 하며 이를 위해 정류회로와 필터를 거친 다음 다시 전압 안정화회로를 추가하여 사용한다.

전압 안정화 회로는 제너다이오드의 특성을 이용한다. 제너다이오드는 역방향 전류를 흐르게 했을 때, 어떤 전류범위에서는 정전압 특성을 나타낸다. 이 전압을 제너전압 V_Z 라하며, 현재에는 여러 가지의 용도에 따르도록 제너전압은 수[V]에서 수십[V]의 정격의 것까지 각각 제조되어 시판되고 있다. 그림 8.7은 제너다이오드의 그림기호 및 특성을 나타낸 것이다.

(a) 제너다이오드의 그림기호 (b) 제너다이오드등의 그특성

그림 8.7 제너 다이오드

그림 8.8에서 R_L을 가감하여 부하전류 I_L을 변화시키면 R에 의한 전압강하가 변화하므로 V_Z도 변화하려 한다. 그러나 제너다이오드가 정전압특성을 가지고 있으므로 I_L의

변화에 따라 I_Z가 변화하고 결국 (I_Z $-I_L$)이 항상 일정하게 되려고 한다. 따라서 R에 의한 전압강하가 일정치로 유지되어 V_Z는 일정하게 된다.

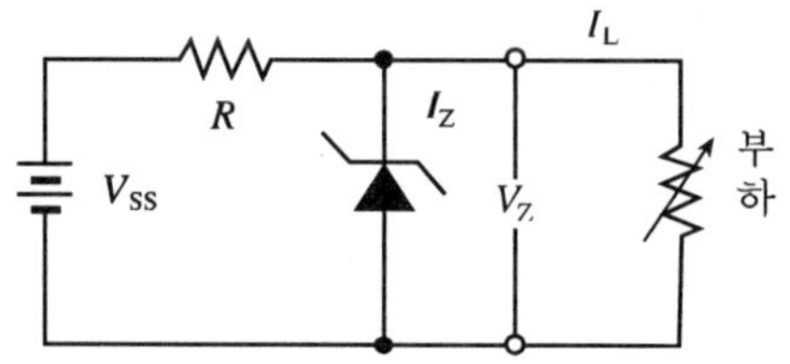

그림 8.8 제너다이오드에 의한 정전전압회로

(2) 3단자 레귤레이터

전압안정화의 기능을 갖도록 IC화 한 것이 3단자 레귤레이터이다. 접속판은 트랜지스터와 마찬가지로 3개이며, 그림8.9와 같이 사용한다.

여러 가지 전압규격의 것이 값싸게 시판되어 있기 때문에 이것을 사용하면 간단히 정전압전원을 만들 수 가 있다. 입력전압 V_i는 출력전압 V_o에 대하여 2배 전후가 필요하다. 예를 들면 $V_o = 6$[V]인 경우, $V_i \fallingdotseq 12$[V]가 필요하다.

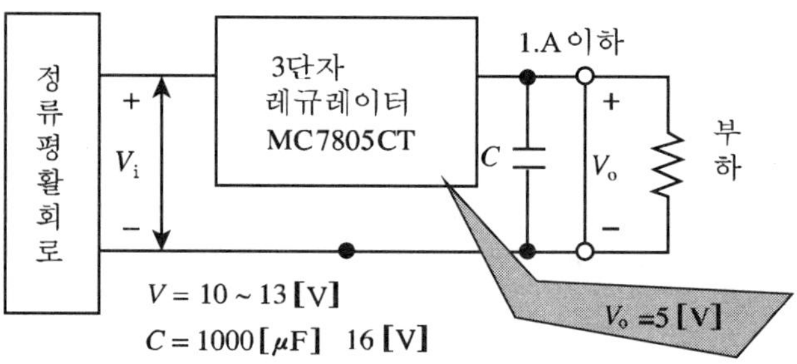

그림 8.9 3단자 레귤레이터를 사용한 회로

요 약

- 반파 정류기는 전류를 전원 공급기에 의한 사이클 중의 반 동안에 장치에 흘려줌으로써 교류를 맥동 직류로 변환시키는 장치이다.
- 전파정류기는 두 개 이상의 소자가 배치되는 장치이므로 전류 출력은 교류 전원 공급기의 각 반파 사이클 동안 같은 방향으로 흐른다.
- 브리지 정류회로라 불리는 네 개의 다이오드 배열을 갖는다. 이것은 전파정류기이다. 출력은 이전에 두 개의 다이오드 회로에서 보여 진 것과 같은 전파 정류된 파형이다.
- 교류로부터 맥동 직류를 만드는 것에 대해 논의했다. 그러나 이러한 맥동 직류는 대부분의 전자회로의 적당한 작동을 위한 순순한 직류가 아니다. 너무 많은 맥동은 예를 들어 컴퓨터회로 등에서 높은 수준의 험을 만들어 신뢰성이 떨어지는 결과를 낳는다. 따라서 보다 맥동이 적은 순수한 직류를 얻기 위해서는 부가적인 회로가 필요하다. 필터회로는 전파와 반파 정류기의 맥동(ripple)을 평탄하게 하는 답을 준다.
- 다이오드는 일정한 전압을 생성하는 전압 조정기로 사용되며, 이 전압 조정기의 주요한 소자는 제너 다이오드이다.
- 다이오드는 이외에도 광 검출기, 태양전지, 발광 다이오드 등에 널리 적용된다.
- 반도체 다이오드의 가장 중요한 특징 중의 하나가 교류전압과 전류를 직류전압과 전류로 바꾸는 정류작용이다.
- 전자계산기나 고급오디오 등의 고순도의 직류전원을 필요로 하는 기기에서는 이러한 맥동(ripple) 성분을 제거하여야 하며 이를 위해 정류회로와 필터를 거친 다음 다시 전압 안정화회로를 추가하여 사용한다.

연 습 문 제

1. 반파 정류회로의 입력신호와 출력신호를 분석해 보자

2. 전파정류회로의 입력신호와 출력신호를 분석해 보자.

3. 브리지 정류회로의 다이오드 배열의 구성도를 그려라.

4. 필터의 종류와 그 특성에 대하여 기술하라.

5. 정류작용에 대하여 기술하라.

제 9 장

증폭기의 원리

본 장에서는 반도체 소자 중 트랜지스터의 응용에 대하여 다룬다. 트랜지스터의 주된 응용은 신호의 크기를 증대시키는 증폭작용과 디지털 전자 스위치로 사용되는 것이다. 본 장에서는 이중 트랜지스터의 증폭기 응용에 대하여 다룬다.

9.1 트랜지스터의 증폭작용

(1) 트랜지스터의 구조

트랜지스터는 두 개의 n형 층과 한 개의 p형 층, 또는 두 개의 p형 층과 한 개의 n형 층으로 이루어진 3층 반도체 디바이스로서 전자를 n−p−n형, 후자를 p−n−p형 트랜지스터라 한다.

그림 9.1의 트랜지스터 구조에서 보는 것처럼 트랜지스터의 가운데 층인 베이스 B(base)는 트랜지스터 전체 두께의 대략 1/150 정도로 매우 얇고(0.02[mm] 정도) 도핑 정도도 양 외각 층보다 1/10 또는 그 이하가 될 정도로 낮다.

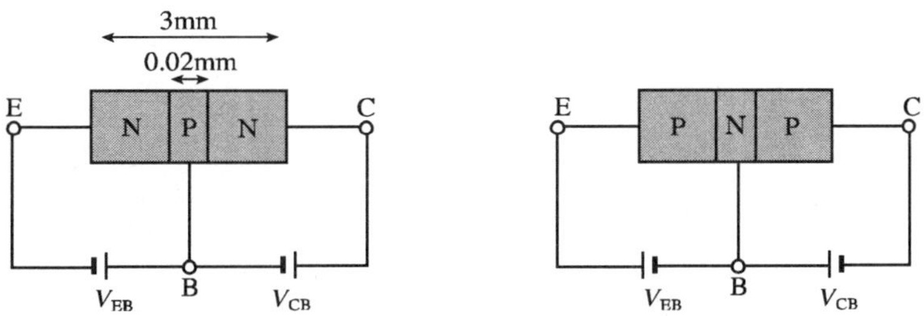

(a) N−P−N형 (b) P−N−P형

그림 9.1 트랜지스터의 구조와 직류 바이어스

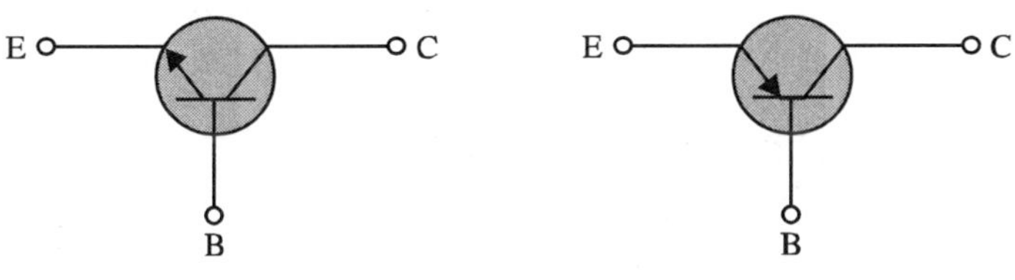

(a) N-P-N형 (b) P-N-P형

그림 9.2 전기적 기호

양 외각 층에 대한 E, C 표시는 각각 에미터, 콜렉터를 의미하며 베이스 및 콜렉터 쪽으로의 확산이 보다 잘 이루어지도록 도핑 농도를 보다 크게 한 쪽이 에미터가 된다. 즉, 다수캐리어를 보다 많이 가지고 있어서 다수 캐리어의 공급원(source)이 되는 곳이 에미터, 이들 캐리어를 받아들이는 곳이 콜렉터가 된다.

베이스 층의 두께가 양 외각 층에 비해 매우 얇은 것은 에미터로부터의 다수캐리어가 베이스 층을 통과하여 콜렉터 층으로 보다 쉽게 유입되도록 하기 위함이며, 또 베이스 층의 도핑 농도가 양외각층에 비해 낮은 것은 베이스 층의 다수캐리어의 수를 제한함으로써 베이스 층의 도전성을 감소(저항은 증가)시키기 위한 것이다.

베이스 층의 도전성 감소는 트랜지스터를 동작시키기 위해 그림 9.1에서와 같이 직류 바이어스(V_{EB}, V_{CB})를 인가할 때 에미터로부터 베이스로 유입되는 다수캐리어의 수를 감소시키는 반면 콜렉터로의 유입량은 보다 크게 할 수 있다. 그림 9.2의 (a), (b)는 각각 그림 9.1의 n−p−n, p−n−p형 트랜지스터의 전기적 기호를 나타내고 있으며 동 그림에서의 화살표 방향은 정공(전류)의 방향을 의미한다. 또 그림 9.3는 일반적인 트랜지스터의 외관을 보여주고 있다.

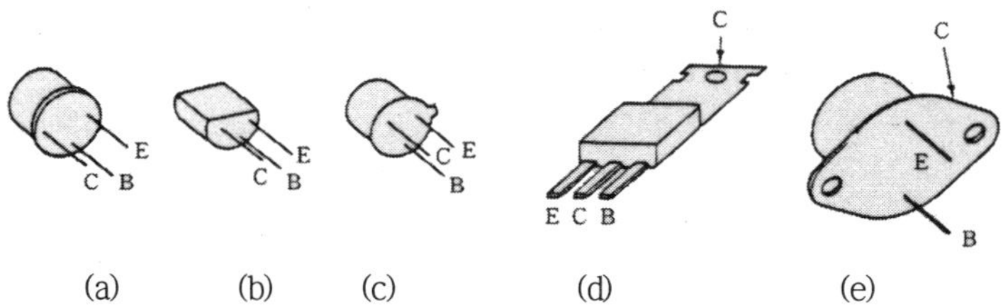

그림 9.3 트랜지스터의 외관 ((a), (b), (c): 소신호용, (d), (e)는 대전력용)

(2) 트랜지스터의 증폭원리

트랜지스터의 회로 내에서의 주요 역할을 살펴보면 우선 라디오나 TV와 같은 전자회로 내에서 전파나 음성 신호 같은 아날로그(교류) 신호를 증폭(amplification)시키는 일과 다음으로는 컴퓨터와 같은 디지털 회로에서 0과 1의 디지털 신호를 변환시키는 스위칭(switching) 역할을 들 수 있다. 또한 정전압 회로와 같은 전원 회로에서는 직류전압의 증폭도 가능하다.

트랜지스터를 동작시키기 위해서는 그림 9.1에서와 같은 직류바이어스가 필요하게 된다. 트랜지스터의 동작원리를 알아보기 위해 n−p−n형 트랜지스터에 그림 9.4와 같이 콜렉터(C)와 베이스(B)간에 역방향 전압 V_{CB}를 걸어본다. 이 경우에는 앞의 다이오드의 성질에서 배운 바와 같이 p−n 접합면에는 전류가 거의 흐르지 않게 된다.

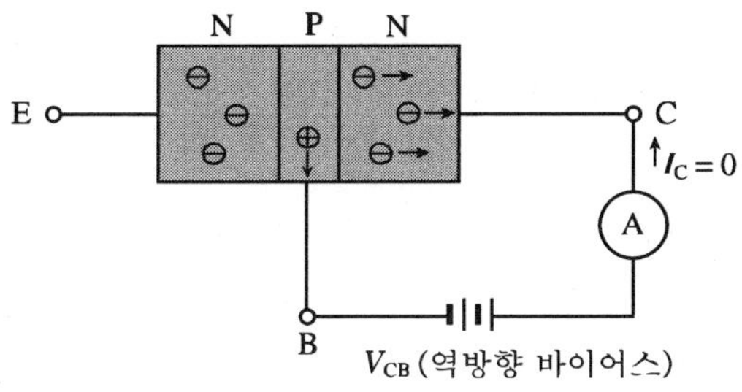

그림 9.4 콜렉터−베이스간의 역방향 바이어스

다음에는 콜렉터−베이스간의 역방향 전압은 그대로 두고 그림 9.5와 같이 에미터−베이스간에 순방향 전압 V_{EB}를 걸어본다. 이때는 n−p 접합부의 공핍영역이 좁아지면서 베이스로부터 에미터로 베이스 전류(I_B)가 흐른다.

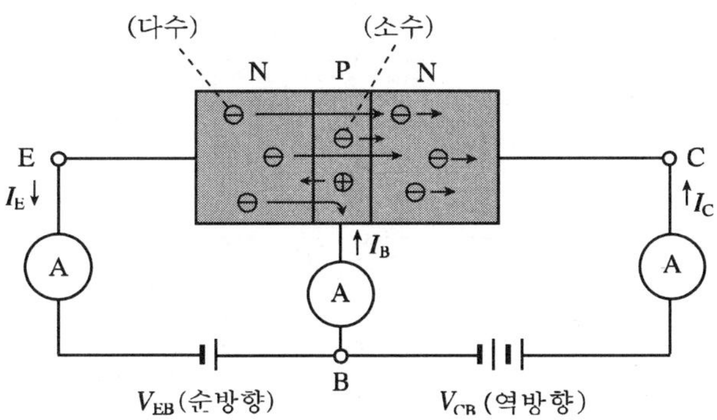

그림 9.5 NPN 트랜지스터의 바이어스

그러나 베이스 전류가 흐름과 동시에 역방향 바이어스 하에서 전혀 흐르고 있지 않던 콜렉터 전류(I_C) 가 흐르기 시작함을 알 수 있다. 더구나 베이스 층의 낮은 도전성으로 인해 수 [μA] 단위의 미약한 베이스 전류가 흐름에도 불구하고 [mA] 단위의 상당히 큰 콜렉터 전류가 흐르게 된다. 즉, 베이스에 미세한 전류를 흐르게 하여 콜렉터에 큰 전류가 흐르도록 하는 것이 바로 트랜지스터의 동작원리이며 동시에 '증폭' 원리가 된다.

그러면 이러한 현상은 왜 일어나는가? 그것은 바로 매우 얇고 도우핑 농도가 낮은 베이스 층에 기인한다. 에미터-베이스간에 순방향전압을 걸었을 때 에미터로 부터 방출되는 다수캐리어인 전자는 베이스 층이 정공 농도가 낮고 두께가 얇기 때문에 극히 일부만이 베이스 층의 정공과 재결합하여 베이스전류 I_B를 형성하고 나머지 대부분의 다수캐리어는 얇은 베이스 층을 통과하여 (+)전극인 콜렉터로 이끌리게 되어 큰 콜렉터 전류를 유발한다. 이때 다수캐리어인 전자가 역바이어스 접합부를 쉽게 통과할 수 있는 것은 에미터로부터의 다수캐리어가 베이스 층으로 진입하게 되면 이들이 바로 베이스 층의 소수캐리어로 그 역할이 바뀌기 때문이다. 그 수가 크게 증가된 베이스 층의 소수캐리어인 전자는 역 바이어스 접합부를 쉽게 통과하여 큰 콜렉터 전류로 된다.

(3) 트랜지스터 구동을 위한 바이어스 접속법

트랜지스터 증폭을 위한 직류바이어스 인가 방법에는 3가지가 있으나 어느 경우에나 에미터 접합부에는 에미터로부터 다수캐리어가 방출되도록 순방향 바이어스 진압을 인가하고 콜렉터 접합부에는 에미터로부터의 다수캐리어가 베이스층을 지나 콜렉터측으로 유입되도록 역바이어스 전압을 인가한다.

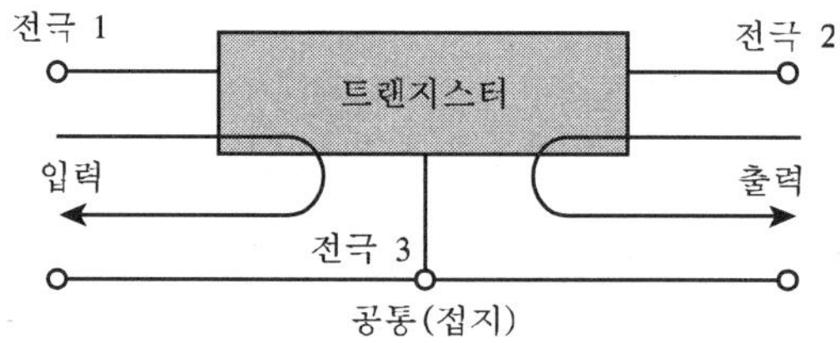

그림 9.6 트랜지스터의 접속도

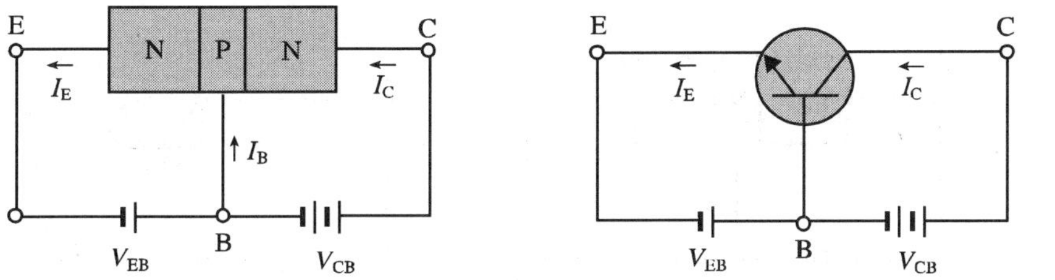

(a) 베이스 공통회로

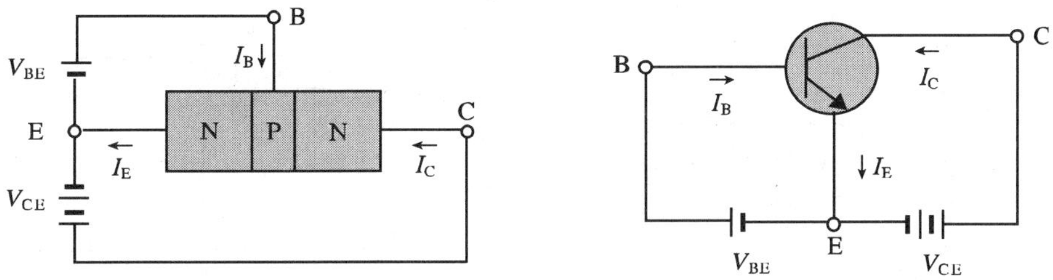

(b) 에미터 공통회로

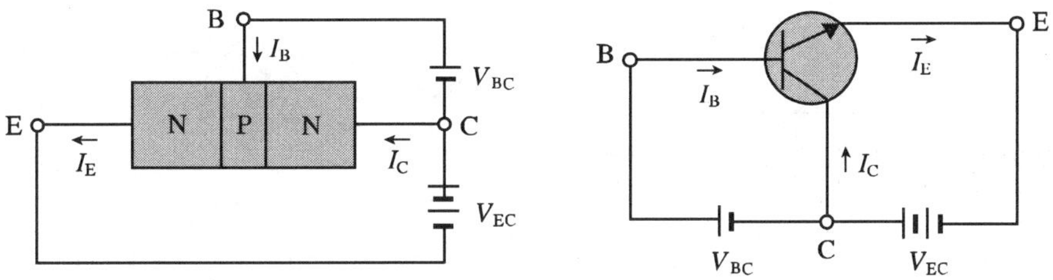

(c) 콜렉터 공통회로

그림 9.7 N-P-N형 트랜지스터의 바이어스 접속법

트랜지스터의 표준 동작을 위해서는 통상 순방향 전압은 1~2[V], 역방향 전압은 3~100[V] 정도의 충분한 전압을 인가한다. 트랜지스터의 전극은 3개이기 때문에 그림 9.6과 같이 그 중 1개의 전극을 입·출력간의 공통 전극으로 사용하게 되며 실제의 회로에서는 트랜지스터를 꽂는 프린터 기판을 '공통' 단자로 사용하기 때문에 회로도상에서는 '접지(어스)' 회로로 나타낸다.

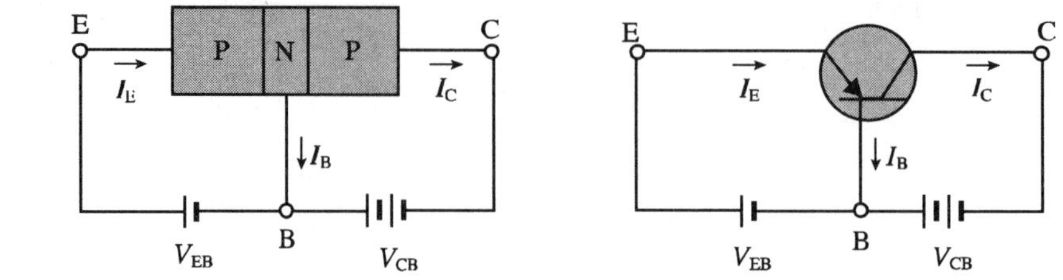

(a) 베이스 공통회로

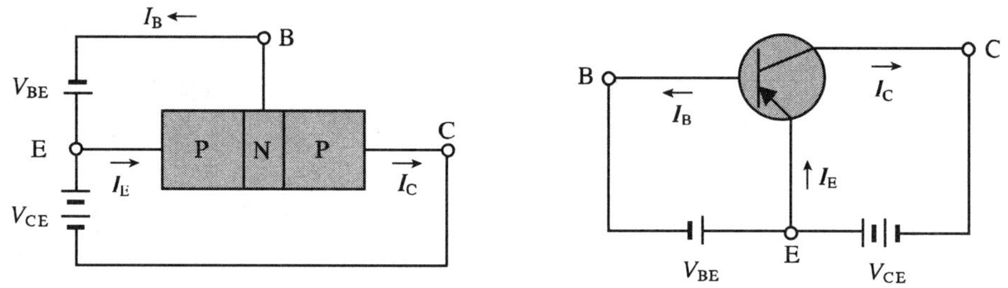

(b) 에미터 공통회로

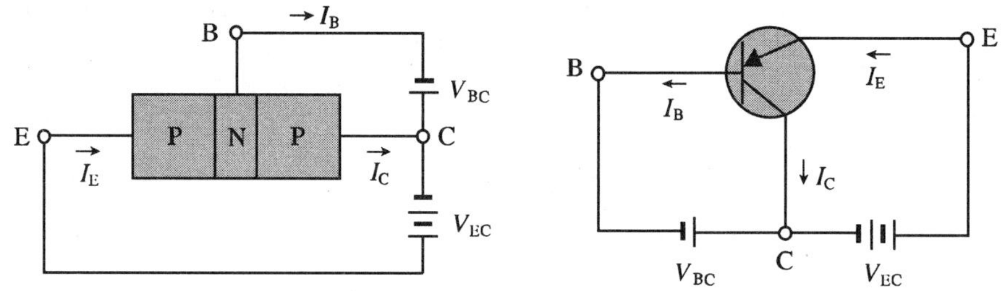

(c) 콜렉터 공통회로

그림 9.8 P−N−P형 트랜지스터의 바이어스 접속법

그림 9.7의 (a), (b), (c)는 N−P−N형 트랜지스터에서의 바이어스 접속법을 보여주고 있는데 그림 9.8에서 (a)는 베이스 단자를 공통으로 하고 에미터를 입력, 콜렉터를 출력단으로 하고 있기 때문에 이를 '베이스 공통회로'라 하며 에미터 단자를 공통으로 하고 베이스를 입력, 콜렉터를 출력단으로 하는 그림 (b)를 '에미터 공통회로'라 한다. 콜렉터 단자를 공통으로 하고 베이스를 입력, 에미터를 출력단으로 하는 그림 (c)는 '콜렉터 공통회로'라 한다.

(4) 트랜지스터의 증폭작용

앞에서 트랜지스터의 증폭원리를 개략적으로 알아보았다. 본 절에서는 이 증폭작용을 좀 더 구체적으로 고찰해 보기로 한다. 그림 9.9의 N−P−N형 베이스 공통회로에 있어서 출력단 전류인 콜렉터 전류 I_C는 에미터로 부터의 다수캐리어(전자)에 의한 성분전류 I_C(다수)와 베이스 영역으로부터의 소수캐리어(전자)에 의한 성분전류 I_C(소수)로 나누어 볼 수 있다. 범용 트랜지스터에 있어서 다수캐리어에 의한 성분전류가 [mA]단위로 측정되는 것에 비해 소수캐리어에 의한 성분전류는 [μA] 또는 [mA]단위로 측정되고 있다. 이때 소수캐리어에 의한 성분전류(I_C(소수))는 입력단인 에미터 개방시의 역 바이어스된 콜렉터 접합의 누설전류(I_{CO})를 체크함으로써 측정할 수 있다.

$$\begin{aligned} I_C &= I_{C(다수)} + I_{C(소수)} \\ &= I_{C(다수)} + I_{CO} \end{aligned} \tag{9-1}$$

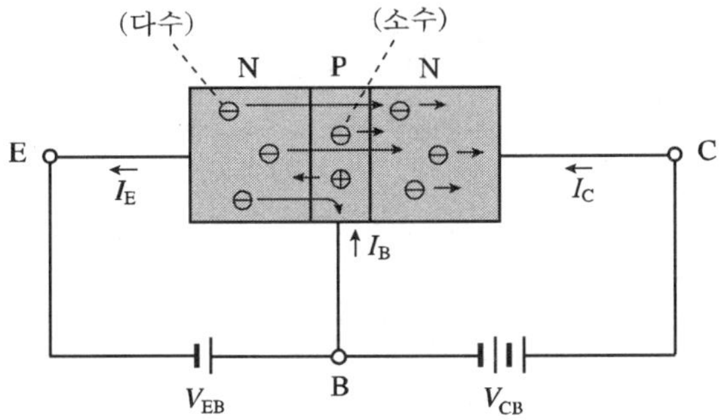

Base의 bias 전원인 V_{EB}는 트랜지스터의 동작점을 정하는 역할을 하는 반면 출력단의 bias 전원인 V_{CB}는 증폭에 요하는 에너지 공급원의 역할을 한다.

그림 9.9 베이스 공통회로

에미터로부터 주입된 다수 캐리어 중 콜렉터에 도달하는 다수캐리어의 비율을 α라 하면 콜렉터 전류 I_C는 다음과 같이 표시될 수 있다.

$$I_C = \alpha I_E + I_{CO} \tag{9-2}$$

여기서 α는 통상 0.99…의 값으로서 트랜지스터의 종류에 따라 다르다.

특히 α는 에미터 단자가 입력단으로, 콜렉터 단자가 출력단으로 이용되는 베이스 공통회로에서의 입·출력 전류간의 비가 되므로 이 α를 베이스 접지시의 전류 증폭율이라고 하며 식 (9-2)에서 I_{CO}를 무시하는 경우 근사적으로 α는

$$\alpha = \frac{I_C}{I_E} \fallingdotseq 1 \tag{9-3}$$

이 된다.

또한 그림 9.9에서 에미터 전류 I_E와 콜렉터 전류 I_C, 베이스 전류 I_B간에는 키르히호프의 전류법칙에 의해

$$I_E = I_C + I_B \tag{9-4}$$

의 관계가 성립되므로 I_B와 I_C 간에는 식 (9-2), (9-4)로부터

$$I_C = \frac{\alpha}{1-\alpha} \cdot I_B + \frac{1}{1-\alpha} \cdot I_{CO} \tag{9-5}$$

여기서

$$\beta = \frac{\alpha}{1-\alpha} \tag{9-6}$$

로 놓으면 식 (9-5)은 다음과 같이 표시될 수 있다.

$$I_C = \beta \cdot I_B + (\beta + 1)\, I_{CO} \tag{9-7}$$

식 (9-7)에서 β는 베이스 전류 I_B와 콜렉터 전류 I_C간의 관계를 나타내어 주는 파라미터로서 베이스 단자를 입력단으로, 콜렉터 단자를 출력단으로 이용하는 그림 9.7(b)와 같은 에미터 공통회로에서의 입·출력 전류간의 비가 되므로 이 β를 에미터 접지시의 전류증폭률이라고 부른다. 즉, 식 (9-7)에서 I_{CO}를 무시하는 경우 근사적이로 β는

$$\beta \fallingdotseq \frac{I_C}{I_B} \tag{9-8}$$

이 된다.

예를 들어 $\alpha = 0.99$인 트랜지스터에 있어서 에미터 접지시의 전류 증폭률은 식 (9-6)로부터 $\beta = 100$이 되어 입력인 베이스 전류는 출력단인 콜렉터 측으로 100배나 증폭되어 흐르게 되고 α가 1에 가까울수록 β는 더욱 커져서 $\beta = 500 \sim 1000$에 달하는 트랜지스터도 있다.

이러한 현상들이 바로 트랜지스터의 주된 증폭작용으로서 베이스 전류 I_B(또는 베이스 단자전압 V_{BE})를 조정하여 콜렉터 전류 I_C를 큰 폭으로 변화시킬 수 있게 된다.

(5) 베이스 공통회로에서의 전압 증폭

에미터 공통회로에서는 입력인 베이스 전류와 I_B가 크게 증폭(증폭률 $\beta : 50 \sim 500$배) 되어 출력인 콜렉터 전류 I_C로 되는 것을 알았다. 그러나 베이스 공통회로에서는 에미터 전류와 콜렉터 전류간의 입·출력비가 $\alpha = \frac{I_C}{I_E} \fallingdotseq 1$이 되어 전류 증폭이 이루어지지는 않지만 이러한 특성은 전압 증폭에 기여하게 된다. 그림 9.10의 회로는 베이스 공통회로로서 입력단에 교류전압이 인가되고 출력단에는 저항이 부하로서 접속되어 있다.

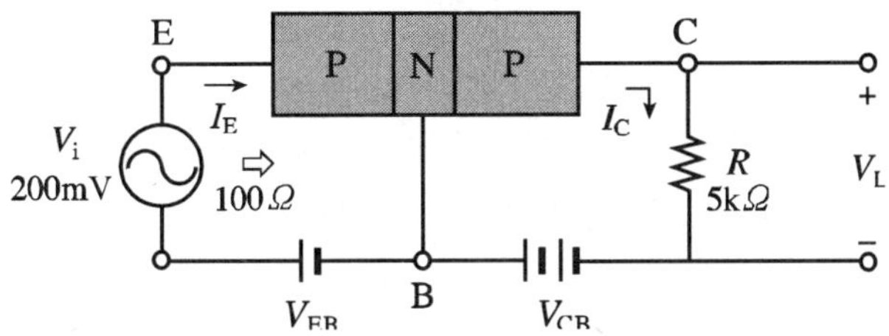

그림 9.10 베이스 공통회로의 전압증폭

이 경우 에미터와 베이스간의 입력 저항은 전형적으로 20~200[Ω] 정도로 작고 출력 저항은 100[kΩ]~1[MΩ] 정도로 매우 크다. 이와 같이 입·출력 저항값에 큰 차가 나는 것은 입력단에는 순방향 바이어스, 출력단에는 역방향 바이어스 전압이 인가되기 때문이다.

입력 저항을 그림에서처럼 100[Ω]으로 가정할 때 입력 전류 I_E는

$$I_E = 200 \times 10^{-3}[\mathrm{V}]/100[\Omega] = 2[\mathrm{mA}]$$

가 되고, $\alpha \fallingdotseq 1(I_C \fallingdotseq I_E)$로부터 출력전류 I_C도 역시 $I_C = 2mA$가 된다.

이때 부하양단이 출력전압 V_L은 $V_L = R \cdot I_C = (5 \times 10^3) \times (2 \times 10^{-3}) = 10[V]$가 되므로 입·출력단의 전압증폭 A_v는

$$A_v = \frac{V_L}{V_i} = \frac{10}{200 \times 10^{-3}} = 50$$

이 된다.

베이스 공통회로에서의 전형적인 전압 증폭비는 20~100정도이며 이와 같은 전압 증폭은 낮은 저항회로(입력단)로부터 높은 저항회로(출력단)로 전류를 거의 그대로($\alpha \fallingdotseq 1$) 전달함으로써 발생된다. '트랜지스터(transistor)'란 용어는 바로 '저항(resistor)'을 통해 전류를 '전달(transfer)'한다는 의미를 내포하고 있는 것이다.

9.2 전력 증폭기

증폭기는 크게 소신호 증폭기와 전력 증폭기의 두 종류로 나누어진다. 지금까지의 논의된 것은 주로 소신호 증폭기에 대한 것이었다. 소신호 증폭기의 목적은 매우 미약한 신호, 즉 소신호를 일정한 수준까지 증폭하기 위한 것이므로 취급하는 교류 전류나 전압이 그리 크지 않다. 그러나 충분히 증폭된 소신호는 이미 소신호가 아니므로 이를 소신호와 비교하여 대신호(large signal)라 하며, 대신호를 취급하는 증폭기를 대신호 증폭기 또는 전력 증폭기라 한다. 따라서 증폭 시스템의 최종단은 거의 항상 전력 증폭기가 담당한다. 전력 증폭기는 일반 증폭기에 비해 대단히 많은 열을 발생시킨다. 트랜지스터 증폭기에서 1[W]이상의 전력이 소모되면 전력 증폭기로 분류(power amplifier)한다.

전력 증폭기에서는 이득보다는 증폭기의 효율이 매우 중요하며 증폭기의 효율은

$$\text{효율}[\%] = \frac{\text{출력교류전력}}{\text{총공급된직류전력}} \times 100 \tag{9-9}$$

로 정의된다. 소신호 증폭기에서 이득을 위주로 하여 에미터 공통 증폭기, 콜렉터 공통 증폭기, 베이스 공통 증폭기 등으로 분류하지만 전력 증폭기에서는 효율을 위주로 A급, B급, AB급, C급 등으로 분류한다.

이러한 분류는 증폭기 트랜지스터의 바이어스 조건에 의해 결정된다. 그림 9.11(a)에

있는 것과 같이 A급 증폭기 트랜지스터의 베이스－에미터 접합은 입력신호 전 주기에 대해 순방향으로 바이어스 되어 있으며, 전류는 360[°]동안 다 흐르며, 출력은 왜곡되지 않는다. 즉, NPN 트랜지스터의 입력에 양의 값을 가진 신호가 인가되면 트랜지스터는 더 많은 전류가 흐르며, 입력신호가 음의 방향으로 이동하게 되면 트랜지스터는 작은 전류를 흘리게 되지만 완전히 꺼지지는(cut－off) 않는다.

B급 증폭기 트랜지스터의 베이스－에미터 부분은 입력신호의 반주기 동안 순방향으로 바이어스 되며, 나머지 반주기 동안에는 역방향으로 바이어스 된다. B급 증폭기의 콜렉터 전류파형은 그림 9.11(b)에 나타난 것과 같으며, 전류는 전체 주기의 거의 180[°] 동안은 흐르게 되나 나머지 180[°]동안은 흐르지 않는다.

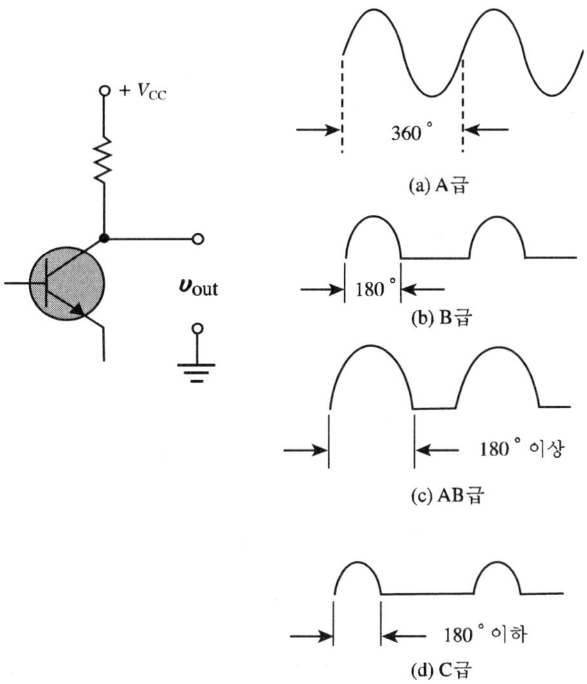

그림 9.11 전력 증폭기의 전류파형

그림 9.11(c)의 AB급 증폭기는 A급 및 B급의 중간 단계에 있는 증폭기 구조이다. 즉, 전류가 전체 주기의 180[°]보다는 크고 360[°]보다는 작은 범위 동안 흐르게 된다. 만약, 단일 트랜지스터로 저항 부하를 사용하여 B급 혹은 AB급 증폭기를 구성하게 되면 신호는 왜곡이 될 것이다. 이 신호의 왜곡은 푸시－풀 트랜지스터 증폭기를 사용하게 되면

없앨 수 있다. 한편, 그림 9.11(d)의 C급 증폭기 트랜지스터는 전체 주기의 180[°]보다 작은 범위 동안만 전류를 흘리게 된다.

(1) A급 증폭기

A급 증폭기는 지금까지 배운 소신호 증폭기와 원리가 같은 것으로, 하나의 트랜지스터가 교류 신호의 양의 반주기와 음의 반주기를 모두 담당하여 증폭하는 형식이다. 다만 소신호 증폭기에서는 신호의 세기가 약하므로 트랜지스터의 바이어스 설정이 신호의 왜곡에 미치는 영향이 심각하지 않지만 전력 증폭기에서는 취급하는 신호가 대신호 이므로 바이어스 설정에 따른 신호의 왜곡에 특히 주의를 기울여야 한다.

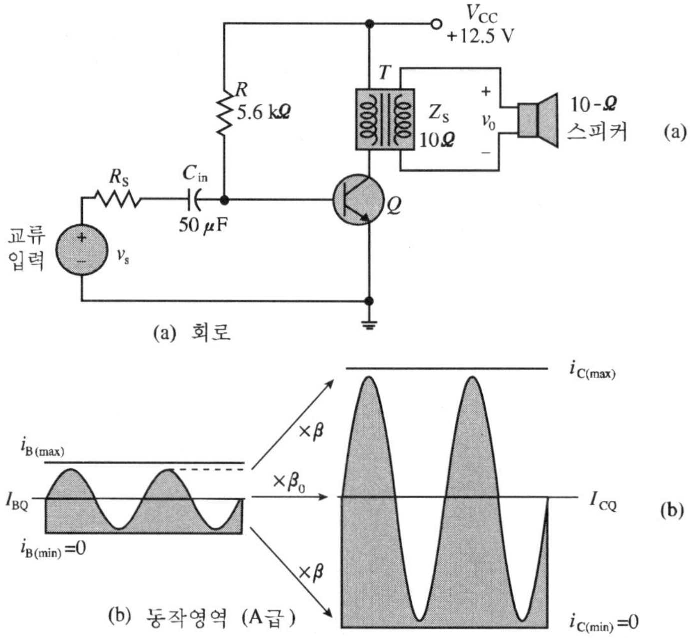

그림 9.12 A급 오디오 증폭기

그림 9.12(a)는 A급으로 동작하는 오디오 증폭기의 전형적인 모습이다. 여기서 "오디오" 란 사람 귀로들을 수 있다는 의미이며, 보통 15[Hz]에서 15[kHz]까지를 오디오 주파수(AF : Audio Frequency)라 한다. 그림 9.12(a)의 AF 증폭기는 변압기를 통해 부하를 결합하는 방식이다. 그림 9.12(a)의 증폭기가 A급으로 동작하기 위해서는 그림 9.12(b)와

같이 컬렉터 전류의 최소와 최대 동작범위 내에서 양과 음의 반주기 동안 모두 왜곡됨이 없이 증폭될 수 있어야 한다. 따라서 왜곡이 생기지 않는 범위에서 최대의 효율을 얻기 위해서는 Q점을 동작 영역의 중앙에 설정하는 것이 최선임을 알 수 있다. A급 동작은 정해진 동작영역 내에서 전체 사이클의 교류를 증폭하여야 하므로 효율이 약 30[%] 이하이다. 예를 들어 효율이 33[%]인 A급 증폭기에서는 3[W]의 출력신호를 얻기 위해서는 9[W]의 직류 전력이 필요하다.

(2) B급 푸쉬-풀 증폭기

하나의 트랜지스터로써 교류 신호의 양과 음의 전체 사이클을 담당하는 대신에 두 개의 트랜지스터를 사용하여 양의 교류 사이클과 음의 교류 사이클을 분리하여 증폭함으로써 전력 효율을 크게 높일 수 있으며 이러한 동작을 B급이라 한다.

그림 9.13(a)는 B급 전력 증폭기의 간단한 구조를 보여주고 있으며, 이러한 형태의 증폭기를 푸쉬-풀(push-pull) 증폭기라 한다. 입력 변압기 T_1과 출력 변압기 T_2는 모두 중간 탭 단자를 내어 사용하고 있다. 입력 교류신호의 양의 반 사이클을 1로 표시하고 음의 반 사이클을 2로서 표시하면 입력 변압기 T_1의 이차 측 탭 단자인 C_1에 대한 점 A_1과 B_1의 전위는 그림에서 나타낸 바과 같으며, 서로간에 180[°]의 위상 차이를 보인다. 트랜지스터 Q_1과 Q_2의 베이스-에미터 간에는 바이어스 전압이 없으므로 교류 신호가 없는 정상 상태에서는 Q_1과 Q_2는 모두 차단 상태에 있게 된다. Q_1과 Q_2의 컬렉터 전류는 모두 하나의 전원 V_{CC}로부터 공급되며, 출력 변성기 T_2의 일차 측의 전압은 위상이 반전되어 이차 측에 전달되도록 한다.

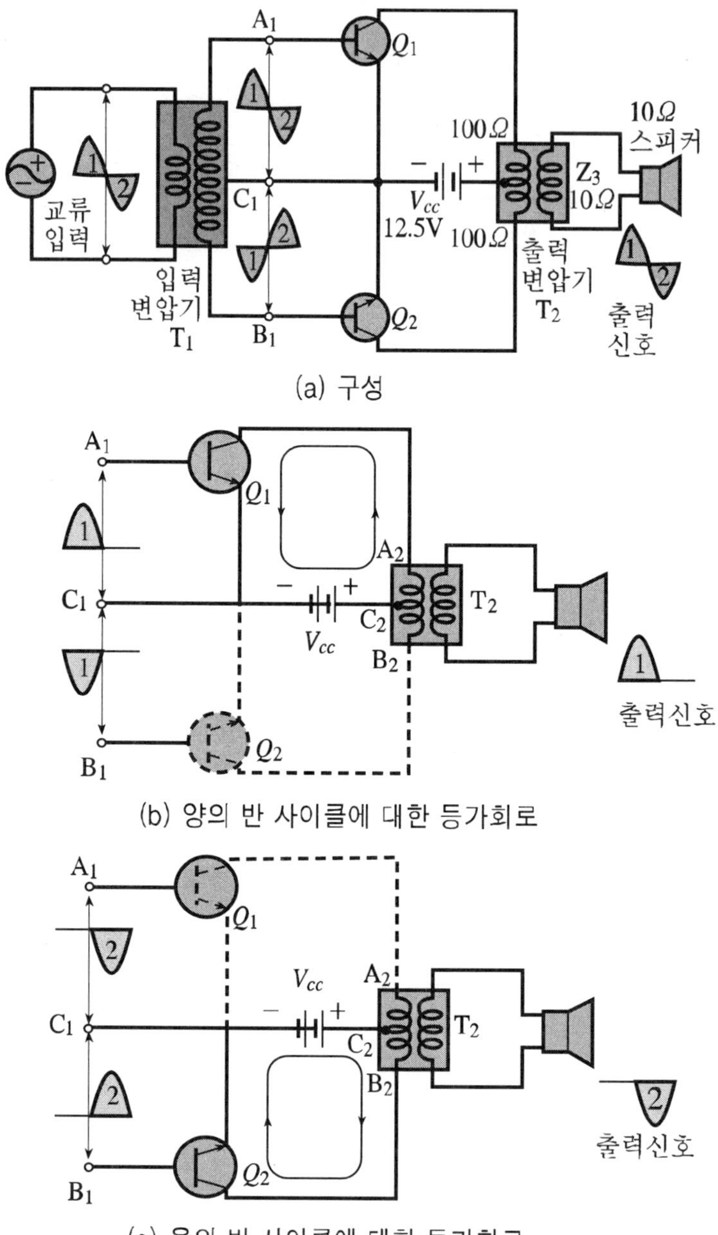

그림 9.13 B급 푸쉬-풀 증폭기

양의 반 사이클 동안에는 회로가 그림 9.13(b)와 같이 동작한다. 접지점에 해당하는 C_1에 대해 Q_1의 베이스인 점 A_1의 전위는 양이므로 Q_1은 도통되며, 반대로 점 B_1인 Q_2

의 베이스 전위는 음이 되므로 Q_2는 차단된다. 따라서 양의 반 사이클 동안에는 그림 9.13(b)에서 표시된 방향으로 Q_1의 컬렉터 전류가 흐르며, 이에 따라 출력 변압기 T_2의 일차 측에는 유도 전압이 발생된다. 이때 변압기 T_2의 일차 측 중간 탭 단자인 C_2에 비해 점 A_2의 전압이 음이 되도록 유도 전압의 극성이 결정되며 이 전압은 180[°]위상이 반전되어 이차 측에 전달되므로 출력 신호의 파형은 그림에 나타난 바와 같이 양의 반 사이클이 된다.

다음으로 입력 교류신호의 음의 반 사이클 동안에는 양의 반 사이클과는 반대가 트랜지스터 Q_1이 차단되고 Q_2가 도통되므로 그림 9.13(c)와 같이 동작하게 된다. 이상으로 양의 반 사이클 동안은 트랜지스터 Q_1이 담당하고, 음의 반 사이클은 Q_2가 담당함으로써 컬렉터 전류의 전체 동작 영역을 반 사이클에 할당할 수 있다. 따라서 컬렉터 전류의 전체 동작 영역을 전체 사이클에 할당하는 A급에 비해 B급은 상당한 전력 효율 향상을 기대할 수 있으며, 그림 9.13(a)의 B급 푸쉬-풀 증폭기 경우는 A급에 비해 최대 약 80[%]에 가까운 효율을 얻을 수 있다. 예를 들어 효율 78[%]일 경우 3[W]의 교류출력 전력을 얻기 위해서는 3.85[W]의 직류전력이 필요하다.

(3) AB급 푸쉬-풀 증폭기

트랜지스터가 도통하기 위해서는 문턱 전압인 0.7[V] 정도의 바이어스 전압이 필요하다. 그러나 그림 9.13(a)의 B급 증폭기는 두 트랜지스터 모두 베이스-에미터간이 무 바이어스 상태이므로 베이스에 인가되는 교류 전압의 크기가 0.7[V] 정도 이상 되어야 비로소 트랜지스터가 도통되기 시작한다. 따라서 그림 9.13(a)의 B급 증폭기 출력은 그림 9.14과 같이 0점을 기준으로 일정한 범위 내에서는 파형에 왜곡이 생기며, 이는 0점을 교차하면서 생기는 왜곡이므로 교차 왜곡(crossover distortion)이라 한다. 교차 왜곡을 없애기 위해서는 각 트랜지스터를 도통 직전의 상태로 바이어스 전압을 걸어줌으로써 교류 전압이 실리는 순간 바로 도통될 수 있도록 하며, 이러한 동작을 AB급 동작이라 한다.

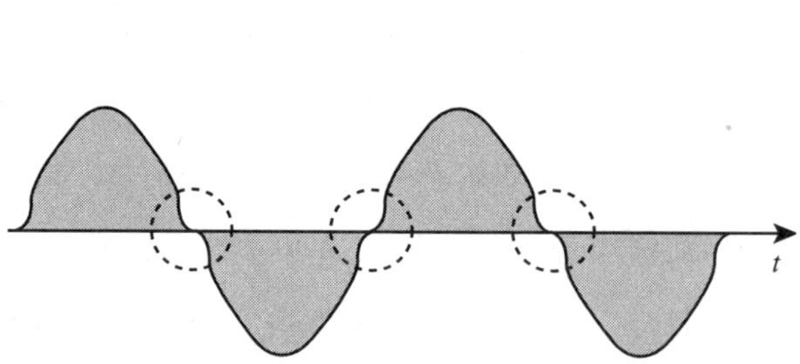

그림 9.14 B급 증폭기에서의 교차왜곡

그림 9.15(a)는 AB급 푸쉬-풀 증폭기이며 이는 그림 9.13(a)의 B급 푸쉬-풀 증폭기에서 트랜지스터 Q_1과 Q_2의 베이스-에미터가 신호가 없을 때에도 도통 직전의 상태에 있도록 바이어스를 걸어준 것이다. 이 사실은 그림 9.15(a)의 직류회로인 그림 9.15(b)를 보며 쉽게 이해할 수 있다. 그림 9.15(a)에서 입력 변압기 T_1의 이차 측 코일의 권선 저항은 수 십[Ω] 수준이므로 저항 R_1이나 R_2에 비해 무시할 수 있다. 따라서 트랜지스터 Q_1과 Q_2에 대한 바이어스 회로는 그림 9.15(b)와 같으며, 출력 변압기 T_2의 일차 측 권선 저항인 50[Ω]이 컬렉터 저항의 역할을 겸하게 된다. 그림 9.15(b)는 에미터 안정화 저항이 있는 전압분배 바이어스 회로임을 알 수 있다.

AB급 증폭기는 신호가 없는 상태에서도 약간의 전류가 흐르게 되므로 B급에 비해 효율이 약간 떨어지며, 약 70[%] 정도를 기대할 수 있다. 그러나 A급에 비해서는 여전히 효율이 뛰어나다. 이상으로 AB급은 적절한 수준의 효율을 유지하면서 동시에 왜곡을 최소화할 수 있도록 하는 절충 방식인 셈이다.

그림 9.15(a)의 증폭기는 트랜지스터 라디오 수신기에 널리 사용되고 있다.

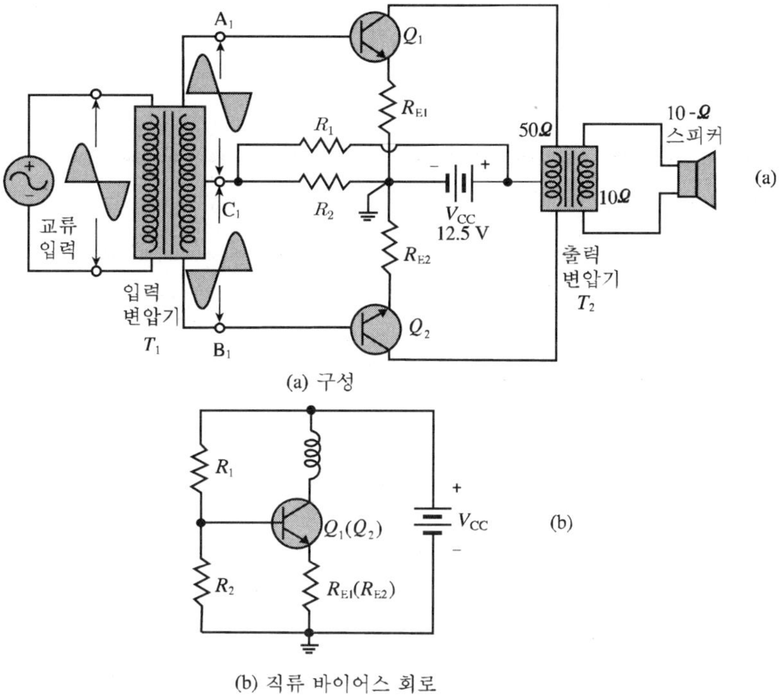

그림 9.15 AB급 푸쉬-풀 증폭기

(4) 열 발산(Heat Dissipation)

전력 트랜지스터는 많은 용량의 전력을 소비하므로 열이 많이 발생하며, 어느 한도 이상의 열에서는 트랜지스터가 파괴되므로 열을 효과적으로 방출할 수 있는 구조로 만들어져야 한다. 특히 트랜지스터에서 소비되는 전력 중에서 컬렉터-베이스 접합에서 소비되는 양이 가장 크며, 베이스-에미터 간에도 비슷한 양의 전류가 흐르지만 양단간의 전압 강하는 베이스-컬렉터 접합에 비해 훨씬 작다. 따라서 컬렉터를 금속케이스에 전기적으로 접속시켜줌으로써, 발생한 열이 금속 케이스를 통해 컬렉터로부터 효과적으로 빠져나가서 주변 공기에 이르도록 하는 것이 통례이다. 이 때 케이스의 표면적이 넓을수록 방열 효과도 커지므로 전력 트랜지스터의 크기는 소신호 소자들에 비해 커진다.

열을 좀 더 적극적으로 방출하기 위해 전력 트랜지스터를 보통 방열체(또는 방열판)이라 하는 큼직한 금속면 상에 장착시킨다. 방열체는 방열 면적을 늘리기 위해 가능한 한 넓은 면적을 가지며 트랜지스터가 높은 전력수준에서 동작하면서도 접합 온도를 허용 수준으로 유지시켜 준다. 때로는 장비의 몸체(chassis) 전체를 방열체로 삼기도 하며, 이때는 절연을 꼭 확인하여야 한다.

9.3 연산증폭기

트랜지스터를 사용해서 증폭회로를 설계하는 경우에는 결정하지 않으면 안되는 일이 많다. 예를 들면 증폭회로의 타입 선택, 바이어스 전압과 전류의 결정, 그러한 바이어스를 얻기 위한 회로의 설계와 이득을 정하는 소자 값의 결정 등이 있다. 이러한 설계를 효율적으로 행하고 필요한 특성을 만족하는 회로를 얻기 위해서는 전자회로에 대한 많은 경험이 필요하다. 그러나 연산증폭기(operational amplifier)를 사용하면 증폭회로 등의 설계가 대단히 간단하게 되고 전자회로의 특별한 지식을 갖고 있지 않아도 고성능의 회로를 만들 수 있다. 또한, 개별 트랜지스터를 사용해서는 실현이 곤란한 회로도 연산증폭기를 사용하면 비교적 간단한 회로구성으로 만드는 것이 가능하다.

연산증폭기는 집적회로 기술을 교묘히 이용해서 구성되어 있다. 연산증폭기는 집적회로로 제작함으로써 대량생산이 가능하게 되었고 또한, 대단히 싼값에 구입할 수 있게 되었다. 현재는 트랜지스터와 같이 하나의 부품으로서 여러 가지 회로에 사용된다. 여기서는 연산증폭기의 기본적인 성질과 몇 가지 응용회로에 대하여 알아본다.

(1) 연산증폭기와 이득

연산증폭기는 Amp라고도 부르며 그림 9.16은 일반적으로 사용되고 있는 연산증폭기 외형의 예이다. 연산증폭기의 내부에는 수십 개에 이르는 저항 및 트랜지스터가 함께 들어있고 대단히 복잡한 회로구성을 하고 있다. 여기서는 내부회로의 설명을 생략하고 연산증폭기의 전기적인 성질에 대하여 알아본다.

그림 9.17은 가장 많이 사용되는 연산증폭기의 기호이다. 그림에 나타낸 것과 같이 연산증폭기에는 두 개의 입력단자(비반전 입력단자, 반전 입력단자), 출력단자 그리고 두 개의 전원단자(플러스 전원단자, 마이너스 전원단자)로 구성되는 5개의 단자가 있다. 그러나 그림 9.17의 연산증폭기에는 8개의 단자가 붙어있다. 이 가운데 5개는 앞에서 설명한 단자이나 나머지 3개는 특수한 용도의 단자이거나 혹은 내부가 접속되어 있지 않는 단자이다. 규격으로 8개의 단자를 붙이도록 되어있어서 이와 같이 기호에는 나타나지

않는 단자가 붙어있다.

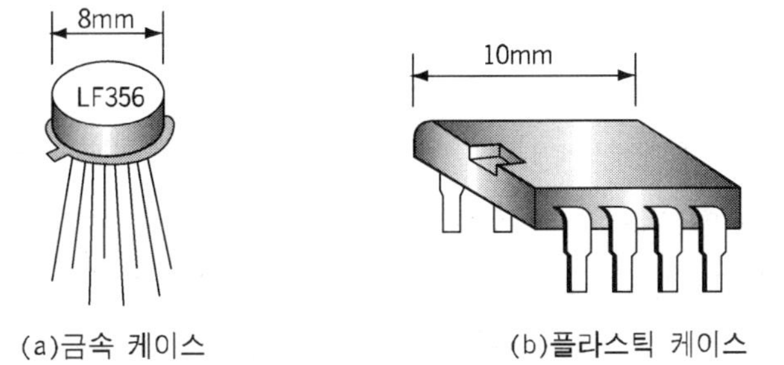

그림 9.16 연산증폭기 외형의 예

연산증폭기를 사용하기 위해서는 그림 9.18(a)와 같이 전원 전압을 인가하여야한다. 즉, 플러스 전원단자에는 플러스전압 V_{CC}를 또한 마이너스 전원단자에는 마이너스 전압 V_{EE}를 걸어준다. 플러스와 마이너스 어느 쪽 전원도 그림과 같이 공통전압의 기준이 되는 선과 연산증폭기의 전원단자와의 사이에 접속한다. 이 두 개의 직류 전원은 연산증폭기를 동작시키기 위한(직류의 전기 에너지를 공급하기 위한) 전원이다.

v_i는 증폭하고 싶은 입력신호이다. 그림과 같이 입력신호는 두 개의 입력단자 사이에 인가한다. 또한 증폭된 전기신호는 출력단자와 기준선 사이의 출력신호인 전압 v_o로 나타난다. [그림 그림 9.18(b)는 그림 9.18(a)를 간략화 시킨 회로도이다. 두 개의 직류전원 V_{CC}와V_{EE}는 회로도를 간단히 하기 위하여 생략되고 전압의 기준이 되는 선은 접지(ground)로 나타내는 경우가 많다.

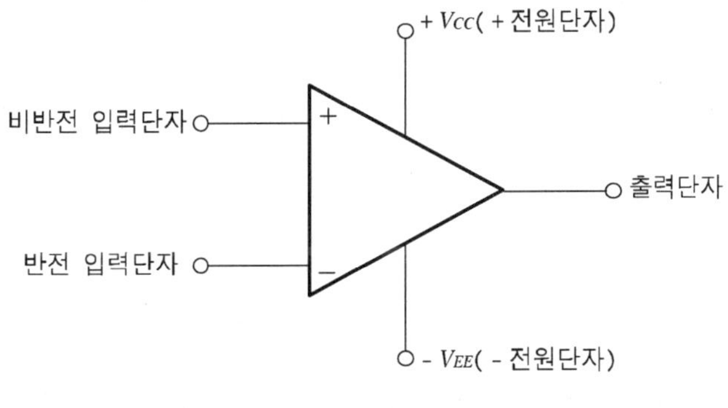

그림 9.17 연산증폭기의 기호

그림 9.17의 출력전압은 다음과 같이 표현된다.

$$v_o = A_d v_i \tag{9-10}$$

여기서 A_d는 연산증폭기의 이득이다. A_d는 입력전압이 몇 배가 되어 출력에 나타나는가를 나타내는 값이다. 연산증폭기에서는 이득 A_d는 대단히 크며 대략 10만(10^5) 배 정도가 된다. 그림 9.18에서는 입력신호를 비반전 입력단자에 인가하지만 그림 9.19(a)와 같이 반전 입력단자에 인가하는 경우에는 출력전압이 어떻게 되는지 알아보자.

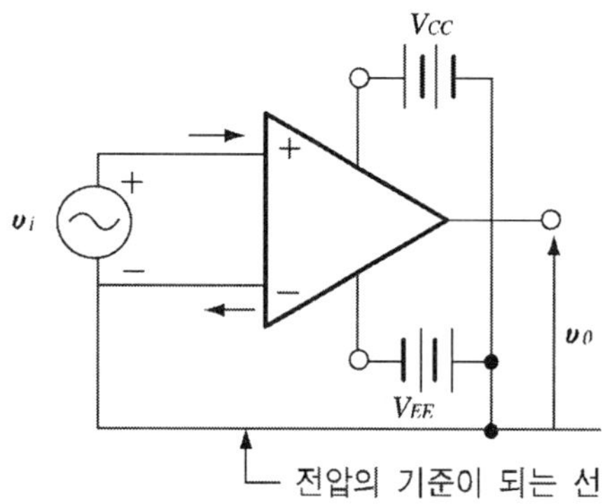

(a) 결선도

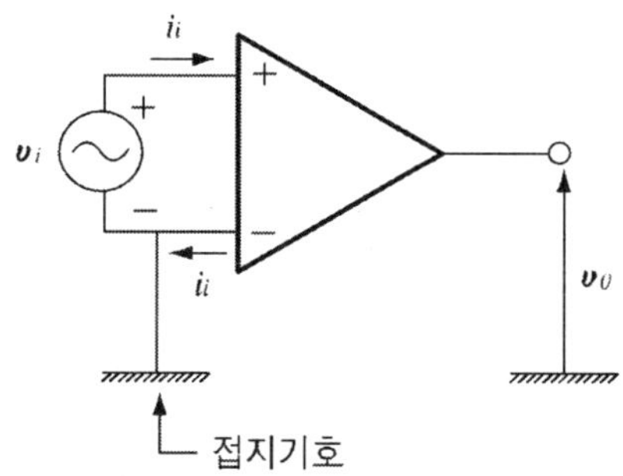

(b) 간략하게 표시한 그림

그림 9.18 연산증폭기의 이득

그림 9.19(b)에 입력신호와 출력신호의 관계를 나타낸다. 그림의 점선으로 표시한 것과 같이 비반전 입력단자에 입력신호를 걸어준 경우의 출력신호는 입력신호의 방향과 같다. 즉 입력과 출력의 위상차는 0이다. 한편 반전 입력단자에 입력을 가해준 경우는 출력파형은 플러스와 마이너스가 반전된다. 반전입력단자에 입력전압 v_i를 인가한 경우의 출력전압은

$$v_o = -A_d v_i \tag{9-11}$$

가 된다 여기서 마이너스 부호는 출력전압이 화살표와는 반대방향인 것을 나타내고 있다. 즉, 입력과는 반대의 위상을 갖는 출력파형이 되는 것을 의미한다.

(2) 연산증폭기의 중요한 성질

전원전압 V_{CC}를 12[V], V_{EE}를 -12[V]로 하고 입력전압 v_i를 직류로 했을 때의 출력전압을 그림 9.20에 나타낸다. 여기서 주의 할 점은 연산증폭기의 출력전압은 플러스 전원전압 V_{CC}보다는 높게 되지 않고 마이너스 전원전압 V_{EE}보다는 낮아지지 않는다는 것이다.

본래 증폭기는 식 (9-11)에 나타낸 것과 같이 입력신호를 증폭하는 것이 정상적인 동작이므로 입력전압을 증가시켜도 출력전압이 증가하지 않는 것은 정상적인 증폭기의 동작이 아니다.

즉, 입력전압이 그림 9.20에 나타낸 V_{im}보다 높거나 혹은 $-V_{im}$보다 낮을 때는 연산증폭기는 증폭기로서 동작하지 않는다.

입력에 인가할 수 있는 전압의 범위는 V_{im}에서 $-V_{im}$까지의 전압이 된다.

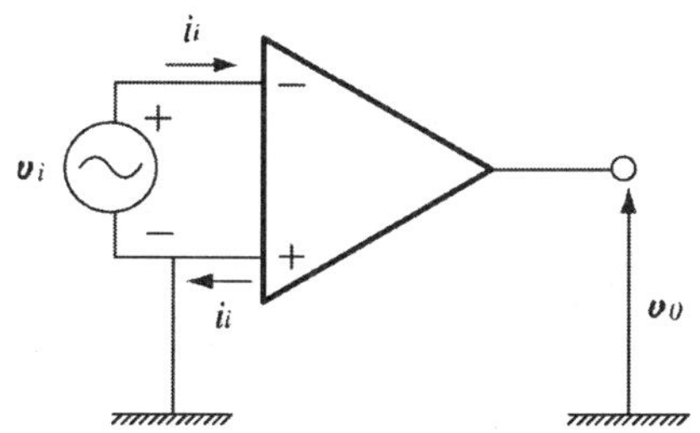

(a) 반전 입력단자에 입력

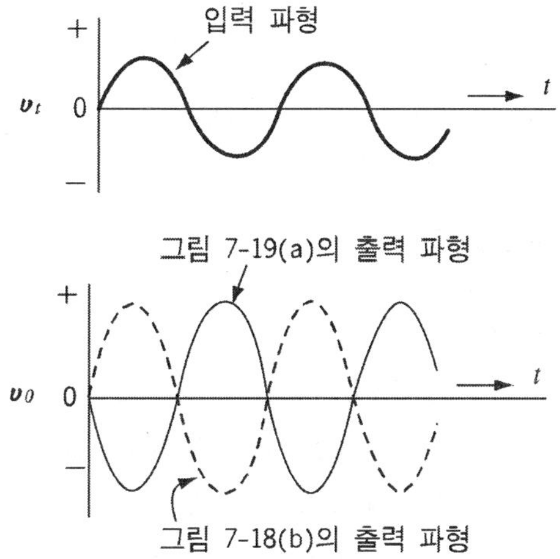

(b) 입력과 출력의 관계

그림 9.19 반전입력단자에 입력신호를 인가한 경우

지금 A_d를 10만 배로 하고 V_{im}의 값을 구해보면 식 (9-8)에 의해

$$V_{im} = \frac{V_{CC}}{A_d} = \frac{12}{100,000}\,[V] = 0.00012\,[V] = 0.12\,[mV] \qquad (9\text{-}12)$$

가 되어 대단히 작은 전압이 된다. 연산증폭기의 입력에는 이것보다 큰 전압을 인가할 수 없다. 바꾸어 말하면 증폭기로서 정상적으로 동작하는 연산증폭기의 두 입력단자 사이의 전압은 거의 0이라고 말할 수 있다. 이것은 연산증폭기의 대단히 중요한 성질로 연산증폭기를 이용한 회로의 설계에 자주 이용된다.

연산증폭기에는 또 다른 중요한 성질이 있다. 즉, 두 개의 입력단자에는 전류가 흐르지 않는다는 성질이다. 그림 9.18(b)에 나타낸 전류 i_i가 입력단자의 전류이지만 입력전압의 유무에 관계없이 i_i는 항상 0이 된다. 이 성질도 연산증폭기를 사용한 회로의 설계에 이용된다. 입력단자 연산증폭기의 중요한 성질을 정리하면 다음과 같다.

- 연산증폭기의 두 개의 입력단자 사이의 전압은 항상 0이다.
- 연산증폭기의 두 개의 입력단자 사이의 전류는 항상 0이다.

(3) 연산증폭기의 응용

연산증폭기를 이용하면 여러 가지 기능을 갖는 회로를 구성할 수 있다. 여기서는 비교적 자주 사용되는 회로에 대해서 설명한다.

(A) 증폭회로

① 반전 증폭회로

연산증폭기가 가장 많이 사용되는 응용회로는 증폭회로이다. 그림 9.21은 연산증폭기를 이용한 반전증폭회로이다. 앞에서 설명한 연산증폭기의 성질을 이용하여, 이 회로의 전압 이득을 구해보면 다음과 같다.

$$A_v = \frac{v_2}{v_1} = -\frac{R_2}{R_1} \tag{9-13}$$

예를 들어, $R_1 = 1\,[k\Omega]$, $R_2 = 10\,[k\Omega]$로 하면 $A_v = -10$배, 즉 입력전압의 10배 크기의 전압을 출력하는 증폭회로가 된다. 마이너스 기호는 입력전압과 출력전압의 위상이 반대(파형의 플러스와 마이너스가 반전)가 되는 것을 의미한다.

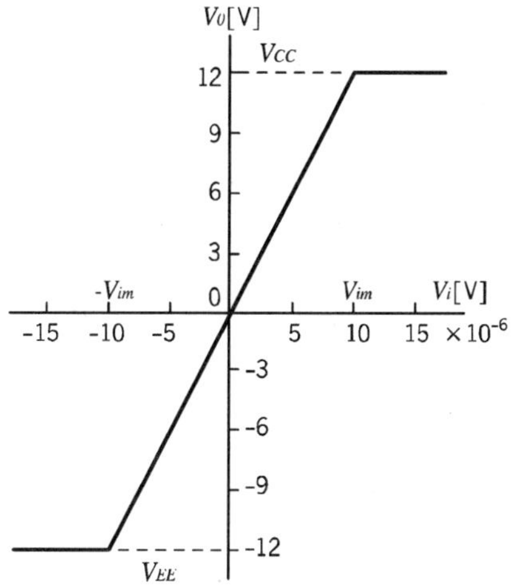

그림 9.20 연산증폭기의 입력전압과 출력전압의 관계

② 비반전 증폭회로

그림 9.22에 연산증폭기를 이용한 비반전 증폭회로를 나타낸다. 이 경우에도 연산증폭기의 성질을 이용하여 전압이득을 구할 수 있으며

$$A_v = \frac{v_2}{v_1} = 1 + \frac{R_2}{R_1} \tag{9-14}$$

가 된다. 이 경우는 입력과 출력의 파형은 위상이 같다. 이상의 두 가지 예에서 알 수 있듯이 연산증폭기를 이용하면 간단한 회로로 증폭회로를 만들 수 있다.

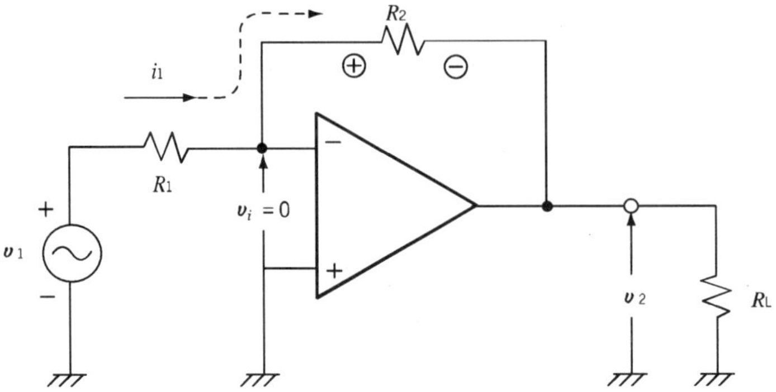

그림 9.21 반전증폭회로

(B) 비교기

연산증폭기는 비교기로도 사용된다. 그림 9.23은 비교기와 그 입출력 전압의 관계이다.

그림 9.23(a)와 같이 연산증폭기의 두 입력단자의 한쪽에 직류전압 V_{ref}를 접속하고 그림 9.23(b)에 나타낸 것과 같이 입력전압 v_1을 다른 한쪽에 인가하는 경우를 생각한다.

연산증폭기는 이득이 대단히 크므로 두 입력단자 사이에 조금이라도 전압 v_i가 입력되면 그 출력 전압은 전원전압과 같아져 버린다. 그림 9.23(b)에서 입력전압 v_1이 인가될 때 v_1이 V_{ref}보다 크면 $v_i > 0$가 되고 출력전압은 플러스 전원전압 V_{CC}와 같게 된다. 또한, v_1이 V_{ref}보다 작은 전압에서는 $v_i < 0$가 되므로 출력전압은 마이너스 전압 $-V_{EE}$와 같게 된다. 따라서 그림 9.23(b)의 출력 전압파형 v_2에 나타난 것과 같이 입력전압이 V_{ref}보다 큰지 혹은 작은지를 검출하여 출력전압을 V_{CC} 혹은 $-V_{EE}$로 하는 회로가 얻어진다. 즉 전압 V_{ref}를 검출하는 회로가 되며 이러한 기능을 갖는 회로를 비교기(comparator)라 부른다. 연산증폭기는 비교기로서 사용할 수 있지만 동작속도 등을 개선한 비교기 전용의 집적회로가 시판되고 있다.

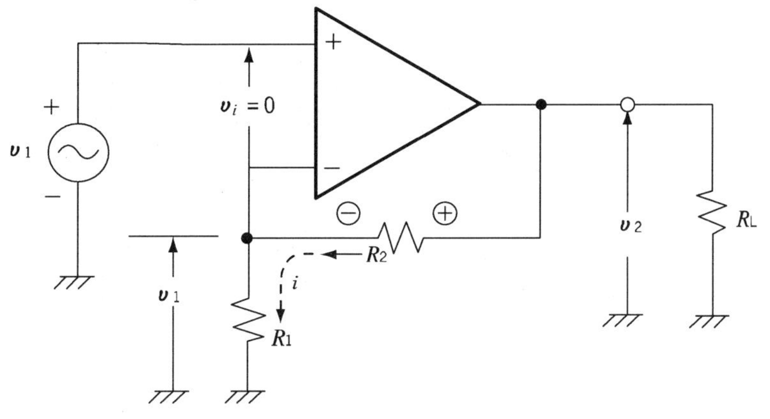

그림 9.22 비반전 증폭회로

(C) 가산 회로

다음 그림 9.24는 두 개의 입력전압 v_1과 v_2의 합을 구하는 회로이며 이런 회로를 가산회로라 부른다. 이 회로의 출력전압은

$$v_o = -R_f i_f = -R_f(i_1 + i_2)$$

$$= -\left(\frac{R_f}{R_1}v_1 + \frac{R_f}{R_2}v_2\right) \tag{9-15}$$

가 되어 두 개의 입력전압의 가중 값을 합산할 수 있다.

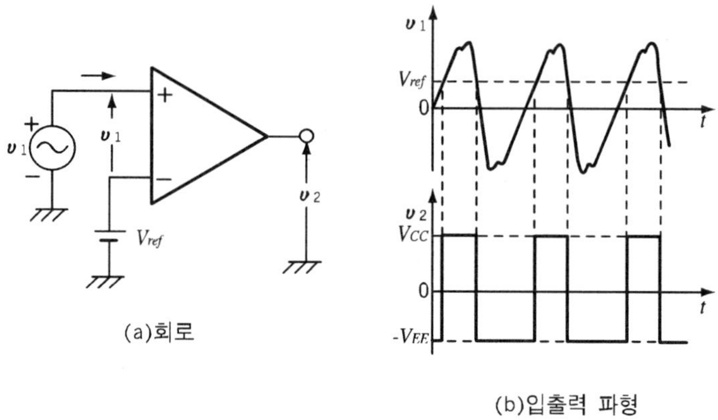

그림 9.23 비교기

가산회로를 사용하는 좋은 예가 그림 9.25에 나타낸 것과 같은 노래방에서 사용하는 앰프이다. v_1에 마이크의 음성신호를 또한 v_2에 레이저 디스크나 테이프의 반주신호를 입력하면 출력 v_o에는 두 개의 신호가 합쳐진 전압이 나온다. 이때 R_1을 조정하면 음성만이 그리고 R_2를 조정하면 반주의 크기가 각각 독립적으로 변화시킬 수 있다. 또한 R_f을 변화시키면 음성과 반주의 크기를 동시에 조절할 수 있다. 이와 같이 두 개 이상의 신호의 크기를 적당하게 변화시키면서 혼합하기 위한 회로를 혼합기(mixer)라 부른다. 저항 값을 변화시키기 위해서는 가변저항이라는 전자부품이 사용된다.

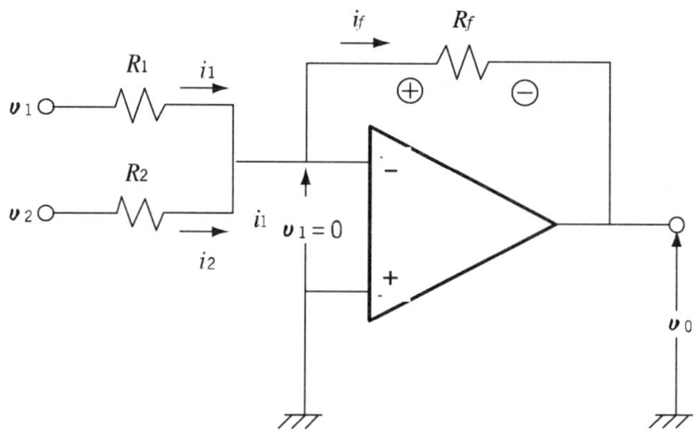

그림 9.24 가산회로

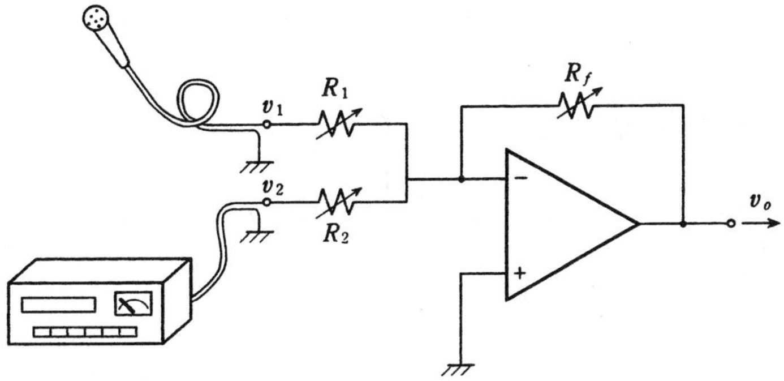

그림 9.25 노래방 앰프

요 약

- 이상적인 연산증폭기는 입력저항과 이득이 무한대이므로, 회로 해석을 쉽게 할 수 있다.
- 연산증폭기의 몇몇 외부 저항을 적절히 선택함으로써 반전, 비반전 증폭기, 비교기 등 유용한 기능을 간단히 설계할 수 있다.
- 전력 트랜지스터는 많은 용량의 전력을 소비하므로 열이 많이 발생하며, 어느 한도 이상의 열에서는 트랜지스터가 파괴되므로 열을 효과적으로 방출할 수 있는 구조로 만들어져야 한다.
- 트랜지스터는 두 개의 n형 층과 한 개의 p형 층, 또는 두 개의 p형 층과 한 개의 n형 층으로 이루어진 3층 반도체 디바이스로서 전자를 n-p-n형, 후자를 p-n-p형 트랜지스터라 한다.
- 트랜지스터의 회로 내에서의 주요 역할은 같은 전자회로 내에서 전파나 음성 신호 같은 아날로그(교류) 신호를 증폭(amplification)시키는 일과 컴퓨터와 같은 디지털 회로에서 0과 1의 디지털 신호를 변환시키는 스위칭(switching) 역할이 있다. 또한 정전압 회로와 같은 전원 회로에서는 직류전압의 증폭도 가능하다.
- A급 증폭기는 지금까지 배운 소신호 증폭기와 원리가 같은 것으로, 하나의 트랜지스터가 교류 신호의 양의 반주기와 음의 반주기를 모두 담당하여 증폭하는 형식이다.
- B급 증폭기는 하나의 트랜지스터로써 교류 신호의 양과 음의 전체 사이클을 담당하는 대신에 두 개의 트랜지스터를 사용하여 양의 교류 사이클과 음의 교류 사이클을 분리하여 증폭함으로써 전력 효율을 크게 높일 수 있다.
- 증폭기는 크게 소신호 증폭기와 전력 증폭기의 두 종류로 나누어진다.
- 소신호 증폭기의 목적은 매우 미약한 신호, 즉 소신호를 일정한 수준까지 증폭하기 위한 것이다.

- 충분히 증폭된 소신호는 이미 소신호가 아니므로 이를 소신호와 비교하여 대신호(large signal)라 하며, 대신호를 취급하는 증폭기를 대신호 증폭기 또는 전력 증폭기라 한다.

연 습 문 제

1. 트랜지스터의 구조와 바이어스 접속법을 설명하시오.

2. PNP형과 NPN형 트랜지스터의 전기적 기호를 그려라.

3. 트랜지스터의 증폭 원리에 대하여 설명하시오.

4. 전력증폭기의 효율을 구하시오.

5. 연산증폭기의 특징에 대하여 설명하시오.

6. 연산증폭기의 외부저항을 적절히 선택하여 반전, 비반전 증폭기를 설계하시오.

제10장

전기기기

10.1 변압기의 원리

변압기는 어떤 크기의 전압을 가지는 교류 전기에너지를 자계 작용을 통해 다른 크기의 전압을 가지는 교류 전기 에너지로 변환시키는 장치이다. 변압기는 공통의 강자성체에 감겨진 두 개 내지 그 이상의 코일로 이루어져 있다.

이런 코일들은 보통 직접 연결되어 있지는 않다. 단지 두 코일들 사이의 상호 작용은 철심안에 존재하는 공통의 자속을 통해 이루어진다. 변압기 권선들 중의 하나는 교류전원에 연결되어 있고 다른 권선은 부하에 전기 전력을 공급한다. 전원과 연결된 변압기 권선을 일차권선 즉 입력 권선이라고 하고 부하에 연결된 권선을 2차권선 즉 출력권선이라고 한다.

(1) 상호 인덕턴스

코일에 흐르는 전류가 증가, 감소 또는 방향이 바뀌면 코일 주변의 전자계는 확장되거나 감소되는 등 반대로 됨을 상기하자.

2차 코일이 1차 코일에 매우 가까이 위치하면 변화하는 자속선들은 2차 코일과 쇄교하게 되며, 따라서 그림 10.1에 보인 것처럼 자기적으로 결합되어 전압이 유도된다. 두 코일이 자기적 결합을 이룰 때, 두 코일 사이에는 자기적 결합 이외에 어떠한 전기적 연결도 없기 때문에 전기적으로 분리된 상태이다. 만약, 1차 코일의 전류에 의하여 2차 코일에 유도된 전압의 크기는 두 코일 사이의 상호 인덕턴스(mutual inductance)L_M에 의존한다. 상호 인덕턴스는 두 코일의 인덕턴스 (L1과 L2)와 두 코일의 결합계수(K)에 의하여 정해진다.

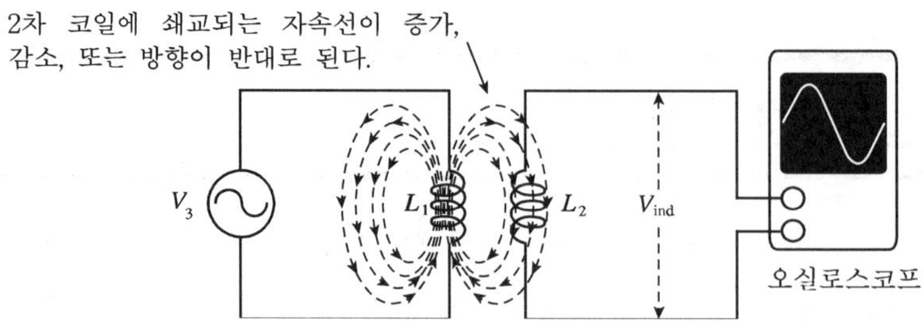

그림 10.1 1차 코일에 흐르는 전류에 의해 2차 코일에 유도되는 전압 유도

(A)결합계수

두 코일의 결합계수(coupling coefficient) K는 1차 코일에 의해 2차 코일에 쇄교된 자속 (ϕ_1)의 비로 표현된다.

$$K = \frac{\phi_{1-2}}{\phi_1} \qquad (10\text{-}1)$$

예를 들어, 1차 코일에 발생된 총 자속의 반이 2차 코일과 쇄교되었다면 K = 0.5가 된다. K가 큰 값을 갖는다는 것은 1차 코일의 전유의 변화에 대해 2차 코일에 유도된 전압이 더 커짐을 의미한다. K는 단위가 없다. 자력선(자속)의 단위는 weber, 또는 간단히 Wb로 나타낸다.

결합계수 K는 코일들이 물리적으로 얼마나 가까이 있는지와 도선이 감긴 코어 재료의 종류에 따라 다르다. 또한, 코어의 구조와 형태 역시 요인이 된다.

(B)상호 인덕턴스

상호 인덕턴스 L_M에 영향을 미치는 세 가지 요소 (K, L_1, L_2)를 그림 10.2에 나타내었다. 상호인덕턴스는 식 (10-2)로 표시된다.

$$L_M = K\sqrt{L_1 L_2} \qquad (10\text{-}2)$$

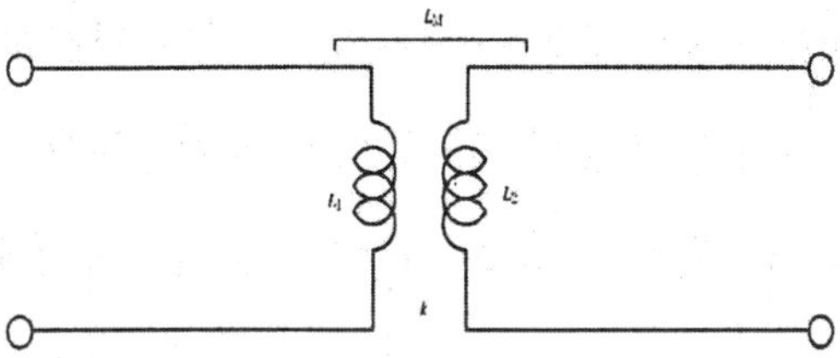

그림 10.2 두 코일의 상호 인덕턴스

예제 10-1

어떤 코일의 총 자속이 50[Wb]이고, 2차 코일과 쇄교된 자속이 20[Wb]일 때 결합계수 K는 얼마인가?

풀이

$$K = \frac{\phi_{1-2}}{\phi_1} = \frac{20\,Wb}{50\,Wb} = 0.4$$

예제 10-2

2개의 코일이 단일 코어에 감겨있다. 결합계수 $K = 0.3$이고, 1차 코일의 인덕턴스는 10[μH], 2차 코일의 인덕턴스는 15[μH]일 때, L_M은?

풀이

$$L_M = k\sqrt{L_1 L_2} = 0.3\sqrt{(10\mu H)(15\mu H)} = 3.67\ [\mu H]$$

10.2 변압기 일반

그림 10.3(a)는 변압기의 도식적 그림이다. 그림에 나타낸 바와 같이 한쪽 코일은 1차

권선(primary winding), 다른 코일은 2차 권선(secondary winding)이라고 부른다. 기본적으로, 그림 5.3(b)와 같이 1차 권선에 전압원이 인가되고, 2차 권선에 부하가 연결된다.

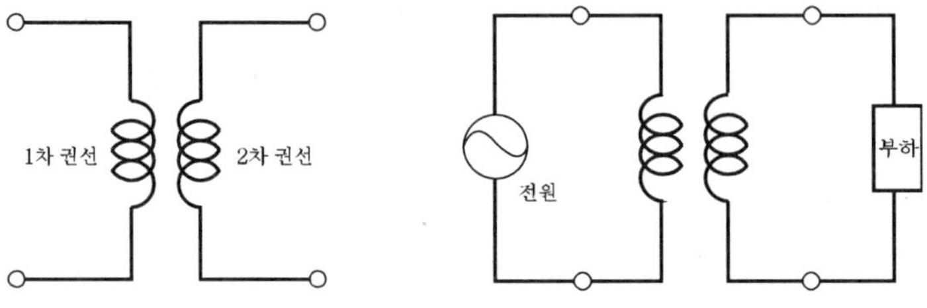

(a) 변압기 기호　　(b) 전원과 부하의 결합

그림 10.3 변압기의 기호

변압기의 권선은 코어(core)의 주위에 감는다. 코어는 권선의 위치를 위한 물리적 구조와 자속선이 코일 가까이에 집중될 수 있도록 자기통로를 제공한다. 코어의 재료로는 공기, 페라이트, 철의 세 가지 종류로 나눌 수 있다. 각 종류의 도식적 기호를 그림 10.4에 나타내었다.

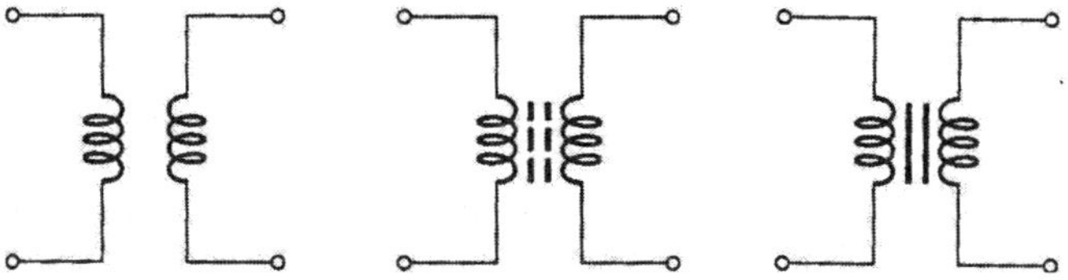
(a) 공심　　(b) 페라이트심　　(c) 철심

그림 10.4 코어의 종류에 따른 변압기의 도식적 기호

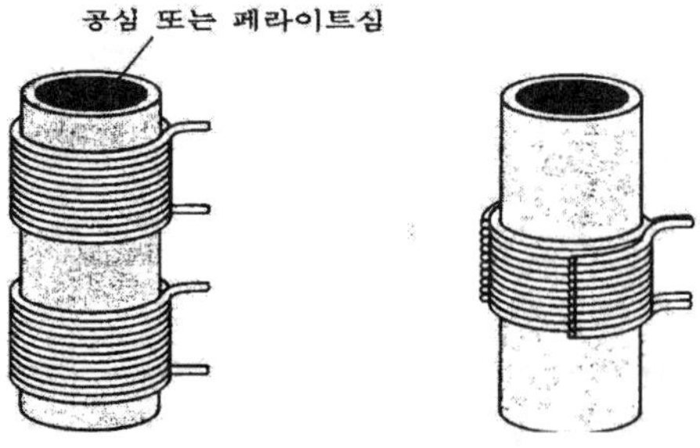

(a) 느슨히 결선된 권선　　(b) 강하게 결합된 권선

그림 10.5 원통형 코어 변압기

공기와 페라이트 코어 변압기는 일반적으로 고주파 응용에 사용되며, 그림 10.5에 보인 바와 같이 속이 비어 있거나(공기) 페라이트로 채워진 절연된 외피 상에 권선이 위치하는 구조로 되어있다. 도선은 보통 권선들 사이에 서로 단락되는 것을 방지하기 위해 니스 종류의 피막을 씌운다. 1, 2차 권선 사이의 자기결합(magnetic coupling)의 크기는 코어 재료의 종류와 권선의 상대적인 위치로 결정된다. 그림 10.5(a)에서는 두 코일이 떨어져 있기 때문에 느슨하게 결합되어 있으며, 그림 10.5(b)에서는 겹쳐 있기 때문에 아주 강하게 결합되어 있다. 강하게 결합될수록 주어진 1차측 전류에 대해서 2차 코일에 유도되는 전압은 커진다.

철심 변압기는 보통 가청주파수와 전력응용에 사용된다. 이들 변압기는 그림 10.6에 보인 바와 같이 서로 절연된 강자성체의 얇은 판으로 성층시킨 구조의 코어 위에 권선의 한 형태로 이루어져 있다. 이러한 구조는 자속선의 통로를 쉽게 만들고, 권선 사이의 결합의 정도를 증가시킨다. 철심 변압기의 두 가지 주요 형태를 그림 10.6(a)와 (b)에 나타내었다. (a)의 내철형(core-type) 구조에서는 성층철심에 감긴 권선이 서로 분리되어 있다. (b)의 외철형(shell-type) 구조에서는 한 지주에 두 권선이 겹쳐 있다.

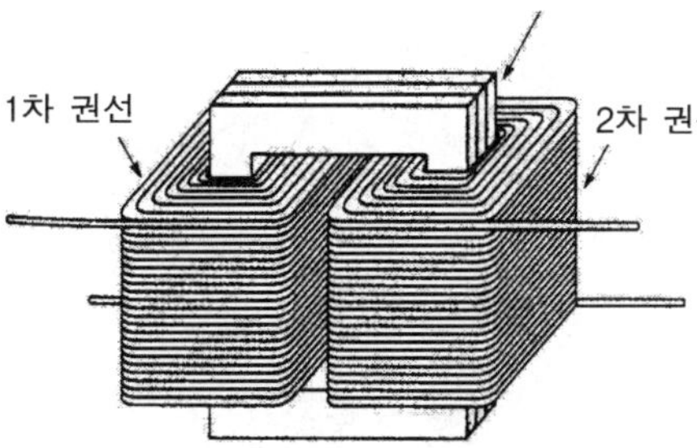

(a) 권선이 분리된 내철형

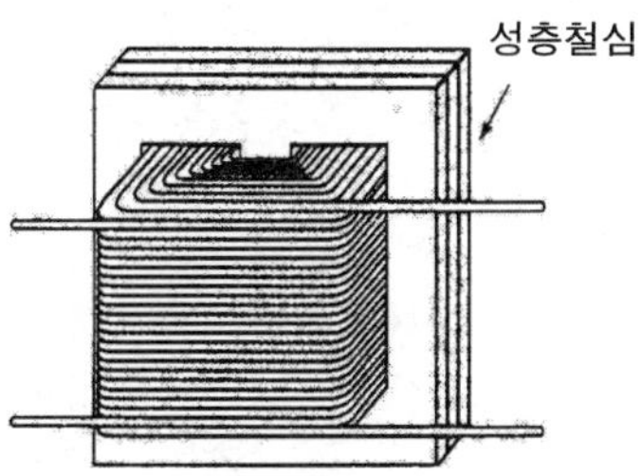

(b) 동일한 코어에 감은 외철형

그림 10.6 다층권선의 철심 변압기 구조

(A) 권선비

변압기의 중요한 파라미터는 권선비(turn ratio)이다. 권선비는 2차 권선의 권수(N_s)에 대한 1차 권선의 권수(N_p)의 비이다. 어떤 문헌에서는 권선비를 2차 권선수에 대한 1차측 권선수의 비로 정의하기도 한다.

$$a = \frac{N_p}{N_s} \tag{10-3}$$

다음 절에서 권선비가 변압기에서 전압과 전류에 어떤 영향을 미치는지 알 수 있을 것이다. 흔히, 변압기에서는 권선비는 표시하지 않고, 1차 권선과 2차 권선 양단의 전압이 표시되어 있다.

예제 10-3

어떤 레이더 시스템에 사용된 변압기의 1차 권선이 200회, 2차 권선이 50회 이다. 권선비는 얼마인가?

풀이

권선비는 $N_p = 200, N_s = 50 \quad a = \frac{N_p}{N_s} = \frac{200}{50} = 4$

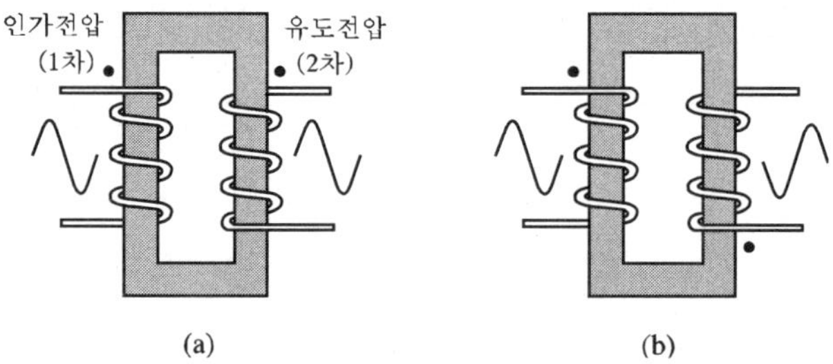

(a) 1, 2차측 전압이 권선의 방향과 자기통로 주위에서 같으면 동위상,
(b) 1,2차측 전압이 권선의 방향과 반대이면 180°의 위상차

그림 10.7 전압의 상대적인 극성은 권선의 방향으로 결정

(B) 권선의 방향

변압기에서 또 하나의 중요한 파라미터는 코어 주위의 권선 방향이다. 그림 10.7에서

설명한 것과 같이 권선의 방향은 1차측 전압에 대한 2차측 전압의 극성을 결정한다. 그림 10.8에 보인 것과 같이 극성을 표시하기 위하여 위상점을 사용한다. 1차측의 위상점에서 (+)이면 2차측의 위상점에서 (-)가 된다.

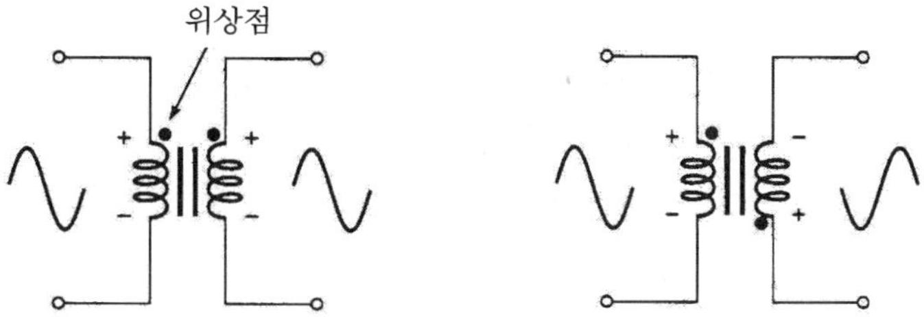

(a) 전압은 동위상 (b) 전압은 역위상

그림 10.8 위상점은 1, 2차측 전압의 일치된 극성을 나타낸다.

10.3 전동기 원리

(1) 간단한 회전 루프

부하와 자계 변화에 대한 선형기의 응답은 실제 직류 발전기와 전동기의 작동원리와 거의 유사하다. 그러나 실제 발전기와 전동기는 직선으로 움직이지 않고 회전하게 된다. 실제 직류기를 이해하기 위한 다음 단계는 회전기기의 가장 간단한 모형을 공부하는 것이다.

그림 10.4는 가장 간단한 회전형 직류기의 모형을 보여 주고 있다. 그것은 고정된 축 주위를 회전하는 단일 루프 권선으로 구성되어 있다. 이 기기의 회전 부분을 회전자(rotor)라 부르며, 고정된 부분을 고정자(stator)라 부른다. 이 기기의 자계는 그림 10.4의 고정자의 자극 N극과 S극에서 공급된다.

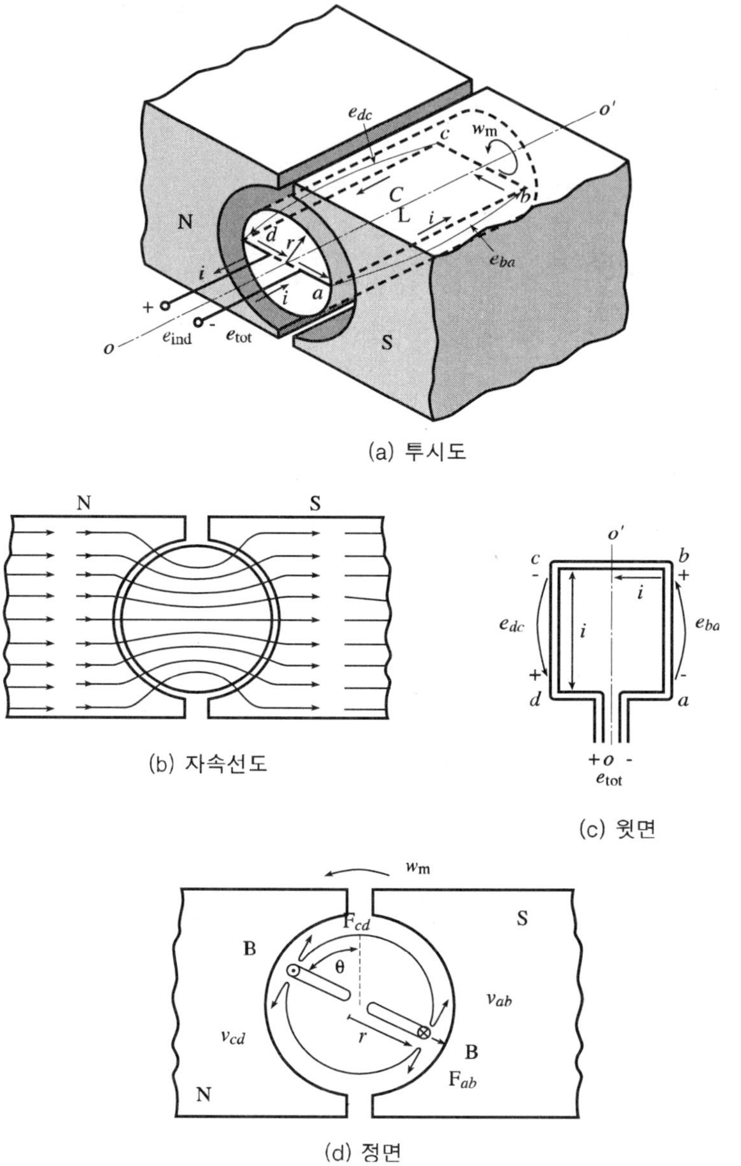

(a) 투시도

(b) 자속선도

(c) 윗면

(d) 정면

그림 10.4 곡면 극 사이의 간단한 회전루프

회전자 권선의 루프는 강자성체 철심의 슬롯속에 넣어 있다는 것에 주의하라. 곡면 형상의 극 표면을 가진 철심 회전자는 고정자와의 사이에 일정 간격의 공극을 형성한다. 공기의 자기저항은 철의 자기저항보다 매우 크다는 것을 기억하라. 기기를 통과하는 자로의 자기저항을 최소로 하기 위해서는, 자속은 극 표면과 회전자 표면 사이의 공극을 통하여 가능한 한 가장 짧은 자로를 택해야 한다.

자속은 공기를 통해 가장 짧은 길을 택해야하므로, 극 표면 밑의 어디에서나 회전자의 표면과 수직이 된다. 또한, 공극은 일정한 간격이고, 자기저항은 극 표면의 어디에서나 동일하다. 자기저항이 일정하다는 것은 자속밀도가 극 표면 어디에서나 일정하다는 것을 의미한다.

(A) 회전 루프의 유도전압

만약 기기의 회전자가 회전한다면, 권선 루프에 전압이 유기 될 것이다. 전압의 크기와 모양을 결정하기 위해서 그림 10.5를 관찰해보자. 권선의 루프는 직사각형이고, 변 ab와 cd는 지면과 수직이고, 변 bc와 da는 지면과 평행이다. 자계는 일정하고 극 표면 어디에서나 회전자의 표면과 수직이며, 극의 모서리를 지나면 급격히 0 으로 떨어진다.

루프의 총전압 e_{tot} 를 결정하기 위해서는, 루프의 각 선분을 각 각 조사하여 모두 합성 전압에 합산한다. 각 선분의 전압은 식 (10-12)와 같다:

1. 선분 ab. 이 선분에서, 권선의 속도는 회전 방향에 대해서 접선이다. 자속밀도 B는 극 표면 어디에서나 회전자 표면에 수직으로 나오고 극 표면의 모서리를 지나서면 0 이다. 극 표면에서도 V는 B와 수직이며 V×B는 지면의 속으로 향한다. 그러므로 선분의 유도 전압

$$eind = (V \times B) \cdot I \qquad (10\text{-}12)$$

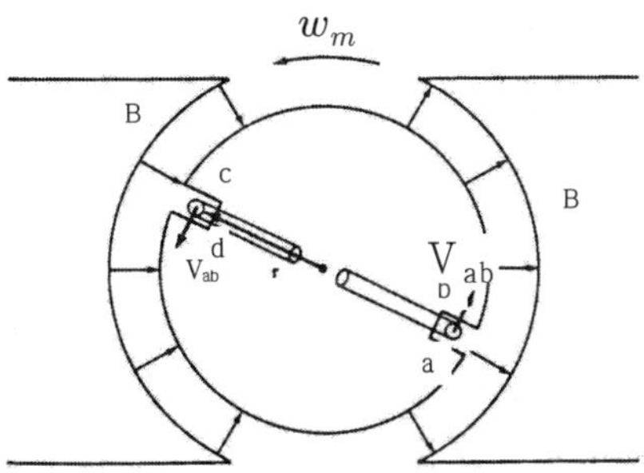

그림 10.5 루프에 유도된 전압 방정식의 유도

$$e_{ba} = (\mathrm{v} \times \mathrm{B}) \cdot \mathrm{l} \qquad (10\text{-}13)$$

$$= \begin{cases} vBl & : \text{양(+)이며 지면 속으로, 극표면아래에서} \\ 0 & : \text{극표면 모서리를지나서} \end{cases}$$

2. 선분 bc. 이 선분에서, V×B는 지면 안이나 밖으로 나오고, 길이l은 지면의 깊이므로, V×B는 l과 수직이다. 그러므로 선분 bc의 전압은 0이 될 것이다.

$$e_{cb} = 0 \qquad (10\text{-}14)$$

3. 선분 cd. 이 선분에서, 권선의 속도는 회전 방향에 접선이다. 자속밀도는 극표면 어디에서나 회전자 표면과 수직으로 향하고 극 표면의 모서리를 지나면 0 이 된다. 극 표면의 밑에서, 속도v는 B와 수직이며, 벡터v×B는 지면의 밖으로 향한다. 그러므로 선분의 유도 전압은

$$e_{dc} = (\mathrm{v} \times \mathrm{B}) \cdot \mathrm{l} \qquad (10\text{-}15)$$

$$= \begin{cases} vBl & : \text{양(+)이며 지면 밖으로 극표면 아래에서} \\ 0 & : \text{극표면 모서리를지나서} \end{cases}$$

4. 선분 da. 선분 bc와 똑같이, v×B는l과 수직이다. 그러므로 이 선분의 전압 또한 0이 될 것이다:

$$e_{ad} = 0 \qquad (10\text{-}16)$$

루프의 총전압 $e$tot은 다음과 같다

$$e_{\in d} = e_{ba} + e_{cb} + e_{dc} + e_{ad} \qquad (10\text{-}17)$$

$$e_{\in d} = \begin{cases} 2vBl & \text{극표면 아래에서} \\ 0 & \text{극표면 모서리를 지나서} \end{cases}$$

루프가 180[°]회전할 동안, 선분 ab는 S극 대신 N극 밑에 있게 된다. 이때에 선분의 전압 방향은 역으로 되나 크기는 일정하게 된다. 결과 총전압 e_{tot}는 그림 10.6과 같이 시간 함수로 표현된다.

식 (10-17)를 표현하는 대체 방법이 있으며, 그것은 확실히 단일 루프에서의 동작과 실제의 더 큰 직류기에서의 동작과 관계가 있다는 것이다. 이 대체 표현을 유도하기 위해서는 그림 10.7을 관찰해 보자. 루프 모서리의 접선속도 v는 다음과 같이 표현될 수 있다.

$$v = rw$$

여기서 r은 루프의 회전 반지름이고 w는 루프의 각속도이다. 이 식을 식 (10-17)에 치환하면

$$e_{\in d} = \begin{cases} 2rwBl & \text{극표면 아래에서} \\ 0 & \text{극표면 모서리를 지나서} \end{cases}$$

$$= \begin{cases} 2rlBw & \text{극표면 아래에서} \\ 0 & \text{극표면 모서리를 지나서} \end{cases}$$

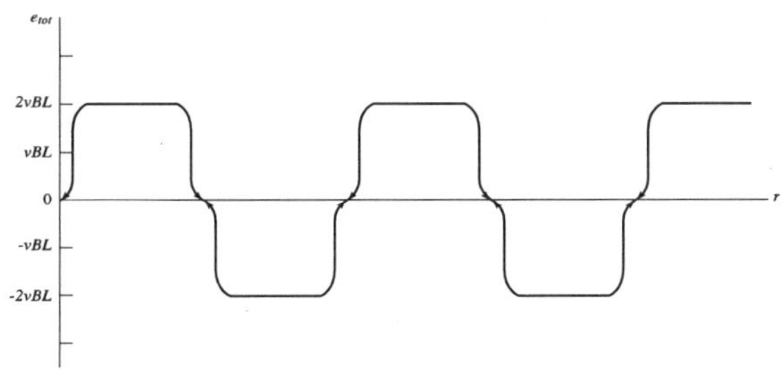

그림 10.6 루프의 출력전압

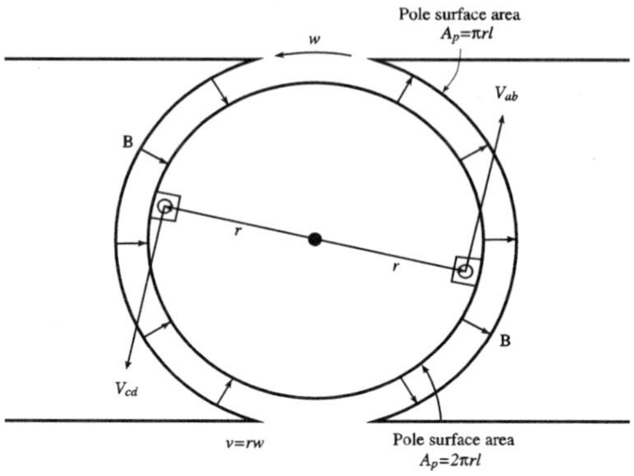

그림 10.7 유도 전압의 도출

그림 10.7을 보면 회전자 표면은 원통형이며 회전자의 표면적 A는 $2\pi rl$ 이다. 두 극이 있으므로, 각 극의 아래의 회전자의 면적(극사이의 작은 갭은 무시한다)은 $A_P \approx \pi rl$ 이다. 그러므로

$$e_{\in d} = \begin{cases} \dfrac{2}{\pi} A_P B w & \text{극표면 아래에서} \\ 0 & \text{극표면 모서리를지나서} \end{cases}$$

자속밀도 B는 극 표면 아래의 공극은 어디에서나 일정하기 때문에, 각 극 밑의 총 자속은 극면적에 자속밀도를 곱한 것이다:

$$\phi = A_P B$$

그러므로 전압방정식의 최종 형태는 다음과 같다.

$$e_{\in d} = \begin{cases} \dfrac{2}{\pi} \phi w & \text{극표면 아래에서} \\ 0 & \text{극표면 모서리를지나서} \end{cases} \qquad (10\text{-}18)$$

그러므로 이 기기에서 발생한 전압은 기기의 내부 자속과 회전 속도, 그리고 기기의

기계 구조 상수를 곱한 것과 동일하다. 일반적으로, 어떤 실제 기기의 전압은 다음과 같은 세 가지 요소에 의하여 결정된다.

1. 기기의 자속
2. 회전속도
3. 기계 구조 상수

(B) 회전루프에서 직류전압 출력

그림 10.6은 회전루프에서 발생된 전압 e_{tot}를 그린 것이다. 그림을 보면, 루프에서의 전압은 일정한 양의 값과 음의 값을 교대로 갖는다. 이 기기에서 어떻게 하면 현재의 교류 전압 대신에 직류전압을 생성하게 할 수 있을까?

이렇게 할 수 있는 한 가지 방법을 그림 10.8(a)에서 보여 주고 있다. 두 개의 반원 도체편을 루프의 끝에 설치하고, 2 개의 고정 접촉자를 전압이 0이 되는 각도, 즉 두 접촉자가 두 개의 도체편을 단락 시키도록 맞춘다. 이렇게 하는 방법은, 루프의 전압이 방향을 바꿀 때 마다, 접촉자도 연결을 바꾸고, 접촉자의 출력이 항상 그림 10.8(b)와 같이 같은 방향이 되도록 한다. 이연접촉-스위칭 과정을 정류라 한다. 이 회전하는 반원형 도체편을 정류자편이라 부르며, 고정 접촉자를 브러시라 부른다.

(C) 회전루프에서의 유도 토크

축전지가 그림 10.8의 기기에 연결되었다고 가정하자. 그 전체 구성 결과는 그림 10.9에서 보여주고 있다. 스위치가 닫히고 전류가 흐르게 될 때 루프에 발생하는 토크는 얼마나 되는가? 토크를 결정하기 위해서, 그림 10.9(b)의 루프를 자세히 보자.

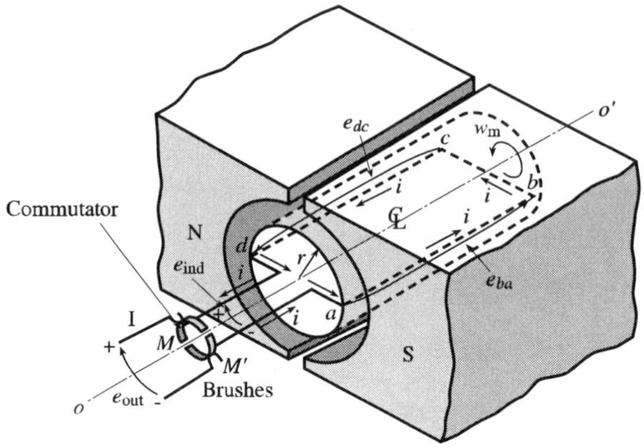

(a) 투시도

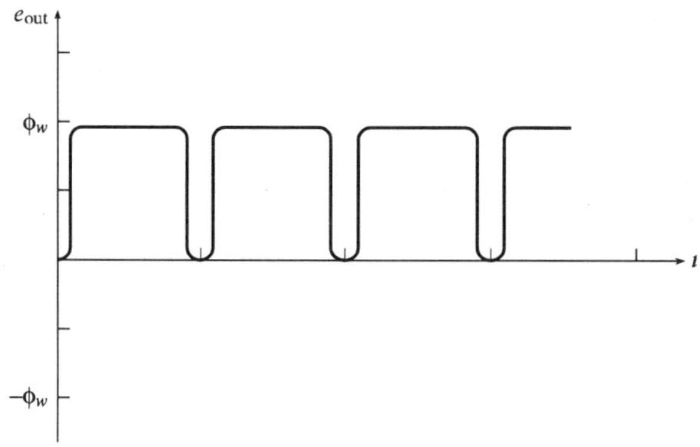

(b) 출력전압

그림 10.8 정류기와 브러쉬가 있는 기기로 부터 직류.

루프의 토크를 결정하는 것은 한 번에 하나의 정류자편을 관찰하고 각 정류자편의 결과를 모두 합산하는 것이다. 루프의 한 정류자편에 작용하는 힘은 식 (10-19)와 같고

$$F = i(\mathrm{l} \times \mathrm{B}) \tag{10-19}$$

정류자편에 작용하는 토크는

$$\tau = rF\sin\theta \tag{10-20}$$

여기서 r과F사이의 각도가 θ이다. 토크는 루프가 극의 모서리를 벗어나면 언제나 반드시 0 이다.

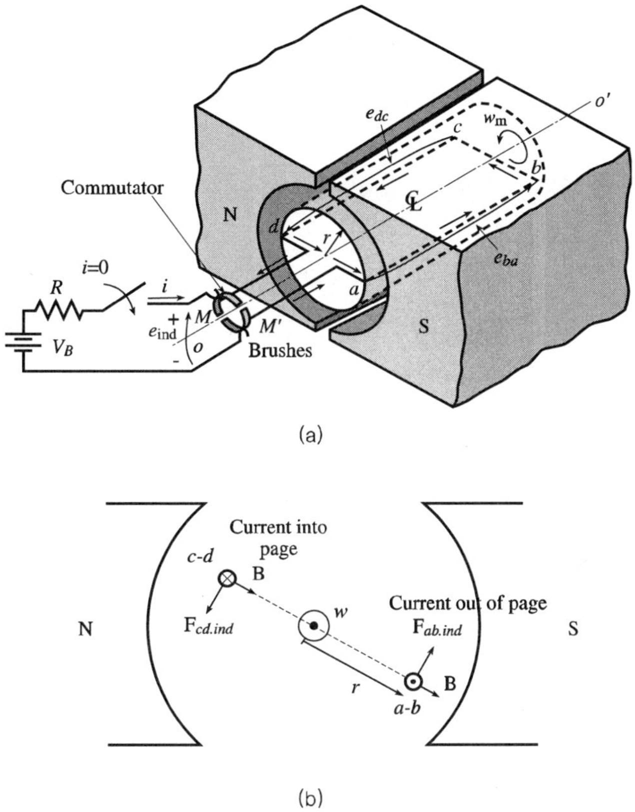

그림 10.9 루우프의 유도 토오크 방정식의 도출. 그림의 명확성을 위하여 철심은 (b)부분에서 나타내지 않았음

루프가 극 아래 있을 때에, 토크는

1. 선분 ab. 선분 ab에서, 전원으로부터 전류는 지면 위로 나오는 방향이다. 극 표면 아래의 자계는 회전자에서 방사상으로 향하므로, 권선에 작용하는 힘은 다음과 같다

$$F_{ab} = i(l \times B) \qquad (10\text{-}21)$$
$$= ilB \qquad \text{운동방향으로의 접선}$$

이 힘으로 인한 회전자 토크는

$$\tau_{ab} = rF\sin\theta$$
$$= r(ilB)\sin 90^{o}$$
$$= rilB \qquad \text{반시계 방향}$$

2. 선분 bc. 선분 bc에서, 전원으로 부터 흐르는 전류는 그림의 좌측 위에서 우측 아래로 흐른다.

권선에 유도된 힘은

$$F_{bc} = i(l \times \mathrm{B}) \tag{10-22}$$
$$= 0 \qquad l\text{과 } B\text{가 평행일 때}$$

그러므로 $\tau_{bc} = 0$ 이다. (10-23)

3. 선분 cd. 선분 cd에서, 전원으로부터의 전류는 지면 속으로 향하고 있다. 극 표면 아래의 자계는 방사상으로 회전자로 향하고 있으므로, 권선에 작용하는 힘은 다음 식으로 주어진다.

$$\mathrm{F}_{cd} = i(\mathrm{l} \times \mathrm{B}) \tag{10-24}$$
$$= ilB \qquad \text{운동 방향의 접선}$$

이 힘으로 인한 회전자 토크는

$$\tau_{cd} = rF\sin\theta$$
$$= r(ilB)\sin 90^o$$
$$= rilB \qquad \text{반시계 방향}$$

4. 선분 da. 선분 da에서, 전원으로부터 흐르는 전류는 그림의 좌측 위에서 우측 아래로 흐른다. 권선에 유도된 힘은 다음 식으로 주어진다.

$$\begin{aligned} \mathrm{F}_{\mathrm{da}} &= i(\mathrm{l}\times\mathrm{B}) \\ &= 0 \qquad \text{l과 B가 평행일 때} \end{aligned} \tag{10-25}$$

그러므로 $\tau_{bc} = 0$이다. (10-26)

루프의 총 유도 토크는 다음과 같다

$$\tau_{\in d} = \tau_{ab} + \tau_{bc} + \tau_{cd} + \tau_{da} \tag{10-27}$$

$$\tau_{\in d} = \begin{cases} 2rilB & \text{극표면 아래에서} \\ 0 & \text{극표면 모서리를 지나서} \end{cases}$$

$A_P = \approx \pi rl$과 $\phi = A_P B$ 라는 사실을 이용하여, 토크를 표현하면 다음과 같다.

$$\tau_{\in d} = \begin{cases} \dfrac{2}{\pi}\phi i & \text{극표면 아래에서} \\ 0 & \text{극표면 모서리를 지나서} \end{cases} \tag{10-28}$$

그러므로 기기에서 발생된 토크는 기기에서의 자속과 전류, 기계적 구조상수를 표현한 양을 곱한 것의 결과이다(극 표면으로 덮힌 회전자의 비율). 일반적으로, 어떤 실제 기기의 토크는 다음과 같이 똑같은 세 가지 요소에 의하여 결정된다.

1. 기기의 자속
2. 기기의 전류
3. 기계적 구조상수

10.4 직류기

직류기의 간단한 개략도를 그림 10.10에서 보여주고 있다.

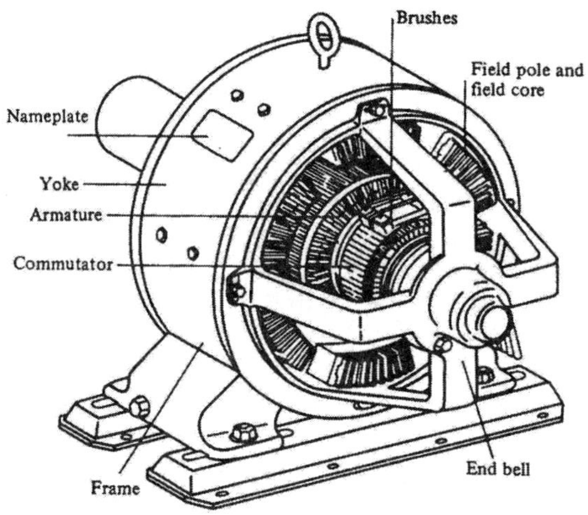

그림 10.10 직류기의 개략도

직류기의 물리적인 구조는 두 부분으로 이루어져 있다. 고정자 혹은 고정되어 있는 부분과 회전자 혹은 회전하는 부분이다. 기기의 고정되어 있는 부분에는 물리적으로 기기를 지지해 주는 프레임을 포함하고 있고, 안쪽으로 돌출되어 자속의 공급경로가 되는 자극이 포함되어 있다. 회전자에 근접한 자극의 끝 부분은 회전자 표면에 자속을 고르게 분포시키기 위하여 회전자 전면에 걸쳐 넓게 퍼져 있다. 이 끝부분을 자극편(pole shoes)이라 한다. 자극편에서 회전자와 면한 부분을 자극면(pole face)이라 하고, 회전자와 극면 사이의 거리를 공극이라 부른다.

10.5 동기기

전기 설비의 대부분은 교류 전력을 소비한다. 이 교류 전력을 발생하기 위하여 사용되는 것이 교류발전기이고, 이 발전기는 동기속도로 회전하게 되는데 이러한 기기를 동기기라 한다. 대표적인 것으로는 동기발전기와 동기전동기를 들 수 있으며, 이들에 대한 동작원리와 그 구조에 대해서 간단히 설명하기로 한다.

(1) 원리 및 구조

그림 10.11과 같이 원통형 성층철심의 안쪽 둘레에 3조의 권선 aa', bb', cc'를 $2/3\pi$ [rad]만큼씩 띄어서 배치하고, 그 속에 자극을 회전시키면 그림 (b)와 같은 3상 교류를 얻는 것이 동기 발전기이다.

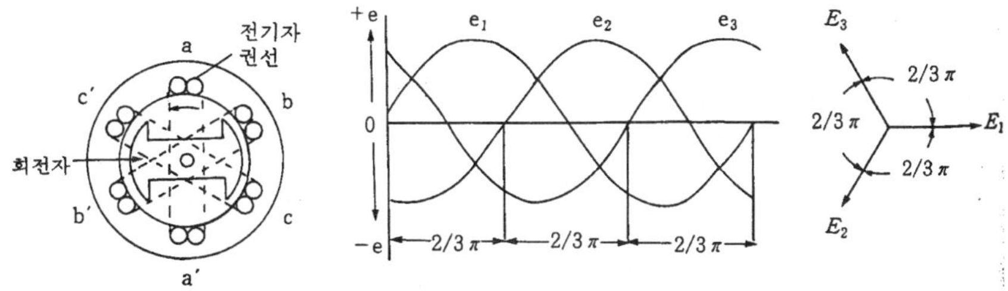

(a)권선 (b)파형 (c)벡터도

그림 10.11 3상 동기 발전기

이 발전기의 구조는 자속을 공급하는 계자와 자속을 끊어서 기전력을 유도하는 전기자로 구성되어 있으며 극히 소용량의 것을 제외하고는 그림 10.12와 같이 전기자를 고정자로, 계자를 회전자로 하는 회전계자형이 주로 사용된다. 계자는 전자식으로 되어 있으며 계자 권선에 흐르는 전류를 여자전류라 하며 이 여자전류를 공급하는 발전기를 여자기라 한다.

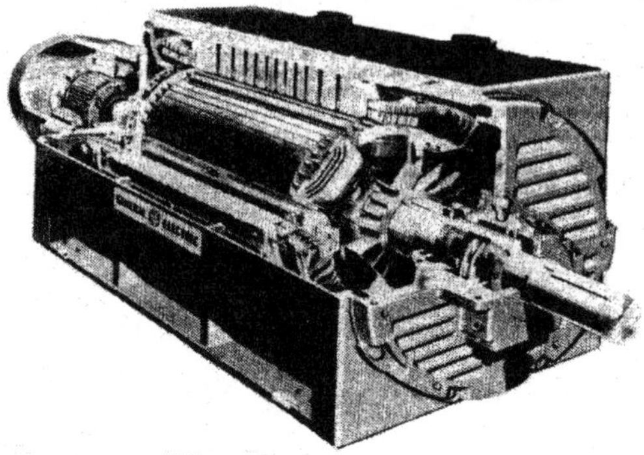

그림 10.12 동기전동기의 구조

동기전동기는 동기속도로 운전하는 교류 전동기로 회전속도와 전원 주파수에 비례하고, 유도전동기와 같은 슬립이 없다. 전원 주파수가 일정하면 회전속도가 일정하고, 역률 100[%]로 운전할 수 있으며 저속도일 경우에는 유도전동기보다 효율이 높은 이점이 있으므로 시멘트 공장의 분쇄기, 제지 공장의 쇄목기, 대형의 공기 압축기, 송풍기 등에 널리 사용한다.

(2) 동기 전동기의 원리

그림 10.13과 같이 단상 동기기의 전기자에 어떤 주파수의 교류를 가하면, 그림 10.13의 (a)와 같이 전기자 권선 A, B에 그림과 같은 방향으로 전류가 흐르고 그 값이 최대일 때 가상 자극 N'와 S'가 생긴다. 이 때 전기자 권선A, B바로 밑에 계자극인 S, N극이 놓여 있다고 하면, 전자력이 화살표 방향으로 계자극 N, S가 회전하며, 자극이 반 회전했을 때 그림(b)와 같이 계자극이 놓여 지면 전기자 권선의 전류도 변화하여 계자극은 같은 방향으로 회전을 계속한다. 이때, 만약 자극이 반 회전하지 않고 그림(c)의 위치라 하면, 자극이 받는 토크는 처음과 반대 방향이 되므로 회전을 계속할 수 없다. 이와 같이 2극일 때는 회전자가 항상 토크를 받아 회전을 계속하기 위해서, 자극이 교류의 반주기 사이에 반드시 1/2 회전하지 않으면 안 된다. 3상 동기전동기는 이러한 원리를 이용한 것으로 전기자 권선에 3상 교류를 흘리면 회전자장이 발생하는데, 처음 자극이 정지한 상태에서는 회전자장의 속도가 동기속도라 회전자 토크는 영이 되어 기동하지 못한다. 그러므로 회전자를 미리 어떠한 방법으로 기동해 놓고 동기속도에 이르게 해 놓지 않으면 일정한 회전력을 낼 수 없다.

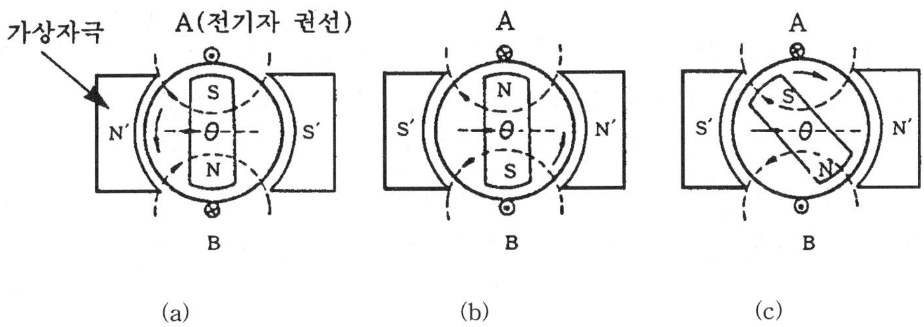

그림 10.13 동기 전동기

10.6 유도기

(1) 아라고 원판

유도 전동기의 기본 원리는 아라고(D. F. Arago)의 원판이 회전하는 원리를 이용한 것이다. 그림 10.14와 같이 비자성체의 동 또는 알루미늄 원판을 자유롭게 회전하도록 지지하고 그 원판 주변이 자극 N. S 사이에 들어가도록 하여 자극을 원판 주변을 따라 시계 방향으로 회전시키면, 그 원판은 자극을 따라 같은 방향으로 회전하게 된다. 원판이 회전하게 되는 것은 플레밍의 오른손법칙(Fleming's right hand rule)에 의하여 원판에는 자속을 끊고 기전력이 유기되어 그림과 같이 와전류가 흐르게 된다. 이 전류는 N, S 자극 사이에서 흐르기 때문에 플레밍의 왼손법칙(Fleming's left hand rule)에 의하여 시계 방향으로 전자력을 받아서 회전하게 된다.

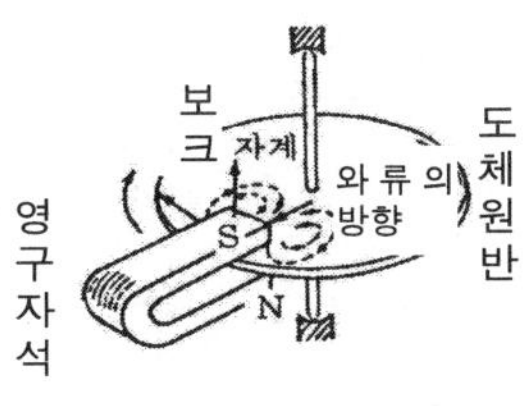

그림 10.14 아라고 원판

(2) 회전자계

그림 10.15(a)는 간단한 3상 유도전동기의 단면을 표시한 것으로 고정자에는 동기발전기의 경우와 같이 홈(slot) 안에 3개의 코일 AA', BB', CC'가 들어있다. 이 권선은 Y결선인 3상 권선으로 되어 있다. 회전자는 농형 회전자로 원통 표면에 동봉이 들어 있다.

그림(b)는 3상 교류 A상, B상, C상의 전류가 각각 120° 씩의 위상차로 흐르는 순시치 전류파형을 나타낸다. 전류의 크기와 방향이 시간적으로 변하고 있다.

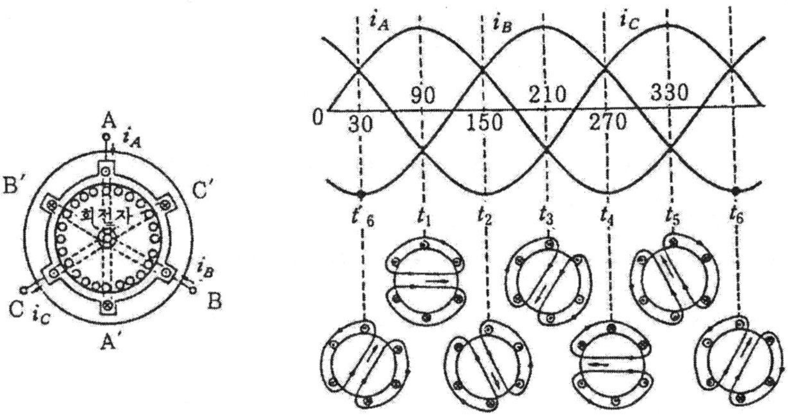

그림 10.15 3상 교류의 회전자계

전류 i_A, i_B, i_C 는 각각 A, B, C코일에 흐르는 것으로 한다. 지금 그림(a)와 같이 고정자권선 단면의 전류방향을 각상의 전류+방향이라고 가정한다. 그러면 시간 t일 때 A는 +방향이므로 그림(a)의 A코일 단면의 전류방향과 같고, i_B, i_C 는 -방향이므로 그림(a)의 B, C코일 단면의 전류방향과 반대로 된다. 따라서 3개 코일의 전류로 이루어지는 자속의 합성은 그림과 같이 화살표 방향이 된다. 시간 t2, t3...t6의 경우도 같은 방법으로 생각한다. 그러면 합성된 자계는 1사이클 동안에 시계방향으로 1회전한다. 주파수 60[Hz]인 경우에는 1초 동안에 60회전 하게 된다. 이 때 합성 자속이 고정자에서 나오는 부분이 N극이고 고정자로 들어가는 부분이 S극이 된다. 그러므로 이 경우는 2극의 전동기로 된다. 이와 같이 합성된 자계가 회전하는 것을 회전자계(rotating field)라 한다.

만약 B코일과 C코일에 흐르는 전류를 바꾸어 B코일에 i_C , C코일에 i_B 의 전류를 흐르게 하면 합성자계는 반시계 방향으로 회전하게 된다.

이와 같이 회전자계를 형성함으로써 회전자에는 자속을 끊고 기전력이 발생하여 전류가 흐르게 되므로 전자력을 받아서 회전자는 토크를 발생하여 회전한다.

3상 동기발전기에도 3상 유도전동기와 같은 권선방법을 사용하기 때문에 3상 교류가 흐르면 회전자계가 형성된다.

(3) 유도전동기의 구조

3상 유도전동기의 구조는 회전 자계를 만드는 고정자(stator)와 동력을 전달하는 회전자(rotor)로 되어있다.

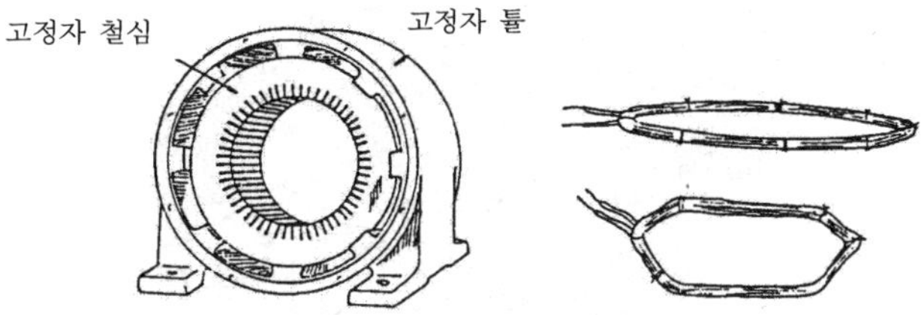

(a)고정자 틀 (b) 고정자 권선

그림 10.16 고정자

① 고정자

고정자는 그림 10.16(a)와 같이 고정자 틀, 고정자 권선 그림(b)로 되어있다. 고정자 틀은 주철 또는 강판을 사용하고 고정자 철심은 규소강판을 성층하여 홈(slot)을 만들어서 홈 안에 고정자 권선을 넣어 사용한다. 고정자 권선은 3조의 권선을 Y또는 △로 결선하여 사용한다.

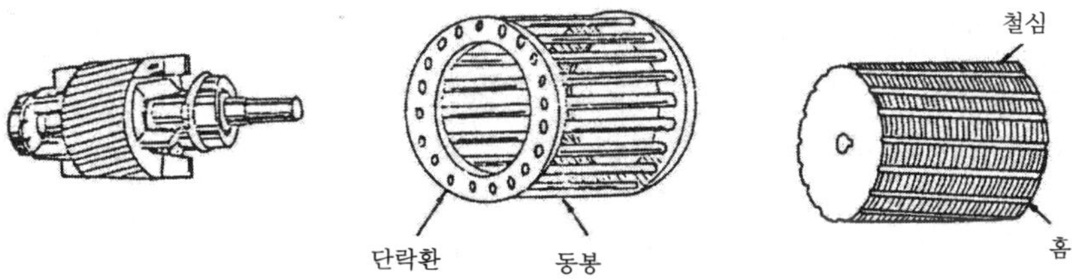

(a)농형회전자 (b)철심을 제거한 상태 성층철심 (c)성층철심

그림 10.17 농형 회전자

② 회전자

회전자는 농형회전자(squirrel-cage rotor)와 권선형 회전자(wound type rotor)의 두 가지 종류가 있다. 농형 회전자는 그림 10.17(a)와 같고, 그림 (a)의 구조는 그림 (b)와 같이 두 개의 단락환 사이에 동봉이 연결된 다람쥐 바퀴모양으로 된 것이 그림 (c)와 같이 철심 안에 들어있는 것이다.

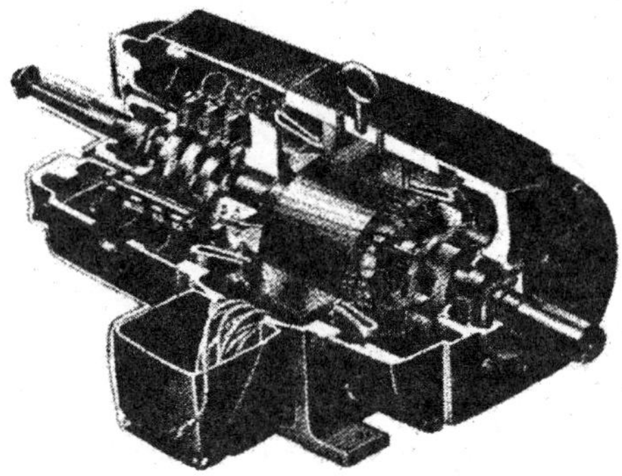

그림 10.18 권선형 유도전동기

권선형 회전자는 직류 전동기의 전기자와 같이 회전자 철심의 홈 안에 권선을 넣어서 결선을 한 후 그림 10.18과 같이 3개의 슬립링(slip ring)을 통하여 브러시를 거쳐서 3개의 단자를 밖으로 인출한다. 위와 같이 농형 회전자를 사용한 전동기를 농형 유도전동기라고 하고 권선형 회전자를 사용한 전동기를 권선형 유도전동기라 한다.

(A) 회전수와 슬립

유도전동기의 회전수는 회전 자계의 회전속도에 의하여 결정된다. 앞에서 설명한 바와 같이 2극의 유도 전동기는 1사이클에 1회전한다. 그러나 4극의 경우에는 그림 10.19(b)와 같이 고정자 권선이 만드는 자속은 4개의 극으로 형성되어 1사이클에 1/2회전한다.

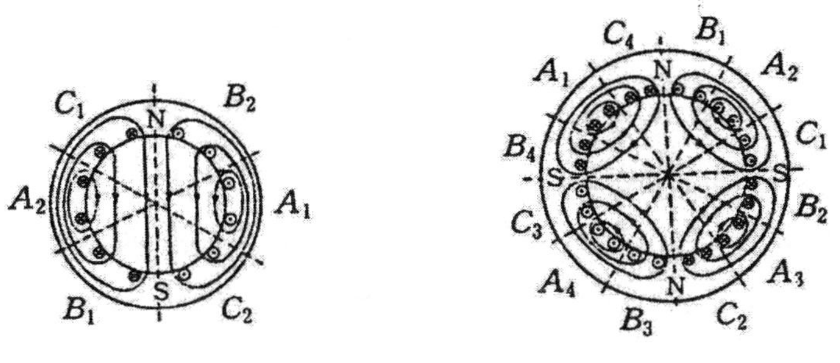

(a)2극 (b)4극

그림 10.19 3상 유도전동기의 극수

그러므로 일반적으로 P극인 경우에는 1사이클에 $1/\frac{P}{2}$회전한다. 전원 주파수를 f[Hz]라고 하면 1초 동안의 회전수는 $\frac{2f}{P}$[rpm]로 된다. 따라서 매분 회전수(revolution per minute) Ns는

$$Ns=\frac{120f}{P}[rpm] \qquad (10-29)$$

로 되며, 식 (6-29)는 동기속도의 식이 된다. 결국 회전자계의 속도는 동기속도로 회전하다. 회전자 권선은 회전 자계의 자속을 끊고 기전력을 유기하여 전류가 흘러서 전자력을 받아 토크가 발생한다. 그러므로 회전자 권선이 항상 자속을 끊고 토크가 발생하여 회전하려면 회전자는 회전 자계 의 회전 속도 보나 낮아야 한다.

실제로 회전자는 기계적인 마찰이 있기 때문에 무부하의 경우에도 회전자의 회전속도는 회전자계의 회전 속도보다 낮게 되고, 또한 기계적인 부하가 걸기면 회전 자계와 회전자의 속도는 더욱 차이가 생기게 된다. 따라서 그 속도의 차이를 나타내는데, 이를 슬립(slip)이라고 부른다.

슬립은 회전 자계의 속도를 NS[rpm], 회전자의 속도를 N[rpm]이라고 했을 때 다음과 같이 정의 한다.

$$s=\frac{N_s - N}{N_s} \qquad (10\text{-}30)$$

여기서 s는 백분율로 표시하기도 한다. 식 (10-30)에서 $N_s - N = sN_s$는 회전자계와 회전자의 속도의 차이가 되며 이 속도차로 회전자는 자속을 쇄교하게 된다. 유도 전동기의 속도 N[rpm]은 다음과 같이 표시할 수 있다.

$$N=(1-s) \quad [rpm] \qquad (10\text{-}31)$$

슬립 s=0이면, N=Ns, 즉 회전자의 속도가 회전자계의 속도와 같게 된다. 이러한 경우에 회전자의 권선은 회전자계의 자속을 끊을 수가 없기 때문에 기전력이 유기되지 않고 전류도 흐르지 않는다.

슬립 s=1인 경우는 회전자는 정지 상태에 있다. 이러한 경우에 회전자계는 동기속도로 회전하고 있기 때문에 회전자의 권선에는 가장 큰 기전력이 유기되고 전류도 많이 흐르게 된다. 슬립은 전부하에도 보통 2~4[%]정도이다.

(B) 분상 기동형단상 유도전동기

고정자 권선에는 주권선이 있고 이것과 전기각 90[°]떨어진 위치에 보조용으로 기동권선이 있다. 기동권선에는 저항과 원심력개폐기(centrifugal switch)를 직렬로 접속하여 주권선과 병렬로 접속한다. 기동권선에 저항을 직렬로 접속하여 주권선과 기동권선에 흐르는 전류간의 위상차가 생기도록 한 것이다. 그러면 불완전하지만 회전자계를 만들어서 토크가 발생하여 회전한다. 속도가 상승하면 원심력에 의하여 원심력 개폐기는 개방되고 주권선에만 단상전류가 흘러서 회전하게 된다. 전원 스위치를 열면 회전 방향을 반대로 접속하면 된다.

(C) 반발 기동형 단상 유도전동기

이 전동기는 고정자에 단상의 주권선만 감고 회전자에는 직류전동기와 동일한 정류자를 가진 권선이 되어 있으며, 정류자 2개는 한 조로 한 브러시를 통해서 단락되는데 정류자에는 이를 위해서 원심력으로 동작하는 단락장치가 되어있다.

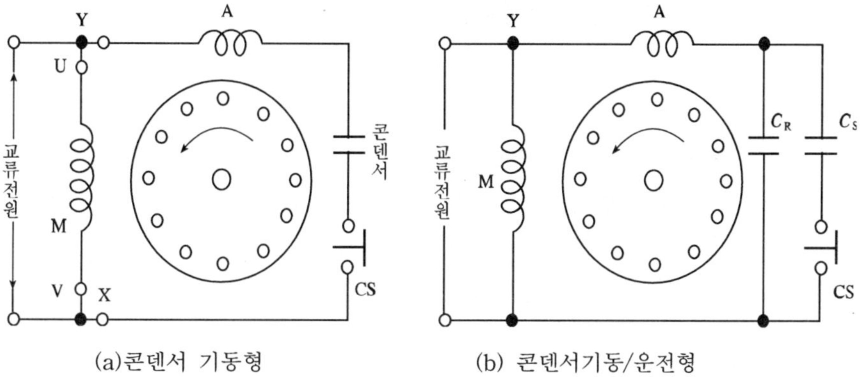

그림 10.20 콘덴서 기동형단상유도전동기

이 전동기에는 기동시에 반발기동형 전동기(repulsion type induction motor)가 되어 큰 기동 토크를 갖고 기동되는데, 기동 후 속도가 동기속도의 70~80[%]에 도달하면, 원심력 기구로 정류자를 단락, 농형 회전자로서 운전하게 된다. 용량은 대개 200~600[W]이며, 특히 큰 기동 토크를 필요로 하는 부하에 적합하다.

(D) 단상 직권 정류자 전동기

이 전동기는 믹서, 송형 전동공구, 재봉틀, 진공청소용 전동기로 쓰인다. 단상직권 정류자전동기는 직류직권전동기의 구조와 유사하며, 계자권선과 전기자 권선이 직렬로 접속되어 있기 때문에 교류를 흘려도 양 권선에 흐르는 전류의 방향이 동시에 변하여 동일한 방향으로 토크를 발생하므로 운전할 수 있다. 그러나 직류용 직권전동기를 그대로 교류용으로 사용하면 철손이 증가하거나 정류작용의 불량으로 불꽃이 생기는 등 불리한 점들이 있다.

75[W] 정도 이하의 소형 직권형 정류자 전동기는 교류, 직류 양용으로 사용할 수 있으므로 이것을 만능전동기(universal motor)라고 한다.

요 약

- 변압기는 어떤 크기의 전압을 가지는 교류에너지를 자계 작용을 이용해서 다른 크기의 전압을 가지는 교류 전기에너지로 변환시키는 장치이다.
- 상호인덕턴스는 두 코일의 인덕턴스와 결합계수에 의하여 정해진다.
- 변압기의 중요한 파라미터는 권선비이다.
- 변압기에서 또 하나의 중요한 파라미터는 코어 주위의 권선 방향이다.
- 부하와 자계 변화에 대한 선형기의 응답은 실제 직류발전기와 전동기의 작동원리와 거의 유사하다.
- 전기설비의 대부분은 교류전력을 소비한다. 교류전력을 발생하기 위하여 사용되는 것이 교류 발전기이고, 이 발전기는 동기속도로 회전하게 되는데 이러한 기기를 동기기라 한다.
- 유도 전동기의 기본 원리는 아라고의 원판이 회전하는 원리를 이용한 것이다.
- 3상 유도전동기의 구조는 회전자계를 만드는 고정자와 동력을 전달하는 회전자로 되어 있다.
-

연 습 문 제

1. 변압기의 원리에 대하여 설명하시오.

2. 1차 코일의 전류에 의하여 2차 코일에 유도된 전압의 크기는 두 코일 사이의 상호 인덕턴스에 의존한다. 이것의 상호인덕턴스를 구하시오.

3. 변압기의 권선비를 구하는 식을 작성하시오.

4. 3상 동기 발전기의 파형을 그려보시오.

5. 유도전동기의 속도(rpm)를 구하는 식을 기술하시오.

6. 아라고 원판이 회전하는 원리를 이용한 법칙에 대하여 설명하시오.

제 11 장

전기전자 응용

정보를 전달하는 쪽을 송신측이라 하고 정보를 받아들이는 쪽을 수신측이라 한다. 이 때 이 정보를 전달하는 매체를 통신로 또는 채널(channel)이라 한다. 통신로가 전화와 같이 구리선이나 광섬유 등과 같은 도선일 경우 이를 유선통신이라 하고, 도선을 통하지 않는 통신방식 즉, 공중(자유공간)을 통하여 정보를 주고받는 통신을 무선통신(wireless communication)이라 한다. 생활 주변의 통신기기 중에서 일반전화는 유선 통신기기의 대표적 예이며, 텔레비전, 라디오, 이동전화 등과 같은 기기들은 무선통신 기기의 예가 될 것이다. 이 책에서는 주로 무선 통신 기기에 대해서 설명하기로 한다.

11.1 조명

조명은 19세기 후반 에디슨에 의해 열 필라멘트 전구가 개발된 이래 발전을 거듭하여 오늘날 백열전등, 형광등, 할로겐전구 등 많은 조명 장치가 개발되어 왔다. 이 장에서는 우선 조명의 원리를 이해하기 위하여 광의 개념을 비롯하여 현재 일상생활 속에서 쉽게 접할 수 있는 조명 장치에 대하여 개략 한다.

(1) 광의 기초적 성질

빛은 일정한 크기의 파장과 주파수(진동수)를 가지며, 1[sec]에 약 3×10^8[m]를 전번해 간다. 이것은 지구를 1초에 일곱 바퀴 반 정도 돌 수 있는 속도이다.

빛의 속도를 c라 할 때, 주파수 f와 파장 λ사이에는

$$f=c/\lambda \qquad (11\text{-}1)$$

의 관계가 성립한다. 또한 그림 11.1 에서 보는 바와 같이 그 파장의 차이에 의해 여러 가지 이름의 광이 존재하며, 파장이 짧은 것부터 나열하면, 우주선, γ선, X선, 자외선, 가시광선, 적외선 등이다. 우리가 흔히 전파라고 하는 것은 이러한 빛에 비해 파장이 매우 긴 광임을 알 수 있다.

광이 일정한 속도로 간다는 것은 공학적으로 매우 중요한 의미를 갖는다. 광은 전번하면서 에너지를 전달하는 것이다. 광이 갖는 에너지 E는

$$E = hf \tag{11-2}$$

로 주어진다. 여기서 h는 6.6×10^{-34}[J·sec]의 값을 가지며, 플랑크 상수(Plank constant)라 한다. 우리 눈에 보이는 가시광선 영역의 광에 비해 파장이 짧고 주파수가 큰 자외선은 전달되는 에너지도 크기 때문에 우리 몸에 닿으면 피부를 태우는 등의 영향도 크다고 볼 수 있다.

광은 입자적인 성질과 파동적인 성질을 가지고 있다. 광의 입자성은 광이 hf라는 크기의 에너지 덩어리로써 다른 물체에 닿았을 때, 그 물체와 에너지를 교환한다는 사실에 연유한다. 즉, 광이 어떤 물체에 닿았을 때 그 물체에서 반사되는 광의 주파수가 입사광의 주파수와 다르다는 사실은 입사광과 물체 사이의 에너지 교환의 결과 입사광과 반사광의 에너지에 차이가 발생한 것이다. 광이 이와 같이 hf라는 크기의 에너지 덩어리라고 하는 사실을 광의 입자성이라 한다.

광의 파동성은 광이 전번할 때 위상 및 파장 그리고 일정 진동수를 가지며, 가령 하나의 장소에 두 개 이상의 광이 존재하면 서로 커지거나 작아지는 간섭 현상과, 방해물질이 나타나면 그 방해 물질을 피해 돌아가는 회절 현상을 일으킨다는 사실로부터 쉽게 알 수 있다.

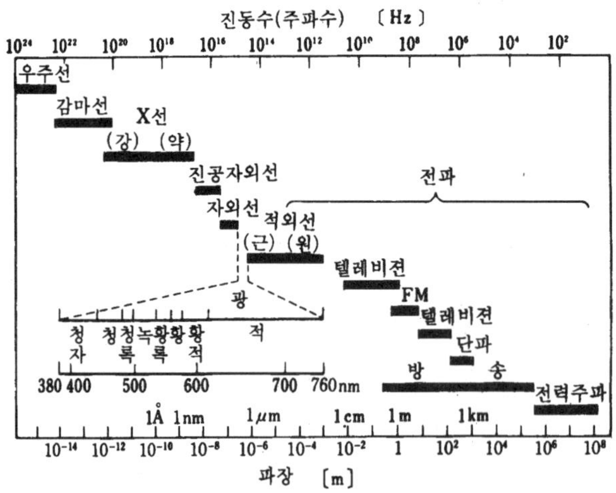

그림 11.1 광의 파장 및 주파수

쉬 어 가 기

전파가 갖는 주파수에는 전달되는 에너지의 차이를 나타낼 뿐만 아니라 다음과 같은 재미있는 특징이 있다. 즉, 주파수가 낮은 전파일수록 회절하는 성질이 강하고 높을수록 직진하는 성질이 강하다. 오늘날 우리가 매우 편리하게 사용하는 휴대 전화에는 셀 방식의 휴대전화인 셀룰라 폰(cellular phone)과 PCS 폰 p 두 가지 방식의 이동 전화기가 있다. 이들은 그 원리의 차이에서 구별되는 것이 아니고 사용하는 주파수 질이이 다를 뿐이다. 셀룰라 폰은 900MHz 대의 주파수질이을 이용하고 있으나, PCS 방식은 수 GHz의 주파수질이을 이용하고 있다. 따라서 고주파로 직진성이 좋은 PCS 방식의 전화기가 일반적으로 수신안테나가 가 매전화기의 소형화에 유리한 편이며, 반면 저주파의 셀룰라 폰은 도시와 같이 고층 건물이 밀집한 지역에서는 회절성이 강하므로 전파가 늘 휴대될 가능성이 높다. 그러나 이 경우 통T경우가능성에 있어 더욱 중요한 것은 우리가 파수질이을는 단말기와 무선으로 연결되어이을는 기지국의 설치 상황 및 기타 여러 가지 요인들이 있음을 분명히 해 두고자 성질이 한편, 이러한 전파의 성질은 TV와 라디오의 중계방송의 차이점으로부터)과쉽게 확인할 수 있다. 라디오 방송의 경우, 송신기로부터 우된 전파는 주파수가 TV다. 오늘낮은 저주파이므로 지상 80~400[km]에이을는 전리층에이도달하면 굴절각이 방식의 휴대전지구 반대편의 나라에도 전파를 송신할 수 있다. 따라서 방송국의 안테나의 방향을 조절함으로방식지구 어느 위치로부터의 전파도 수신 할 수 있다. 그러나 고주파 송신을 하는 TV 방송 경우, 전리층을 직진해버리므로 인공위성(정지위성)에서 전파를 수신하여 다시 목적한 위치로 송신하는 방식을 이용하고 있다. 따라서 위성중계 방송이란 TV 방송의 경우에 한정된다.

(2) 광의 방출

우리가 일상생활에서 볼 수 있는 광의 방출은 태양계 주변에서 끊임없이 일어나는 수소의 핵융합 작용의 경과 지구에까지 전달되는 여러 가지 파장의 광 이외에 다음과 같은 인위적인 광이 있다.

1) 흑체방사

광의 성질에 관한 본격적인 연구는 19세기 말 유럽을 중심으로 흑체방사(black body radiation)로부터 시작되었다. 이것은 금속을 고온으로 가열하면 금속에서 빛이 방사되는 것으로, 처음 비교적 낮은 온도에서는 붉게 되지만, 고온이 되면 청색의 광이 지배적으로 된다. 물론 우리 눈에는 백색으로 보이므로 이를 백열화 현상이라 한다. 오늘날 널리 사용되고 있는 백열전구는 이 원리를 이용한 것으로 방출되는 빛의 파장은 가시광선 영역보다 적외선(열선) 영역의 성분이 강하므로 광원으로써의 효율은 좋지 못하다.

2) 제동방사

하전입자가 원운동과 같은 가속도 운동을 하면 접선 방향으로 광(전자파)을 방출한다. 안테나로부터 방출되는 전파나 렌트겐 촬영시 사용되는 X선이 이 원리를 이용한 것이다.

3) 자연방사

잘 알려져 있는 바와 같이 원자는 통상의 상태에서는 기저상태(ground state)에 있으나 외부에서 전압 등의 에너지로 원자를 자극할 경우, 원자는 그 에너지의 일부를 흡수하여 보다 높은 에너지의 상태에 도달한다. 물론 원자가 높은 에너지 상태로 옮겨가는 것은 원자내의 전자의 천이를 의미하는 것으로 이와 같이 에너지가 높은 상태를 여기상태(excited state)라 한다. 여기상태에 존재하는 전자는 불안정하여 매우 짧은 시간(약 10^{-8}[sec]) 내에 기저상태로 복귀하며, 이 때 여기상태와 기저상태의 차에 해당하는 에너지를 광(전자파)의 형태로 방사하게 된다. 이를 자연방사(simultaneous emission)라 한다. 원자에 에너지를 가할 때 전자는 일정한 확률적인 분포를 가지고 여러 개의 상위 에너지 준위로 분산되어 여기 되며, 기저상태로 완화될 때에도 각각의 에너지 차에 해당하는 크기가 각각 다른 여러 종류의 파장을 가진 광이 방사하게 된다. 따라서 방사되는 광의 방향과 위상이 다른 불규칙한 광이 방출되는 것이다. 한편 여기상태에서 기저상태로 완화되는 시간이 10-8[sec]정도인 것을 형광(fluorescence)이라 하며, 10-4[sec]정도로 비교적 긴 경우를 인광(phosphorescence)이라 한다.

형광등이나 밤거리의 네온사인(neon sign)은 전압인가에 의한 자연방사의 결과 방출되는 광을 이용한 것이다.

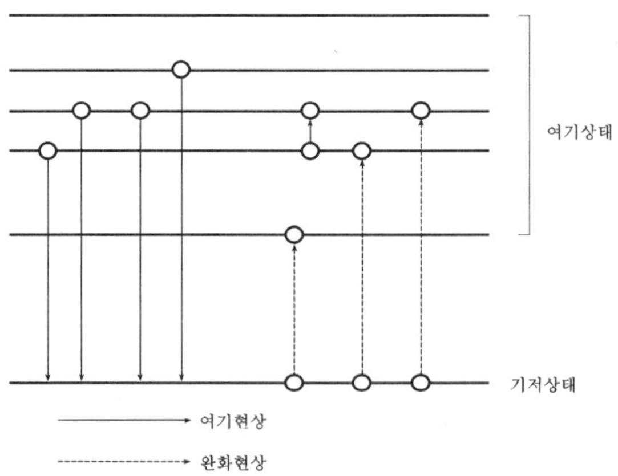

그림 11.2 기저상태와 여기상태

(3) 조명의 기초

1) 광속

빛은 일종의 전자파이다. 그 중에서 파장 380~760[nm] 정도의 눈에 보이는 가시광선 영역의 빛의 양을 광속이라 한다. 광속은 광원의 밝기나 빛의 세기를 나타내며, 단위는 루멘(lumen : [lm])으로 표현한다. 동일한 광원이라도 조명 기구나 설치방법에 따라 광속은 달라지고 주위의 온도나 전압에 따라서도 달라진다. 예컨데 같은 와트에서도 백열전구에 비해 형광등이 훨씬 밝게 느껴진다. 표 11.1에 광원의 종류에 대한 광속을 나타낸다.

표 11.1 광원의 종류와 광속 [ℓm]

백 열 전 구		형 광 등	
30W	325	10W(백색)	490
40W	485	15W	860
60W	810	20W	1230
100W	1520	30W	1770

2) 조도

광원에서 방사되는 광이 주변의 모든 면에 균일하게 방사될 때, 단위 면적당 입사되는 광속을 조도라 한다. 즉 조도란 입사광속의 면적밀도를 의미하며, 단위는 룩스(lux : [lx])를 사용한다. 빛이 물체에 닿은 다음 반사된 빛이 우리 눈에 들어올 때, 물체를 인식할 수 있다. 물론 밝을수록 잘 보이게 되는데 이는 조도가 크기 때문이다. 실제 물체를 볼 수 있는 조도의 범위는 맑은 하늘이 약 10만[lx] 정도이며, 보름달 밤이 0.1[lx]정도로 조도의 범위는 매우 넓은 편이다.

(4) 광원의 종류

조명에 필요한 빛을 발생시키는 발광현상에는 열방사와 루미네센스에 의한 방사의 두 가지 방법이 있다. 대부분의 광원은 이 두 가지 방법 중 한 가지의 원리를 이용하고 있다. 열방사의 방식을 이용한 광원으로는 백열전구와 할로겐전구가 있다. 루미네센스는 전기방전에 의한 발광 현상으로 그 원리는 형광 램프를 비롯하여 고압 수은 램프 나트륨 램프 등의 전원에 응용되고 있다.

1) 백열 전구

열 방사는 물체를 가열하면 그 물체를 구성하는 원자나 분자가 열 진동을 일으킴으로써 빛이 방사되는 현상이다. 백열전구가 이러한 원리를 이용하고 있다. 즉, 백열전구는 유리구내의 필라멘트에 전류를 흘려 2000[℃] 이상으로 가열하면 필라멘트에서 약간 적색을 띤 백색광이 방사된다. 그런데 필라멘트를 장기간 뜨거운 상태로 사용하면 필라멘트의 원자가 증발하는 현상이 발생할 수 있다. 따라서 필라멘트는 비교적 증발 온도가 높은 텅스텐으로 하고, 열에 의한 증발을 막아 수명을 길게 하기 위하여 전구의 내부는 진공으로 한 후 불활성 가스인 질소와 아르곤을 일정량 봉입하여 사용하는 것이 일반적이다.

2) 할로겐 전구

열방사의 원리를 이용한 광원의 발광효율은 필라멘트의 동작 온도를 높일수록 은 상승한다. 그러나 필라멘트의 온도가 증가하면 증발이 활발해지므로 내열성이 뛰어난 석영 유리관을 이용하여 고온에서 사용한 것이 할로겐램프(halogen lamp)이다. 즉, 봉입 가스로 전구내의 압력을 높이면 필라멘트가 증발을 하기 위한 온도도 높아지므로 증발을 억제할 수 있으나, 필라멘트의 열이 봉입 가스의 원자에게 전달되어 발광 효율이 나빠지므로 그림 11.3과 같이 석영 유리관 내부의 압력을 높임으로써 다른 부분으로의 열 전달로 인한 손실을 막을 수 있다. 특히, 할로겐 가스는 증발하여 관벽에 부착한 텅스텐 필라멘트 원자와 화합하여 금속 텅스텐을 생성할 수 있으므로 증발에 의한 열화를 방지할 수 있다. 이를 할로겐 사이클이라 한다. 할로겐전구는 백열전구에 비해 발광 효율이 10[%] 정도 향상되었으며, 수명도 2배 정도 길다. 또한 색의 온도가 보다 높은 빛을 얻을 수 있으므로 주로 무대 조명이나 자동차의 전조등으로 사용되고 있다.

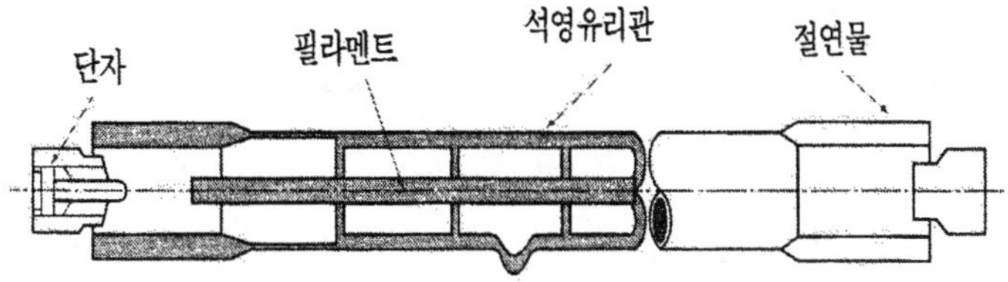

그림 11.3 할로겐전구

3) 형광등

형광등(fluorescent tube)은 2중 방전의 원리를 이용하고 있다. 관내에 있는 두 전극사이에 글로우 방전(glow discharge)을 일으키기 위하여 관 내부를 진공으로 배기한 후 수은 증기와 아르곤 가스를 채워 일정 압력을 유지한다. 두 전극간에 전압을 인가하여 방전을 개시하면 전자가 유리관내의 가스 원자들과 지속적인 충돌을 하여 원자내의 전자를 전리시키거나 여기하게 된다. 여기된 전자는 빠른 시간내에 기저 상태로 완화되며 이 때 광을 방사하지만 이 광은 사람의 눈에 보이지 않는 자외 영역의 광이다. 한편, 유리관의 벽면에는 형광 물질로 도포되어 있어, 완화시의 광 및 전자가 벽면의 형광 물질의 원자와 충돌하여 가시영역의 광이 방사되는 것이다.

형광등에 방전이 개시되면 전류가 무제한으로 흘러 형광등이 파괴되기 때문에, 전류를 제한하여 일정한 전류를 안정하게 지속적으로 흐르게 하는 안정기가 필요하다. 즉 안정기는 초크코일로서 방전전류를 적절한 크기로 유지하기 위한 리액턴스로 작용하며, 전압인가에 의해 코일에 유도되는 고전압으로 방전을 지속시키는 역할을 한다. 최근에는 코일 대신 반도체 스위칭 소자를 이용한 인버터방식이 이용되고 있다.

4) 나트륨등

나트륨 가스의 방전을 이용하여 파장 5890[Å] 정도의 황록색의 단색광이다. 점등을 원활하게 하기 위하여 크세논(Xe) 가스가 미량 봉입되어 있다. 발광 효율이 175[lm/W]로 매우 높아 광학 실험의 조명원을 비롯하여 도로나 터널의 조명으로 널리 이용되고 있다.

11.2 전기가열

우리가 일상생활 속에서 열을 얻기 위하여 사용하는 원료 중에는 장작이나 목탄, 석유등이 있으나 전기에 의한 열은 연기가 없어 가장 깨끗한 에너지원으로 많은 장점을 가지고 있다. 전기를 이용한 열의 발생법에는 저항가열, 아크가열, 고주파가열 등이 있다.

(1) 저항가열

저항을 가지고 있는 도체에 전류를 흘리면 도체에서는 저항과 전류의 제곱에 비례하여 증가하는 줄의 열이 발생한다. 이 때 발생하는 열량의 단위는 칼로리(cal)를 사용하며, 1[cal]는 14.5[℃]의 물 1[cc]를 15.5℃로 1[℃]만큼 올리는데 필요한 열의 양으로 정의하고 있다. 만약 t[sec] 동안 발생하는 열량 Q는

$$Q = RI^2t \ [J] \tag{11-3}$$

이며, 이것을 칼로리로 환산하면

$$1 \ [cal] = 4.186 \ [J] \tag{11-4}$$

이므로, 열량 Q는

$$Q = \frac{RI^2t}{4.186 \ [cal]} = 0.24RI^2t \ [cal] \tag{11-5}$$

저항 가열에는 열을 가하고 싶은 물체에 직접 전류를 흘리는 직접 가열 방식과 발열체로부터의 열을 전도, 복사, 대류 등의 방법으로 전달하여 가열하는 간접 가열 방식이 있다.

저항가열은 전기히터를 비롯하여 전기밥솥, 전기포트, 다리미 등에 다양하게 이용되고

있다.

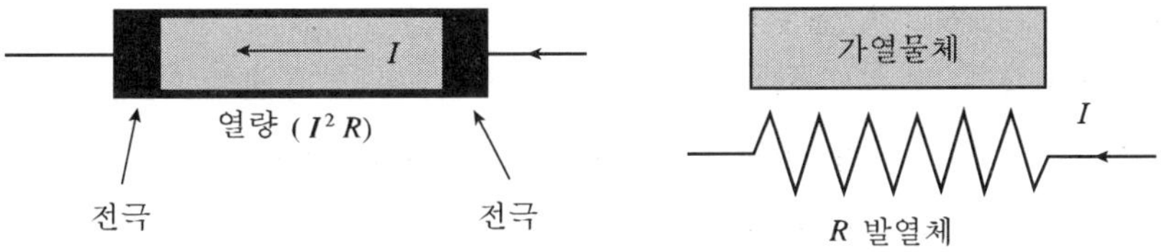

(a) 직접가열 (b) 간접가열

그림 11.4 저항가열

(2) 아크가열

그림 11.5는 아크가열이다. 두 개의 전극에 전압을 인가하여 기체를 방전시킬 때, 방전은 그 외관에 따라 밝은 빛이 방전 공간 전체를 감싸고 있는 글로우 방전(golw discharge)과 매우 강렬한 한 줄기의 빛이 전극간을 통과하는 아크 방전(arc discharge)으로 나눌 수 있다. 물론 이러한 방전형식의 정확한 구별은 방전의 외관만에 따른 것은 아니며, 정확하게는 방전의 발생 및 유지 기구에 의한 것이다. 그러나 아크 방전은 그 외의 어떤 종류의 방전에 비해서도 방전공간이 매우 뜨거운 특징을 가지고 있으며, 방전을 형성하는 전자의 운동에너지도 매우 크기 때문에, 이 때의 강렬한 열을 이용하여 용접기에 응용되고 있다.

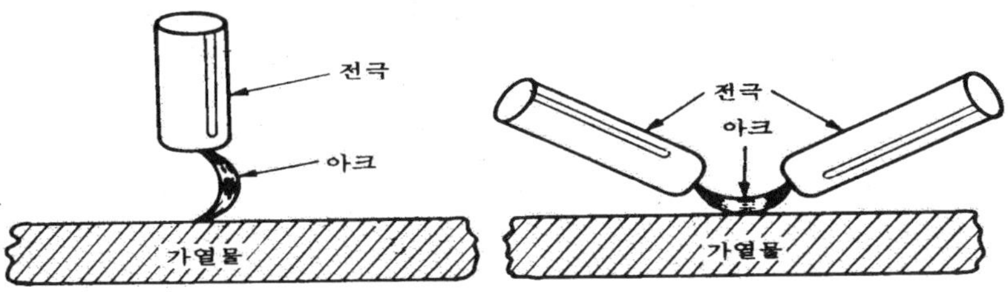

(a) 직접가열 (b) 간접가열

그림 11.5 아크가열

(3) 고주파 가열

유전체를 두 개의 전극에 삽입하고 전압을 인가하면 그림 11.6과 같이 양극과 음극에는 각각 정(+)의 전하와 부(−)의 전하가 나타난다. 또한 유전체를 구성하는 원자는 주파수가 정(+)의 전하를 갖는 원자핵과 부(−)의 전하를 갖는 전자로 구성되어 있고 여기에 전압에 의한 전계가 형성되어 있으므로 정·부의 전하는 각각 전계 방향과 전계와 반대 방향으로 힘을 받아 미소 거리 이동하게 된다. 이를 유전 분극(dielectric polarization) 이라 한다. 만약, 인가전압이 주파수가 1000[Hz] 이상으로 매우 높은 고주파 전압이라면 1초에 수천번 전계의 방향이 바뀌게 되고, 따라서 하전입자도 그만큼 위치변화를 계속하게 되어 인접한 원자와 지속적으로 마찰현상을 일으키게 된다. 이 때 발생하는 열을 이용한 것이 고주파 가열의 원리이다.

이 외에도 전기가열에는 적외선에 열선이 많이 포함되므로 적외선전구를 이용한 적외선 가열과 코일에 고주파 전류가 흐를 때 발생하는 유도전류를 이용하여 가열하는 유도가열 방식 등이 있다.

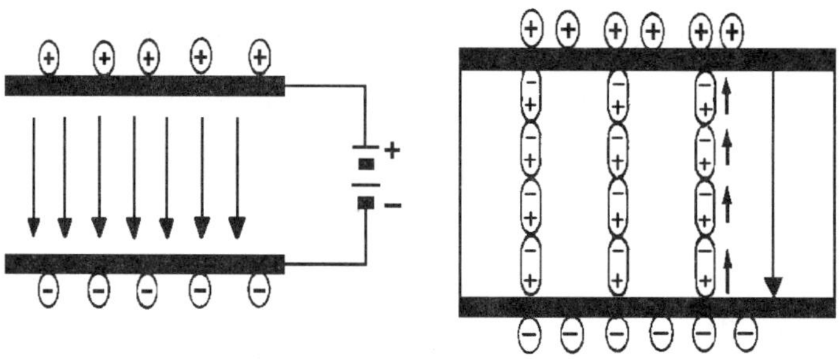

그림 11.6 고주파 가열의 원리

11.3 레이저

(1) 레이저광의 특징

인류가 최초로 발견한 광은 물론 태양으로부터의 광과 낙뇌 등 방전현상에 의한 광

정도였으나, 이후 추위를 이기기 위하여 발견한 불에 의한 광과 어둠을 밝히기 위해 기름 등을 태웠을 때의 발생하는 광을 접하게 되었다. 오늘날에 이르러 조명용으로 백열램프, 형광등, 수은등 등 전기에너지로부터 광을 만들게 되었으며, 1960년 초반에 마법의 광으로 불리 우는 레이저광이 발견되었다.

레이저(Laser)는 "Light Amplification by Stimulated Emission of Radiation"의 약자로써, "전자파(Radiation)의 유도방출(Stimulated Emission)에 의한 광의 증폭(Light Amplification)" 이란 매우 어려운 의미를 갖고 있다. 레이저광은 1960년대에 발견된 이래 연구 개발이 계속되어 왔으며, 오늘날 통신, 가공, 의료, 계측, 오디오 등 여러 가지 분야에 활발하게 응용되어 오고 있다.

레이저는 보통의 광에는 없는 다음과 같은 특징을 가지고 있다.

1) 레이저광의 단색성

자연광은 여러 가지의 파장(주파수)를 가진 광의 집합이지만 레이저 광은 오로지 한 종류의 파장을 가진 광이다. 즉, 태양으로부터의 자연광과 레이저 광을 같은 모양의 프리즘에 통과시키면, 자연광은 파장의 차이에 의해 굴절율이 다르므로 프리즘에서 여러 파장으로 분해되어 10 가지색이 나오지만 레이저의 광은 결정된 하나의 파장을 가지므로 굴절하여 통로가 꺾여도 단색의 광이 나타난다.

2) 레이저광의 coherence

전자파의 진동이 정현적인 정도를 coherence 라 한다. 레이저가 발명되기 전까지 광은 모두 incoherent 하였다. 태양광이나 전구의 열 필라멘트에서 나오는 광, 또는 촛불에서의 광 등은 모두 무수히 많은 원자나 분자에서 방사되어 불규칙하게 방출하므로 여러 파장을 가지게 되고 연속성을 갖지 못한다. 예컨데, 네온사인은 네온의 스펙트럼(spectrum) 선으로 형성되고 주파수는 비교적 좁은 범위에 있지만 파로서 규칙 바르지 못하여 coherent한 광으로 볼 수 없는 것이다. 그러나 레이저는 하나의 결정된 파장을 가지므로 연속적이고 규칙 바른 광으로, coherent하다.

3) 레이저광의 지향성

백열전구 등 통상의 광원에서 방사되는 광은 여러 방향으로 넓게 퍼져 진행한다. 그러나 레이저의 광은 좁은 빔(beam)으로 되어 일정한 방향을 향해 진행하여, 예를 들어

38만[km]의 거리에 있는 달 표면이라도 100[m]~3[km] 정도의 직경 내에 빔이 도달할 수 있다.

4) 레이저광의 에너지 밀도

자연광은 여러 파장성분을 가진 광의 혼합체이므로 렌즈로 초점을 모으려 해도 렌즈의 초점이 파장의 차에 의해 조금씩 달라지므로 태양의 표면온도(6000[℃]) 이상에는 도달할 수가 없다. 그런데 레이저광은 렌즈의 초점을 한 점으로 집속 시킬 수 있으므로 극소의 면적부분의 온도를 수 만도에 가까운 고온으로 할 수 있다. 따라서 고 에너지 밀도로 이용할 수 있다.

5) 레이저광의 간섭성

광학의 역사를 살펴보면, 광이 파동임을 인정받기까지는 긴 논쟁이 필요했다. 그것은 예컨데 음파 등에 비하여 광의 경우 파동의 기본적 성질인 회절이나 간섭현상을 명확히 관찰할 수 없었기 때문이다. 광의 회절 및 간섭현상이 현저하게 나타나지 않는 것은 파장이 매우 짧기 때문이기도 하지만, 광원의 coherence가 나쁜 것이 가장 큰 원인이었다. 광이 정현파에 가까울수록 간섭호의 contrast가 높기 때문에, 자연광의 경우 파장의 차로 인해 깨끗한 간섭호를 만들 수 없으나 레이저의 경우 깨끗한 보강 간섭을 일으킬 수 있다.

(2) 레이저의 원리

원자를 외부의 에너지원으로 자극하면 기저상태의 전자는 에너지를 얻어 여기준위로 옮겨가지만 매우 짧은 시간 내에 다시 기저상태로 완화한다. 이 때 전자는 두 에너지 준위의 차이에 해당하는 에너지 hf를 전자파의 형태로 방출한다. 이를 Bohr의 주파수 조건이라 하며, 이 때 방출하는 광은 자연방출에 의한 광이다. 그러나 여기 준위 E2에서 자연방출로 E1에 천이 할 경우, 두 에너지 준위의 차 즉, E2-E1=hf의 광이 그 여기 원자에 닿으면, 같은 주파수의 광을 방출하여 E1의 에너지 준위로 천이 한다. 이것을 유도방출(stimulated emission)이라 한다. 외부의 자극 없이 발광을 일으킬 수 있는 자연방출과는 달리 유도방출은 반드시 자극을 가함으로써 생기는 발광현상이다. 그러나 반드시 Bohr의 조건을 만족해야 하며, 그것도 완화시간 내에 주파수 f의 광이 도달하지 않으면 유도방출 되지 않는다. 따라서 충분히 긴 완화시간의 준위가 필요하며, E2의 상태가 제법 지속되는 준위를 준 안정준위라 한다. E1의 원자에 주파수 f의 광이 쪼여지면 그 광자를 흡수하여 원자는 E2 상태로 여기 된다. 이것을 유도흡수라 한다. 결국 레이저 발진을 위해서는 하위레벨의 에너지 상태에서 상위레벨로의 여기 과정과 유도방출을 얻는 과정이 필요하며, 이러한 여기를 펌핑(pumping)이라고 부른다. 일반적으로 원자에 에너지를 가하면, 에너지가 낮은 상태의 전자의 수 가 높은 에너지 준위의 전자보다 많다. 그러나 레이저 작용을 위해서는 펌핑에 의해 상위 레벨의 수가 많아져야 하며, 이러한 상태를 반전분포(population inversion)라 한다. 만일 상위 준위에 있는 원자나 분자의 수를 하위준위에 있는 것 보다 훨씬 많게 할 수 있다면 hf의 입사에너지를 주었을 때 hf의 광이 증강된다.(방출>흡수). 그러나 보통의 경우, 원자나 분자는 에너지가 낮은 쪽에 훨씬 많이 분포하므로 증폭작용이 일어날 수 없다.

레이저에는 발진하는 매질의 종류에 따라 He, Ne, CO_2, Ruby 등 많은 종류의 레이저가 개발되어 있으나 발진원리가 비교적 간단한 루비(Ruby) 레이저를 예로 들어 설명한다.

① 우선 방전관에 전압을 인가하면 전자의 여기 작용에 의한 광이 방사되며, 이 광이 루비매질의 결정에 조사(irradiation)되므로 루비 원자가 이 광의 에너지를 흡수하여 여기 된다. 여기된 원자는 단시간내에 기저상태로 천이하게 된다.

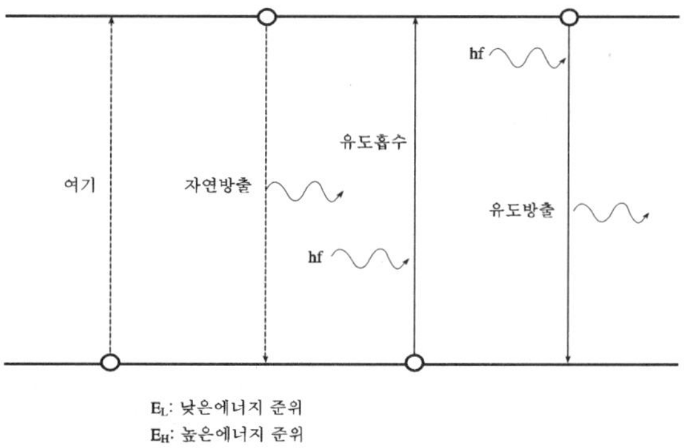

그림 11.7 자연방출과 유도방출

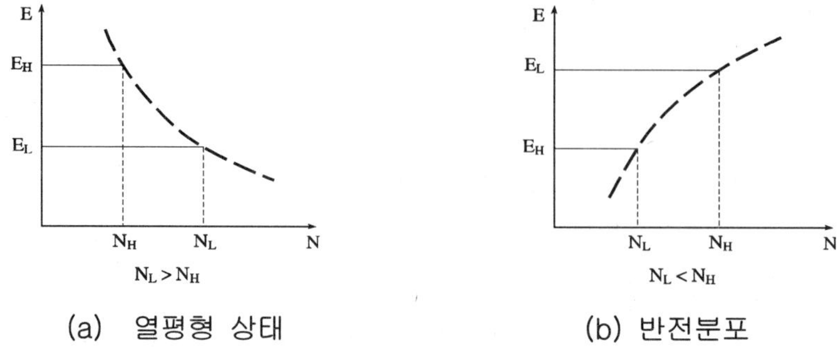

그림 11.8 레이저 발진을 위한 반전분포의 실현

② 여기된 루비 결정의 원자 일부가 기저상태로 천이할 때에, 서로 다른 파장 및 위상을 갖는 광이 방출된다. 이것은 자연방출이다.

③ 남아있는 여기상태의 원자에 자연 방출된 광이 조사되면 이것이 자극이 되어 기저상태로 돌아온다. 이 때 방출되는 광은 파장, 위상이 모두 같은 레이저광이다. 이러한 방법으로 레이저광이 방출되는 것을 유도방출이라 한다. 결국, 여기상태에서 기저상태로 자연히 천이하기 전에 자연 방출된 광을 부딪쳐 기저상태로 천이할 때 레이저의 광이 방출되는 것이다.

④ 이 때, 자연 방출된 광은 여기원자의 기저상태로의 천이를 위한 자극에 사용될 뿐, 에너지 소멸 등의 작용은 하지 않는다. 여기원자를 자극한 다음 그대로 원자중을 통과하는 확률이 크므로 유도방출에 의해 발생된 광과 함께 진행한다.

⑤ 이러한 레이저 광이 다음의 여기상태에 있는 원자를 자극하여 레이저 광을 방출하고 계속해서 유도방출에 의해 레이저의 광을 증강시켜 간다. 광의 증폭현상을 일으키게 된다.

⑥ 유도방출에 의한 레이저광은 여러 방향으로 방사되므로 매질의 양단에 반사경을 설치하여 광을 반사경으로 반사하여 다시 매질에서의 광의 증폭을 계속하게 한다.

⑦ 반사경으로 광의 증폭을 몇 번이고 반복하는 중에 방출된 레이저의 광은 파장, 위상 등이 차이 없이 잘 정돈된다. 충분히 광이 증폭되면, 반사경이 각각 전 반사경과 반 반사경으로 구성되므로 반 반사경 쪽으로 레이저의 광이 방사된다.

⑧ 마지막으로 방전관이 광을 방사한다. Ruby 매질의 결정에 부딪혀, 이후 전술한 바와 같은 동작을 반복하여 레이저의 광을 방출한다.

(3) 레이저의 응용

1) 홀로그램

흑백사진의 원리는 찍으려는 물체로부터의 반사광을 카메라의 렌즈를 통해 필름에 부딪히게 할 때, 광의 강약을 기록한 것이다. 따라서 물체의 뒷면에 대한 정보는 기록할 수 없다. 3차원의 입체적인 물체를 찍어도 필름에는 2차원의 평면적인 정보밖에 기록되지 않는다. 그러나 레이저 광을 이용하면 물체를 필름면에 그대로 3차원의 입체적인 정보로서 기록하고 재생하여 입체상을 얻을 수 있다. 이를 홀로그램(hologram)이라 한다. 즉, 규칙 바른 레이저광을 볼록렌즈로 한 번 집속하여 물체와 전 반사경에 조사시킨다. 물체에서 반사되어 온 레이저광과 전반사경에서 반사되어온 레이저광이 중첩되어 간섭호를 만들어 필름에 기록된다. 물체로부터의 반사광의 강약과 위상을 기록하는 것이다. 즉 입체정보가 필름에 기록된다. 다음 레이저광을 기록할 때와 같은 방향에서 홀로그램에 조사하면 홀로그램상에 기록되어 있는 입체 정보를 나타내는 무늬에 의해 Laser광이 회절을 일으켜 물체가 있는 방향으로 진행한다. 레이저광이 조사되어 있는 반대 방향에서 관찰하면 촬영한 물체의 입체상을 볼 수 있다.

2) 바코드

물건을 살 때 물건의 가격대신에 흑과 백의 호 모양이 인쇄되어 있는 라벨이 붙어있다. 이 호 모양을 바코더(bar coder)라 한다. 바코더에는 국명, 메이커명, 품명, 가격의 데이터가 기록되어 있다. 따라서 바코더를 레이저광으로 쪼여주면 일순간에 데이터를 읽을 수 있다. 데이터는 물건 가격만이 아니라 컴퓨터와 조합을 이루어 물품의 재고 관리도 동시에 할 수 있어 편리하다. 이것에는 여러 방식이 있으나 바코더에 닿아 반사되어 나온 레이저광을 전기신호로 변환하는 방법이 가장 보편화 되어있다.

① 상품이 가까이 오면 센서의 작용으로 감지하여 레이저광이 상품에 인쇄된 바코더를 목표로 발사된다.

② 광이 바코더에 닿아 반사되어 나온다. 이 때 바코더의 밝은 부분에 닿은 광이 강하게 반사되고 어두운 부분에 닿은 광은 거의 반사되지 않는다.

③ 흑색선의 두께와 선의 간격에 의해 수치적인 데이터가 나타나므로 반사광을 광전변환기에 의해 전기신호로 변환되어 바코더 판정회로에 들어가 데이터로서의 수치를 나타낸다.

바코더는 상품의 가격계산뿐만 아니라 비디오 렌트점에서 손님의 회원증, 도서관에서

책의 대출 등에 널리 이용되고 있다.

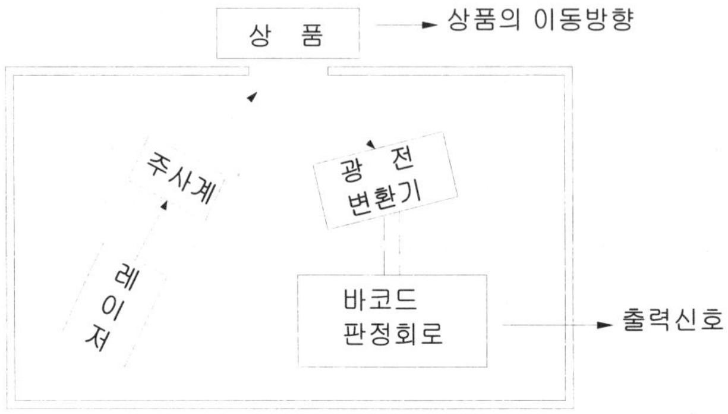

그림 11.9 바코드 판정을 위한 스캐너의 구성

3) 광통신

오늘날 광을 이용한 통신이 주류를 이루고 있으나 과거에는 거울로 태양의 광을 반사시켜 광의 강약으로 상대와 정보를 교환하는 시대가 있었다. 따라서 흐린 날씨에는 통신이 불가능하며, 아주 먼 곳에서는 광이 전번함에 따라 넓게 퍼져버리고 또한 도중에 산등의 장애물에 많은 영향을 받았다. 그런데 오늘날의 정보화 시대에 중심적인 역할을 하고 있는 광파이버(fiber)에 의한 통신은 레이저광의 coherent한 성질을 이용한 것으로, 동축케이블 등에 의한 유선통신 방법과는 비교도 안될 만큼 뛰어난 장점들을 가지고 있다. 즉, 머리카락 굵기에 불과한 수 십 마이크로미터 짜리 한 가닥이 무려 전화 1만 2천 회선에 해당하는 정보를 전송할 수 있으므로 케이블의 무게나 부피 등을 수 십 분의 1로 대폭 줄일 수 있을 뿐만 아니라, 방대한 양의 정보를 전송할 수 있다는 것이 최대의 장점이다. 또한 동축케이블에 비해 전송손실도 적고, 고전압이나 낙뢰 등에 의한 영향을 받지 않으므로 동선의 경우처럼 전자유도에 의한 잡음, 혼선 및 도청의 염려가 없다. 광통신은 레이저광의 전반사의 원리를 이용하여 전송 매질인 유리섬유 내에 빛을 가두어 전송한다. 전반사란 그림 12.10처럼 빛이 물속에서 공기 중으로 나올 때 입사각이 어느 한계 각도 이상이 되면 공기 중으로 투과하지 못하고 경계면에서 전부 반사가 되는 현상을 말한다. 광통신에 사용되는 유리섬유는 전송시 빛의 손실을 최대한 줄이기 위하여 고도로 정제된 불순물이 없는 유리섬유를 만들어 사용해야 하며 광의 구속을 위하여 굴절율의 정밀한 제어가 필요하다.

또한 유리상태의 안정성, 내수성, 무독성 그리고 장기적 신뢰성 등의 조건을 구비해야 한다. 현재 광fiber의 소재로 사용되고 있는 재료들 중에는 S_iO_2가 주성분인 석영계 유리가 가격이 비싸지만 전송손실이 적으므로 장거리 통신용으로 적합한 것으로 알려져 있다. B_2O_3 GeO_2, P_2O_5, F등을 미량 첨가하는데 그 양을 조절함으로써 굴절율을 변화시킨다.

MMA(Methyl Meta Acrylate)수지로 만든 플라스틱 광섬유도 있는데 고분자 물질이 가지는 CH 기의 광 흡수성 때문에 광 손실이 크므로 장거리 통신용으로는 적합하지 않으나 가격이 싸기 때문에 전송거리가 100[m] 이내가 되는 빌딩내의 정보망이나 컴퓨터의 단말 배선, 생산공장의 제어용으로 사용이 가능하다.

광통신은 전기 신호를 광의 신호로 바꾸는 변환장치(반도체 레이저), 광을 전송하는 광 fiber, 광을 검출하는 광 검출기(photo diode)로 구성된다. 예컨데 전화통신의 경우 우선 전화기의 송화기에서 흘러나온 음성신호를 포함한 전류를 반도체 레이저에 흘려 변조된 레이저광을 낸다. 변조된 광을 광 fiber로 전송한다. 이 때 레이저광은 광 fiber 중에서 전반사를 반복해가며 진행한다. 광 fiber의 말단부에서 광검출기에 의해 레이저광을 받아 음성신호를 포함한 레이저광으로부터 음성전류를 잡아낸다. 이 음성전류를 전화기의 수화기에 흘리면 소리가 들리게 된다.

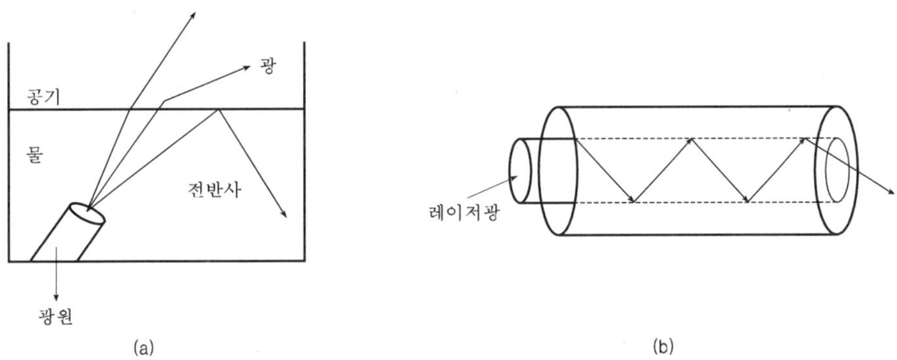

그림 11.10 레이저광의 전반사

4) 레이저 레이더

레이더(Radar)는 "Radio Direction and Ranging"의 약자로서 간단히 말하면 전파로 물체의 방향과 거리를 탐사하는 장치를 말한다. 레이더는 꽤 높은 주파수의 전파를 송신하여 멀리 떨어져 있는 물체에서 반사되어 돌아오는 전파를 수신함으로써 그 때 반사되어 오는 전파의 방향과 수신까지의 시간차에 의해 물체까지의 거리를 측정할 수 있으며, 그 위치를 레이더 지시기(브라운관)에 표시하는 것을 말한다. 또한, 물체의 종류에 따라 반사되는 광의 강도가 다르기 때문에 물체의 종류도 추정할 수 있다.

레이더는 항공기의 위치, 항해하는 선박의 상황, 기상상황을 파악하는 기상용 레이더 등에 유용하게 사용되고 있다. 이러한 레이더는 TV나 FM 라디오 방송에 사용되는 전파를 이용하고 있다. 단 멀리까지 전파를 발사하여도 그다지 퍼지지 않는 지향성이 필요하므로 높은 주파수의 전파가 필요하다. 즉 용도에 따라 다소 차이는 있으나 기상용의 경우 3000, 5000, 9000[MHz]의 주파수대가 이용되고 있다. 참고로 FM 라디오의 경우 100MHz 전후이다.

레이저 레이더는 전파대신 레이저광을 이용한 것이다. 우선 목표물을 향하여 레이저광을 발사하면, 물체에서 반사되어 산란광으로 되돌아온다. 그것을 반사식의 망원경으로 잡아 산란광을 한 점에 집광하여 광 검진기에서 전기신호로 변환하면 된다.

레이저광은 지향성이 뛰어나므로 방위 및 거리의 분해능이 아주 우수하다. 따라서 보다 미세한 곳의 탐침에 아주 유효하게 사용된다. 즉 해상면의 오염상황 측정을 비롯하여 분자 및 원자에 따라 흡수하는 광의 파장이 다른 성질을 이용한 차분흡수형 레이저 레이더가 있다. 이것은 흡수하기 쉬운 파장의 광과 어려운 파장의 광을 동시에 발사하여 반사되어 온 광의 파장과 강도의 차이를 비교함으로서 분자, 원자의 농도가 구해지는 원리로써 아황산가스 및 이산화질소 등의 오염상황을 측정하는데 사용된다. 인공위성에 탑재하면 지구적 규모의 측정도 가능하다.

이 이외에도 레이저는 광파이버를 이용한 온도측정, 도플러효과(dopler effect)를 이용하여 진동측정, 지진의 예측 등에 새로이 사용되고 있으며 레이저를 이용하여 문자나 그림을 그리고 레이저광을 이용한 현미경도 개발되고 있다. 또한 토지조성, 터널공사, 지하철공사에도 큰 활약을 하고 있으며 특히 최근 고출력, 고 신뢰도를 가진 각종 레이저의 개발로 절단, 용접, 금속조각 등의 금속 가공뿐만 아니라 외과수술에도 많은 활약을 하고 있다.

11.4 빛 응용

인간이 빛을 밝히고 살기 시작한 것은 아마 약 5만 년 전 불을 사용하기 시작한 연대와 같을 것이라 생각된다. 19세기에 아크 등(Arc lamp)이 만들어지기까지 인간은 나무나 기름 등을 태워서 그 빛으로 조명을 하였다. 조명의 긴 역사 중에서 전기에 의한 조명을 시작한 것은 100년 정도 밖에 되지 않는다. 1879년 에디슨은 목면사를 탄화시켜 만든 카본 필라멘트를 사용하여 전기를 이용한 조명에 성공하였다.

전구의 필라멘트에 전류가 흐르면 필라멘트 자체의 전기저항에 의해 고온(2천 수백 k)으로 되어 약간 적색을 띤 백색광을 발한다. 여기서 필라멘트는 고온에 견딜 수 있는 재질이어야 한다. 텅스텐은 금속 가운데 가장 융점이 높고 팽창계수가 작으며, 전기저항이 크기 때문에 필라멘트 재료로 적당하다. 또한 유리구는 납유리나 연질소다, 석유유리가 사용되나, 큰 부하가 걸리는 전구에는 내열성이 좋은 붕규산 유리를 사용한다.

전구 안쪽에는 아르곤이나 질소 등 불활성 가스가 주입되어 있는데, 이것은 텅스텐이 고온에서 증발하는 것을 방지하기 위해서다. 그러나 가스를 주입한 후 밀폐시키면 가스의 열전도 때문에 필라멘트의 열을 빼앗기게 되어 효율이 나빠진다. 이를 방지하기 위해 이중 코일의 필라멘트를 사용한다. 형광 램프는 1935년 GE사의 인멘(Inmen)에 의해 발명되었다. 이와 같은 조명 장치는 일반적인 주택 조명뿐만 아니라 여러 가지 용도로 사용되고 있다. 전자 복사, 팩시밀리 등의 원고 조명용, 액정화면이 부착된 PC나 LCD 디스플레이의 백라이트용, 미술품 조명 등 다방면으로 실용화 되어 있다.

전구는 한 점으로부터 빛이 나오는 이른바 점광원이고, 형광등은 막대 형태의 광원이므로 선광원이라 한다. 선광원은 발광 부분의 면적이 넓고, 면적당 빛의 양이 적기 때문에 점광원에 비해 눈부심이 적다. 또한 선 형태의 방향으로 빛이 나오기 때문에 점광원에 비해 빛의 그림자가 적어진다. 광원으로서 가장 이상적인 것은 넓은 창으로부터 자연광이 들어오는 것과 같이 눈부심이 없고, 그림자도 없는 면광원의 형태이다.

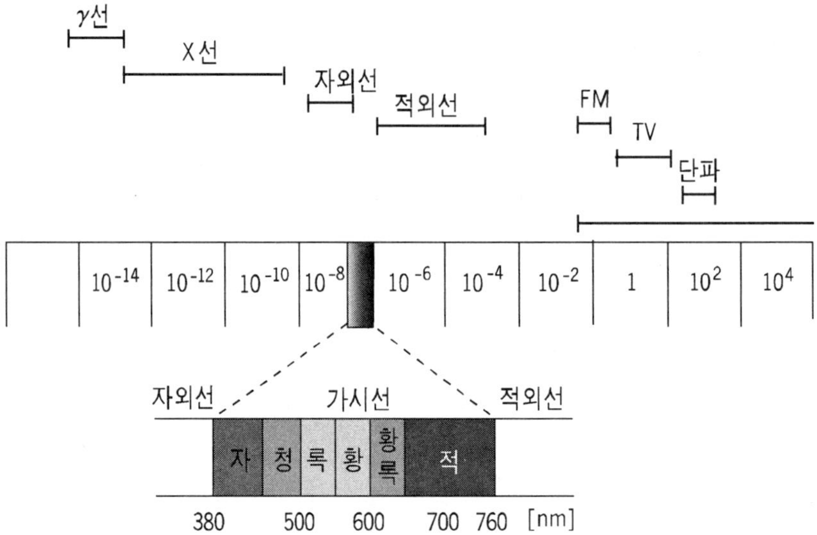

그림 11.11 빛의 이름

빛은 전자파의 일종이며 빛이 공간에 방출되는 현상을 방사라 한다. 전자파는 통신이나 방송 등에 이용되는 것으로 장파, 중파, 마이크로파, 밀리파가 있고 적외선, 자외선, X선, gamma선 등이 다방면으로 널리 응용되고 있다.

그림 11.11은 파장에 대한 빛의 이름들이다. 전자파 중에서 파장 380~760[nm] 범위의 방사는 인간의 눈으로 그 밝기를 감지할 수 있다. 빛은 파동성과 입자성의 이중성을 가지고 있으며, 매질 중에 빛이 통과할 때 주파수는 변환하지 않으나, 속도와 파장은 변한다. 그림 11.12는 빛의 발생을 분류한 것이다. 빛의 발생은 열방사에 의한 것과 루미네센스(luminescence)에 의한 것으로 크게 나누어진다. 열방사에 의한 것은 물체를 고온으로 가열할 때 물체 내부의 원자, 분자, 이온 등의 열진동에 의해 에너지가 방사되는 현상이다. 저온에서는 파장이 긴 적외선이 방사되지만 온도를 수백 도 이상 올리면 눈부심을 느낄 정도로 밝은 가시광선이 포함된다. 방사광을 이용한 조명 기기가 백열전구이다. 2천 수백 k로 가열시킨 필라멘트로부터 방사되는 빛을 이용한다.

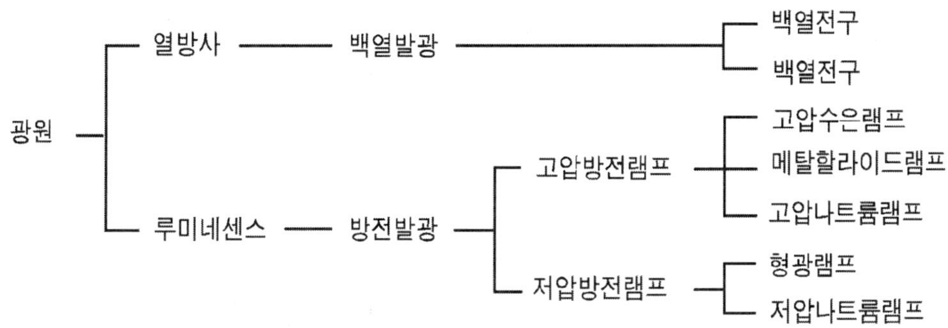

그림 11.12 빛의 발생

루미네센스에 의한 것은 열방사 이외의 발광을 총칭하여 부르며, 전자 루미네센스가 광원으로 가장 많이 사용된다. 전자 루미네센서는 기체 중의 방전에 의하거나 발광 다이오드 등과 같이 전계의 자극에 의해 생기는 루미네센스이다. 빛의 응용에 대한 디스플레이 장치는 LCD, PDP, 유기 EL등이 전자산업의 주역으로 떠오르고 있다.

11.5 열 응용

전기 에너지를 열에너지로 변환하여 열원으로 사용하는 방법에는 크게 다섯 가지가 있다. 즉, 저항가열, 아크가열, 유도가열, 유전가열 및 적외선 가열 등이다.

저항가열은 저항에 전류가 흐르면 발생하는 주울 열을 이용한 가열방식이다. 저항가열에는 직접식 저항가열과 간접식 저항가열이 있다. 직접식 가열은 피 가열물에 직접 전류를 흐르게 하여 그 내부에 주울 열을 발생시켜 가열하는 방식이다. 가전제품은 일반적으로 이 방식을 이용한다. 간접식 가열방식은 니크롬선과 같은 발열체를 이용하여 그 발열체에 주울열을 발생시켜 피 가열물을 가열하는 방식이다.

유도가열은 히스테리시 손과 와전류 손에 의해 발열시키는 직렬식과 용기를 발열시키는 간접식이 있다. 상용 주파수를 사용하는 저주파 온도가열과 1[kHz] 이상의 주파수를 사용하는 고주파 유도가열이 있다.

적외선 가열은 적외선전구를 이용하여 가열하는 방식으로 가열효율이 좋고, 가열속도가 빠르며 구조가 간단하여, 주로 자동차 표면 도장의 건조에 이용된다. 아크 가열은 아크 방전에 의한 아크열의 열복사를 이용한 가열방식으로 피열물 자체를 전극으로 하여 아크를 발생시키는 직접아크 가열과 탄소 등의 전극 간에 아크를 발생시켜 그 열로 피열물을 가열하는 간접 아크 가열이 있다.

유전가열은 피 가열물이 고무나 목재와 같이 유전체일 때 이것을 두 장의 전극 사이에 끼우고 고주파 전압을 가하면 유전체손이 발생하여 발열한다. 통상 5~300[MHz]의 고주파가 사용된다. 목재의 건조, 합판의 접착, 식품가공, 의류 등에 사용된다.

전기에 의한 열원은 다른 열원에 비해 다음의 장점이 있다.

① 스위치에 의해 조작이 간단하고, 편리하며 외부 제어가 가능하다.
② 열량 조절이 간단하고, 일정한 온도를 유지하기가 쉽다.
③ 고온을 쉽게 얻을 수 있다.
④ 발열에 산소가 필요 없으므로, 진공 상태에서도 열을 얻을 수 있다.
⑤ 연기, 소리, 그을음 등이 발생하지 않으므로 깨끗하고 위생적이다.

가정에서 주로 사용하는 전열 제품의 발열은 전열선(니크롬선)을 이용하고 있다. 니크롬선은 니켈과 크롬의 합금으로 니켈 60~80[%] 크롬 12~20[%]가 혼합되고, 그 밖에 소량의 철과 망간이 섞여 있다. 니크롬선은 저항이 크고, 융점이 높기 때문에 발열시 절단되거나 녹지 않으므로 발열체로 많이 사용되고 있다.

대부분의 전열기에는 온도를 일정하게 유지하는 자동 온도조절장치가 달려 있으며, 이를 위해 바이메탈이 사용된다. 온도에 따라 휘어지는 바이메탈은 자동 스위치로 사용된다.

11.6 동력응용

자계 속에 도체를 넣고 전류를 흐르게 하면 힘이 발행하는데 이것을 전자력이라 한다. 전류를 흐르게 함으로써 도체가 움직이는 것은 전기 에너지가 운동 에너지로 변환한 것을 의미하며, 이 힘의 크기와 방향은 그림 11.13과 같이 플레밍 왼손 법칙에 의해 결정이 된다.

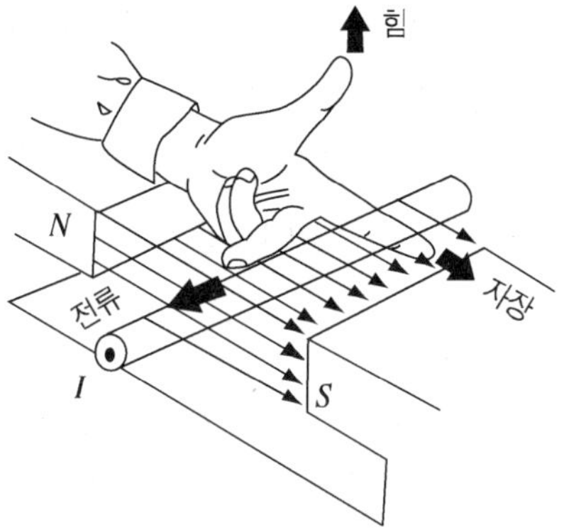

그림 11.13 플레밍의 왼손법칙

전자력을 이용한 대표적인 기기가 전동기(motor)이다. 전동기는 크게 직류전원을 기계적 동력으로 변환하는 직류 전동기와 교류전원을 기계적 동력으로 변환하는 교류 전동기가 있다. 직류 전동기는 속도 otor쉽고 효온한 좋으며 기동 토크나 가감속 토크를 임의로 선택할 수 있는 반면에, 교류 전동기에 비해 비싸고 정류자의 불꽃 현상으로 인하여 잡음이 발생하며 정류자 및 브러시를 정기적으로 보수해야 하는 단점이 있다.

유도 전동기는 구조가 간단하고 가격이 저렴하여 고장이 적고 취급이 용이한 특징을 갖고 있어 전동기 중에서 가장 많이 사용되고 있다. 단상 유도 전동기는 주로 1[kW]이하의 소출력 전동기로 사용되고 있으며, 최근에는 반도체 기술과 디지털 제어 기술의 발달로 인버터 등을 이용한 가변속 제어용의 유도 전동기가 많이 이용되고 있다. 이와 같이 전동기의 회전하는 동력을 이용하는 기기들이 많이 있다.

예로서 선풍기, 냉장고, 에어콘 등 가전기기에서부터 지능형 로봇청소기, 산업로봇, 전기자동차, 대용량의 프레스 등 현대 장비의 구동에 이용되고 있다.

11.7 의용전자 공학의 응용

의용 전자장치는 인간의 생명을 좌우하기 때문에 고도의 신뢰도 및 안정성이 요구된다. 또한 생체에 관한 분야는 의용 공학 분야뿐만 아니라 생체 전자공학이라는 학문으로 분류되고 있다. 생체 내에는 활동에 따라 발생되는 기전력이 존재하게 되는데 이런 기전력의 시간적인 변화를 측정하면 생체의 상태를 알 수 있다. 이런 장치들은 전극을 통해서 두 점간의 전위차를 검출하고 증폭한 후 브라운관이나 기록장치를 통해서 파형을 표시하게 된다. 표 11.2에는 몇 가지 중요한 생체의 기전력이 표시되어 있다.

일반적으로 생체에서 나타나는 기전력은 크기가 작고 주파수가 대단히 낮기 때문에 이들을 증폭하기 위해서는 증폭도가 높고 내부발생 잡음 및 외부로부터의 유도장애를 받지 않도록 회로를 구성하여야 한다.

표 11.2 생체 기전력의 일반적인 특성

기전력의 명칭	주파수 범위[Hz]	기전력값	전극 단자쪽에서 바라다 본 전원 임피던스
심전도(ECG)	0.1 ~ 200 [Hz]	1 ~ 2 [mV]	1 ~ 수십 [kΩ]
뇌파(EEG)	0.5 ~ 70 [Hz]	5 ~ 50 [μV]	10 ~ 50 [kΩ]
근전도(EMG)	10 ~ 2000 [Hz]	10 [μV] ~ 15 [mV]	10 ~ 50 [kΩ]
뇌세포내 활동전위	직류 ~ 50000 [Hz]	수십 [mV]	수 [MΩ]

전자공학의 발전으로 생체의 상태를 측정하여 표시하는 기기의 개발을 표 11.3과 같이 다양하다.

표 11.3 의용전자기기의 종류

측정	의용 전자기기
생체내의 기전력으로 직접 측정	심전계, 뇌파계, 근전계, 피부반사기계
생체내의 현상을 전기량으로 변환하여 측정	전기체온계, 전기혈압계, 심음계, 전기안저 혈압계, 유량계
생체에 물리적인 양을 주어 그 영향을 측정	전기자극장치, 전기 혈압계, 초음파 치료기, 단층촬영기
기타	감시장치 및 텔레미터, 의료용 방사선 측정장치, 컴퓨터 이용장치, 의료용 TV 응용장치, 데이터 처리장치

심장의 기계적인 수축활동으로 인해서 발생되는 기전력에 의해서 전위 분포의 변화가 발생된다. 이것을 생체 표면의 두 점간의 전위차로 검출한 후 증폭하고 기록지에 기록하는 장치를 심전계라고 부른다. 이런 과정을 거쳐서 얻어진 파형기록은 그림 11.14와 같으며, 이를 심전도라 한다.

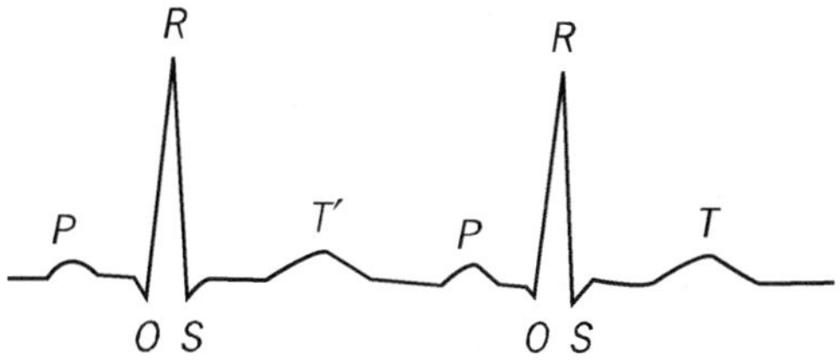

그림 11.14 심전도 파형

그림 11.14에서 P, Q, R, S, T 등으로 표시된 각 부분 사이의 시간 간격이나 형상 등을 조사함으로써 의사는 심장에 관한 정보를 얻을 수 있고 임상진단이나 치료에 임할 수 있다. P파는 심방근의 흥분으로 발생되고 R파는 심실의 흥분에 의해서 발생되고 T파는 심실의 흥분 회복과정에서 발생되는 것이다.

생체 표면에서 전위차를 측정하기 위해서 피부에 도전성 페이스트 또는 식염수가 들어 있는 가제 등을 대고 6~10[cm^3] 정도의 전극을 부착한다. 전위차를 측정하는 생체표면의 장소로는 일반적으로 손이나 발을 사용한다. 머리피부, 대뇌피질, 대뇌, 심층부, 소뇌 등의 두 점 사이에 발생되는 활동전위의 변화를 머리 피부에 붙인 전극을 통해서 검출 기록하는 장치를 뇌파계라고 부른다. 일반적으로 그림 11.15에 표시된 것과 같은 많은 부위로부터 뇌파를 동시에 기록하여 주파수, 파고 등의 상관관계, 대칭성, 시간에 따른 변화, 외부 자극에 대한 변화율 등을 종합분석 평가한다.

뇌파의 검출 평가로부터 간질병, 뇌종양과 같은 임상진단 외에 생리학, 정신병학, 신경외과학, 심리학 등의 연구에 크게 이용되고 있다. 전극은 직경 1[cm] 정도의 은으로 만든 원판전극을 링겔 가제 또는 도전성 페이스트를 통해서 머리피부에 접착하든지, 침전극을 삽입하여 이용하는 경우가 많다.

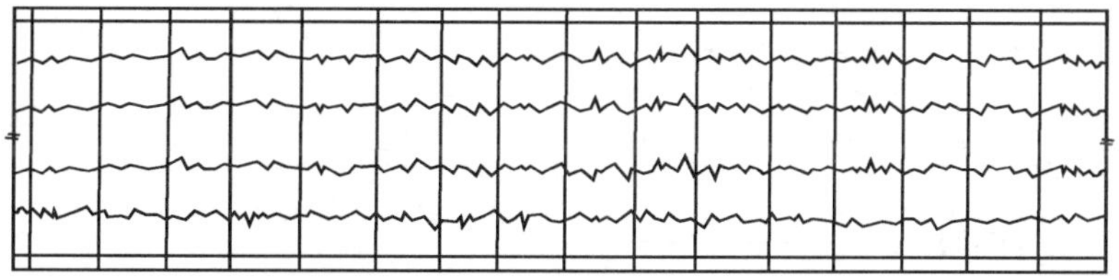

그림 11.15 뇌파 기록지

이런 전극을 머리 피부의 수개에서 수 십개 부위에 붙여서 두 점 사이 또는 머리 피부의 1점과 영전위라고 생각되는 귓밥 사이의 전위차의 변동을 관측한다.

뇌파계의 경우 심전계의 경우보다 입력신호의 전위가 낮고 기전력 발생장소의 임피던스가 높아서 입력신호 레벨이 낮다. 따라서 심전계보다 이득 효율이 높은 증폭기가 필요하다.

초음파 진단장치는 초음파를 생체에 투사시킬 때 초음파의 감쇄도나 반사도가 생체조직의 음향 임피던스에 따라서 달라지는 현상을 이용해서 생체조직 내의 병리현상을 조사하는 장치이다. 초음파 진단장치는 파의 종류가 초음파인가 또는 연속파인가에 따라 다르며 투과법을 사용하는지 반사법을 사용하는지에 따라서 여러 종류로 구분되어진다.

가장 보편적으로 보급되고 있는 것은 펄스를 이용한 반사법을 이용하는 진단 장치로 일정한 주기를 갖는 초음파 펄스를 생체조직에 조사하고 반사파를 수신하는 것인데 초음파가 반사될 때까지의 시간으로 조직까지의 거리를 측정하고 반사체 조직의 음향적 성질에 따라 좌우되는 반사파의 크기나 형상으로 인체 내 조직의 성질을 알아낼 수 있다.

초음파 진단장치는 초음파 송수신기기의 주사방식과 반사파가 CRT에 표시되는 방식에 따라 나누어지는데 A 모드장치, B 모드장치, C 모드장치로 구분된다.

특히 B 모드장치는 체내의 단층 상을 표시할 수 있고, C 모드장치는 심장 내부에 있는 판막의 움직임을 표시할 수 있다. 초음파 진단장치는 환자에게 고통을 주지 않고 검사할 수 있다는 이점 때문에 최근에 각광받는 의료기구중의 하나이다.

A 모드 진단장치는 그림 11.16에 표시된 블록선도처럼 펄스로 된 초음파를 탐촉자에 보내어 반사파를 같은 탐촉자나 다른 탐촉자로 수신하여 오실로스코프로 나타내는 방식이다. B 모드 진단장치는 그림 11.17에 표시된 것처럼 초음파를 직선으로 주사하여 브라운관의 수직축과 연동으로 수신기 출력에 휘도변조를 시키면 생체의 단면적에 해당하는 형상이 오실로스코프에 나타난다.

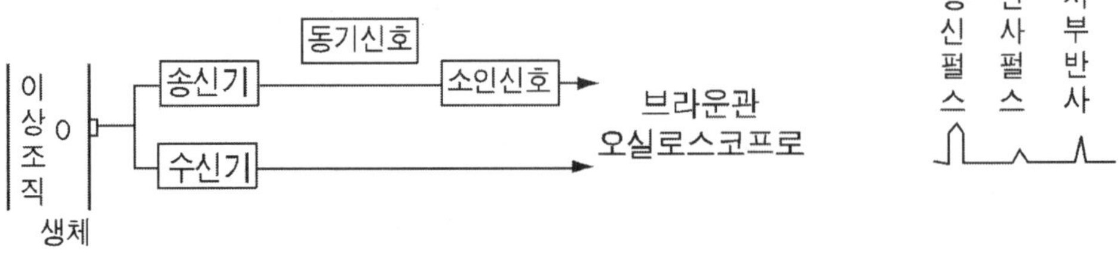

그림 11.16 A 모드 진단장치의 블록선도

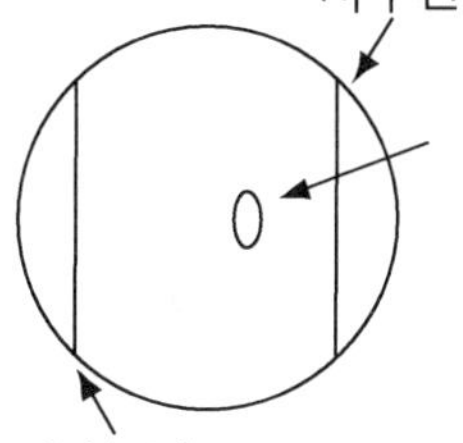

그림 11.17 B 모드 진단장치

C 모드 진단장치는 B 모드 진단 장치에서 수평 수위프를 사용하지 않고 탐촉자의 직선운동만을 순차적으로 평행 이동시켜서 브라운관이 수평축과 연동하여 반사 펄스만으로 휘도변조를 시키면 주사한 평면의 영상이 얻어진다. 이런 진단 장치에서는 이상이 있는 부위의 위치만을 알 수 있고 깊이는 알 수 없는 단점을 가진다.

PPI 방식은 B 모드의 탐촉자를 직선으로 주사시키지 않고 어느 한 점에 회전 시켜서 주사시키는 방식으로 탐촉자의 회전에 따른 영상을 오실로스코프에서 관측하면 탐촉자를 중심으로 하는 단면도를 얻을 수 있기 때문에 혈관과 같은 관 형태의 장기외벽을 진단하는데 사용한다.

11.8 오디오 전자 시스템

오디오 전자 시스템이란 일반적으로는 사람이 들을 수 있는 음역 내의 음파 및 그것을 변환한 전기신호를 다루는 시스템을 가리킨다. 음악, 사람의 목소리, 자연음 등 가청주파수대역 내의 음파(보통 16~20,000[Hz])를 전기에너지로 변환하여 기록, 녹음, 또는 기록된 신호를 음파 에너지로 변환하여 공간에 재생하는 시스템을 말한다.

오디오는 그 특징에 따라 마이크로폰(주로 음파를 전기신호로 변환), 튜너(공중에 발사된 전파를 선택하여 그 속에 포함된 음성신호를 추출), 레코드플레이어(레코드의 소리홈의 기계진동을 전기신호로 변환), 테이프리코더(전기신호를 자기신호로 변환하여 기록하고, 기록된 자기 에너지를 전기신호로 변환), 앰플리파이어(미소한 전기신호를 증폭), 스피커(앰플리파이어, 즉 앰프로 증폭된 전기신호를 기계진동으로 변환하여 음파로서 공간에 복사) 등이 포함된다.

오디오는 크기와 형태, 가격대가 다양하지만 그 기본 원리와 구조는 모두 같다. 모든 오디오 기기는 각각 서로 다른 기능을 하는 부분들이 단계적으로 결합되어 있으며, 기능적인 순서대로 나열하면 그림 1.18과 같다.

그림 11.18 오디오의 원리

프로그램 소스는 CD, LP, MP3 등의 디스크나 테이프, 또는 방송 전파등의 매체(medium)에 수록된 음악 신호를 읽어내어 시간에 따라 변하는 전압으로 바꾸어 주는 장치이며, 이 부분이 따로 떨어져 있는 것들 중에는 CD 및 MP3 PLAYER, LP디스크를 읽는 Turntable, 카세트테이프를 읽는 Cassette Deck, 방송 전파를 수신하여 음성 신호를 읽어내는 Tuner 등이 있다.

증폭기(Amplifier)는 프로그램 소스에서 받은 미약한 전압 신호를 스피커나 이어폰을 울릴 수 있을 정도로 큰 전압과 전력으로 키워주는 장치이다.

스피커 또는 이어폰은 증폭기로부터 받은 전기 신호를 진동판의 진동으로 바꾸어 공기를 진동시켜 마침내 소리를 들려주는 장치이다.

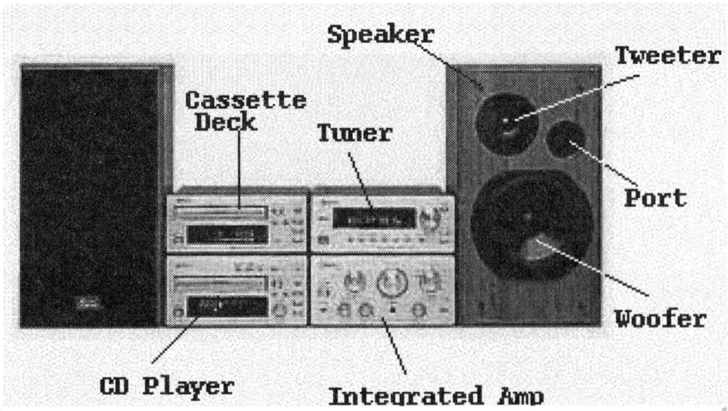

그림 11.19 오디오 시스템

위의 그림 11.19를 보면 오디오 시스템에 두 개의 스피커가 있는 것을 볼 수가 있다. 이것은 소위 스테레오(Stereophonic Sound)로 음악을 들려주기 위한 것이며, 스테레오(stereo)란 입체(立體)란 뜻을 가지고 있다. 두 개의 스피커는 각각 왼쪽과 오른쪽에서 다른 소리가 나며, 아래 그림 11.20에서 간략하게 원리에 대해 나타내었다.

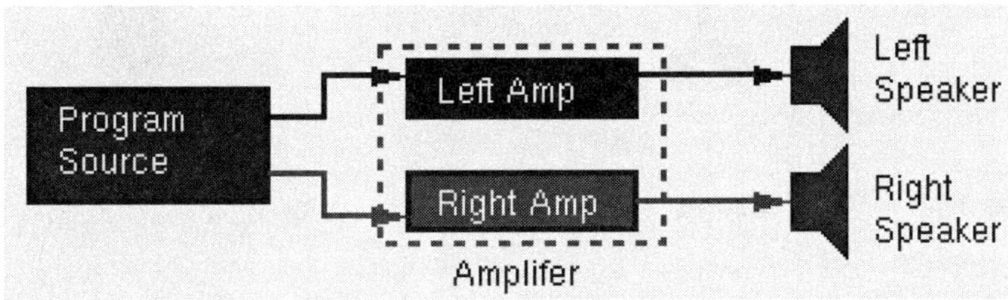

그림 11.20 스테레오 신호

CD/MP3 Player나 테이프 덱, 턴테이블 등은 매체로부터 왼쪽 신호와 오른쪽신호로 분리된 신호를 끄집어내게 된다. 이 신호는 각각의 케이블을 따라 앰프에 들어가고, 앰프는 겉보기에는 한 몸체이지만 사실은 그 속에 동일한 두개의 앰프 회로가 들어있어서 한 개의 앰프는 왼쪽의 신호를 받고, 다른 한 개의 앰프는 오른쪽 신호를 받게 된다. 그래서 앰프 속에서는 왼쪽 오른쪽 신호가 섞이지 않고 따로 따로 증폭이 가능하게 되며, 이렇게 증폭된 신호는 각각의 스피커로 들어가게 된다.

이렇게 기록 매체에서 스피커까지 독립된 두 갈래의 길로 이루어진 오디오 시스템을 2 Channel Stereo System이라고 하며, 2 채널 스테레오는 1950년대 말부터 보급되기 시작하여 그 역사는 40년 이상이라고 할 수가 있다. 기술이 발전함에 따라 보다 현실감 있는 소리를 재생하기 위해 과거 70년대에 4 채널이 출현한 적이 있었고 최근 몇 년 동안은 5 채널 이상의 가정에서 쓰이는 극장용 오디오가 보급되고 있다.

(1) 마이크와 녹음

마이크는 크게 콘덴서와 다이내믹 마이크로 나뉜다. 콘덴서 마이크(정전 용량형)는 음파로 진동판이 떨리면서 전기 신호를 발하고, 다이내믹 마이크(무빙 코일형)는 진동판이 자장 내의 코일을 움직여 코일 내에 유도 전류를 발생시켜 전기적 음향 신호를 발한다. 그림 11.21과 11.22는 마이크와 다이나믹 마이크의 예이다.

그림 11.21 콘덴서 마이크

그림 11.22 다이나믹 마이크

마이크에서 발생되는 전파를 디지털 코드로 바꾸려면 전기 신호를 샘플링해야 한다. 일정한 간격을 두고 전파의 진폭(높이)을 측정하는 것이다. 재생할 때는 코드를 다시 아날로그 신호로 바꿔야 한다, 다시 바꿔진 신호의 충실도는 샘플링 빈도와 신호 전장에 사용한 비트수에 달려 있다. CD 오디오의 표준은 16 bit(65,536 레벨), 44.1[kHz]이다. 그림 11.23은 8 bit, 10[kHz] 샘플로 음성 녹음에 적합하다.

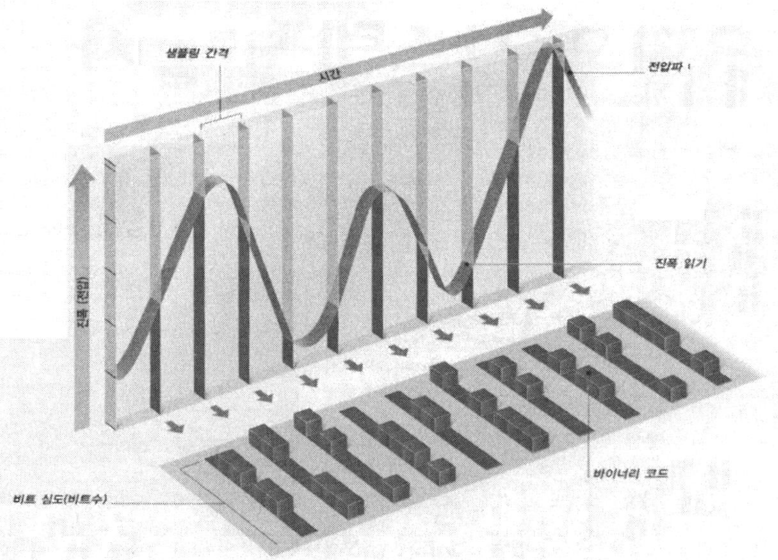

그림 11.23 샘플링 원리

(2) 재생과 스피커

녹음한 소리를 재생하려면 녹음된 매체의 물리적 또는 마그네틱 패턴을 전기신호로 바꿔 줄 미디어 플레이어와 신호를 증폭시킬 앰프, 그리고 전기 신호를 음파로 전환할 스피커가 필요하다. 녹음 매체가 디지털이면 신호를 증폭하기 전에 아날로그로 바꿔야 하기 때문에 디지털 아날로그 변환기도 있어야 한다.

음향 재생 장치는 녹음된 원음을 그대로 재생하고, 증폭기 즉 앰프는 레코드, 테이프, CD/MP3 플레이어로부터 받은 전기 신호를 소리의 일그러짐 없이 증폭시킨다.

소리가 어떻게 재생되는지 알아보자. 그림 11.24는 픽업 카트리지에 의한 원리로 비닐 레코드는 나선형 홈의 양벽에 파도 모양의 등고선으로 스테레오 사운드 신호를 저장한다. 톤암(음관) 끝에 달린 카트리지에 부착된 다이아몬드 침(스타일러스)으로 등고선의 변화를 감지한다. 홈의 바깥쪽과 안쪽 벽을 따라 수직으로 움직이는 스타일러스의 움직임이 자석을 움직여 왼쪽과 오른쪽 코일에서 전기 신호를 유도해 낸다.

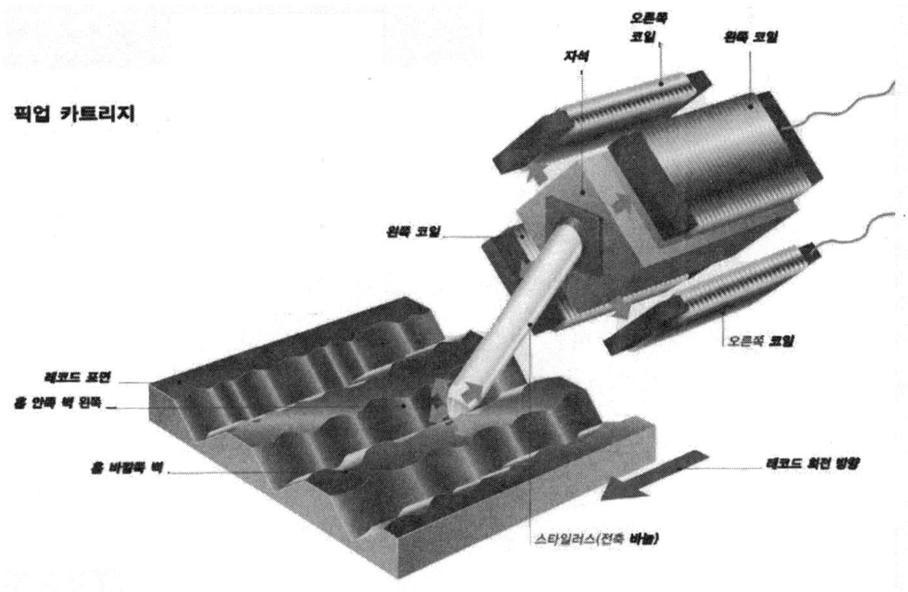

그림 11.24 픽업 카트리지 원리

콤팩트 디스크(CD)의 경우 지름 12[cm]의 플라스틱 디스크로 44.1[kHz]의 속도로 샘플링된 16 bit 스테레오 사운드를 약 74분 용량을 저장할 수 있다. 트랙 한 개마다 30억 개의 피트(홈) 형태로 사운드 데이터가 저장되어 있다. 이렇게 피트에 의해 저장된 음성 정보는 디스크 아래쪽 트랙에 조준된 레이저 빔과 렌즈에 의해 빛의 강도 차이로 나타난 것이 오디오 신호로 변환하게 된다. 그림 11.25는 콤팩트 디스크의 원리를 나타낸다.

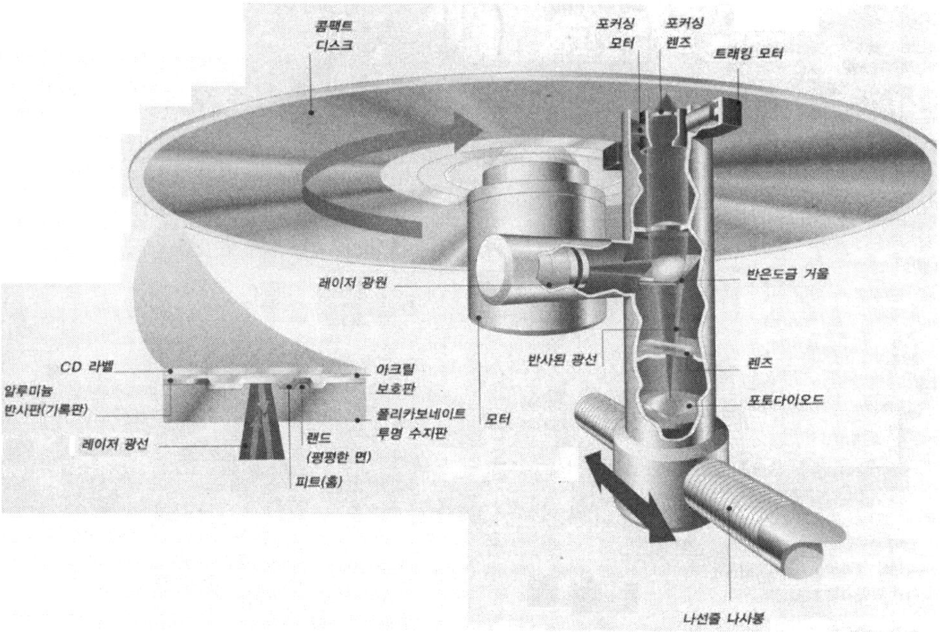

그림 11.25 콤팩트 디스크 원리

그림 11.26과 같이 스피커는 마이크와 반대로 전기 에너지를 소리 에너지로 변환시킨다. 스피커는 ESL 스피커라고도 하는 콘덴서 스피커(정전 용량형), 다이내믹 스피커(무빙코일 방식), 리본형 스피커 등으로 나누어지며 다이내믹 스피커가 주를 이룬다. 최근에는 평면 패널의 진동으로 소리를 공명시키는 DM 기술을 이용한 평면(플랫 패널형) 스피커도 많이 사용된다.

소리의 정보를 담은 전기신호에는 소리의 크기, 진동수 등의 소리에 관련된 모든 정보가 포함되어 있으며, 전자석에 입력된다. 전자석은 이 신호에 따라 N극·S극의 방향과 자석의 세기가 다르게 나타난다. 전자석의 뒤쪽에는 자석의 세기가 일정한 영구자석이 자리 잡고 있다. 전자석에서 N극의 방향에 따라 두 자석은 서로 밀기도 하고 당기기도 한다. 그리고 전자석의 자석 세기에 따라 밀고 당기는 힘은 커지기도 하고 작아지기도 한다. 전자석의 한쪽 끝은 스피커의 중앙에 있는 둥그런 모양의 콘이라는 것에 붙어있다. 전자석의 움직임에 따라 이 콘도 함께 움직이게 되고, 결국 콘에 붙어있는 고깔도

움직이게 된다. 북과 같이 이러한 움직임은 진동이라고 말할 수 있으며, 주변의 공기를 진동시켜 소리를 발생시키게 된다.

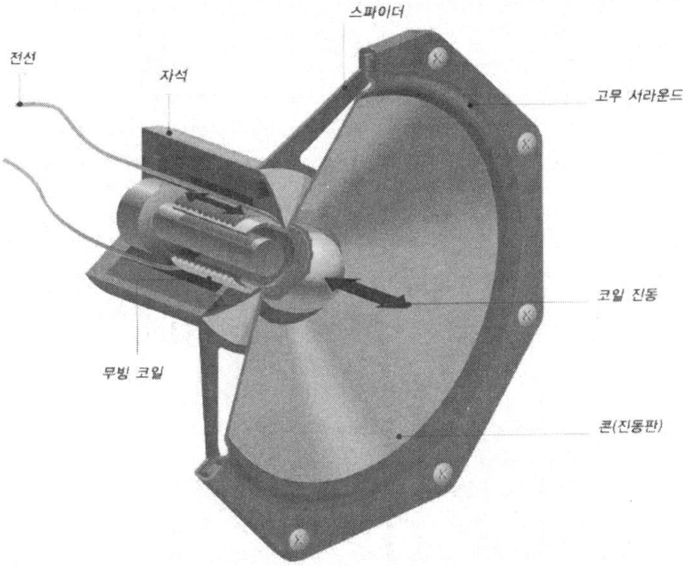

그림 11.26 스피커 구성 그림

최근 5.1채널 스피커란 센터와 전면 좌우, 후면 좌우 5개의 스피커에, 저음을 담당하는 서브 우퍼를 묶어 놓은 것이다. 서브 우퍼는 온전한 소리를 내는 스피커가 아니라 중저음만 내기 때문에 0.1이다. 5개의 스피커와 서브 우퍼를 묶어 5.1 채널 스피커라고 부른다.

11.9 전파응용 전자시스템

전파는 우리 주위에 항상 존재하는 전자파의 일종으로 심한 천둥 번개가 칠 때 자연적으로 발생하기도 하고 외계에서도 끊임없이 밀려들어온다. 정보전송에 전파를 이용할 수 있다는 발견은 20세기 초 세계에 대변혁을 일으켰다. 오늘날 전파는 TV나 라디오 방송뿐만 아니라 교통안내, 이동전화, 위성통신, 레이더 등에 광범위하게 사용된다.

1887년 독일의 하인리히 헤르츠(Heinrich Hertz, 1857~1894)는 스파크(spark) 코일로 실험하던 과정에서 스파크가 일어날 때마다 몇 미터 떨어진 열린 금속 고리의 끝 쪽에서도 스파크가 일어남을 알게 되었다. 이것은 스파크에 의해 생겨난 라디오파가 공중을 가로질러 전달된 것이다. 그 후, 이탈리아의 마르코니(Guglielmo Marconi, 1974~1937)는 라디오파를 이용하여 소리를 전달할 수 있는 방법을 알아내어, 1907년에는 대서양을 가로질러 처음으로 소리 신호를 전파하기에 이르렀다. 이러한 마르코니의 발견은 라디오파가 통신에 널리 이용하게 하는 데에 중요한 밑거름이 되었다.

(1) 라디오 방송 및 시스템

우리 주변은 항상 여러 가지의 라디오파로 가득 차 있다. 이것들 중 많은 것이 소리 신호를 전달하지만, 특정한 수신기가 없으면 우리는 이들 소리를 직접 들을 수가 없다. 또한 특정한 방법을 사용하지 않으면 소리를 전달할 수도 없다.

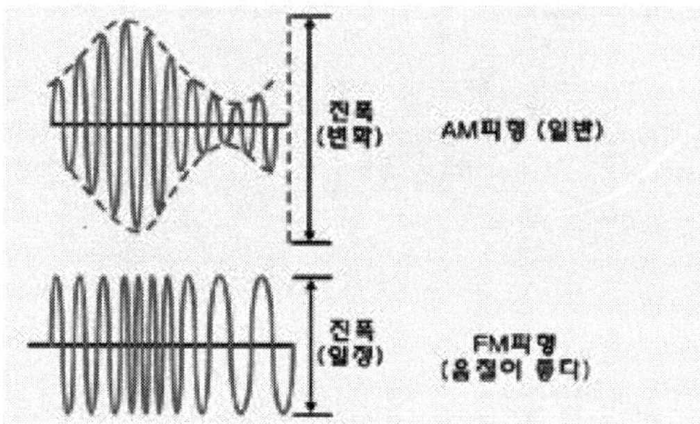

그림 11.27 진폭변조와 주파수변조

라디오파에 소리를 첨가하는 한 가지 방법은 소리 신호의 주파수에서 그 진폭을 바꾸는 것으로서 이것을 진폭변조(AM, amplitude modulation)라고 한다. 이 때 라디오파의 주파수는 변하지 않는다. 라디오파에 소리를 실어 보내는 또 다른 방법은 라디오파의 진폭은 일정하게 유지하면서 소리 신호의 주파수를 바꾸게 하는 것이다. 이것을 주파수변조(FM, frequency modulation)라고 한다. 그림 11.27은 진폭변조와 주파수변조의 개념도이다.

라디오 방송의 경우 소리를 전기신호로 바꾸어서 그것을 전파에 실어 보내어, 다시 소리로 재생하는 것이라 할 수 있는데, 전파의 주파수에 따라 여러 가지 다른 방송을 보내고 받을 수 있다. 그것이 각 방송사의 고유 주파수이다. 그림 11.28은 라디오 방송 원리이다. 라디오 송신기는 요구되는 무선신호와 같은 주파수의 전기 반송파(정보를 반송하기 위해 변조된 전자기파)를 발생시켜 작동한다. 앞에서 언급한 변조과정을 통해 데이터가 반송파에 첨가되면 송신기가 변조된 신호를 송신탑으로 보내고, 송신탑에서 변조된 반송파의 모양을 반영한 무선신호를 출력한다.

전파는 대개 여러 방향으로 퍼지며 신호의 범주는 주파수에 따라 다르다. 수신기는 모든 주파수를 포착하지만 특정주파수의 전파와 똑같이 진동하도록 하는 회로인 동조회로로 특정주파수의 신호를 분리해 낸 다음 그 신호를 복조해 원래 데이터를 찾아낸다.

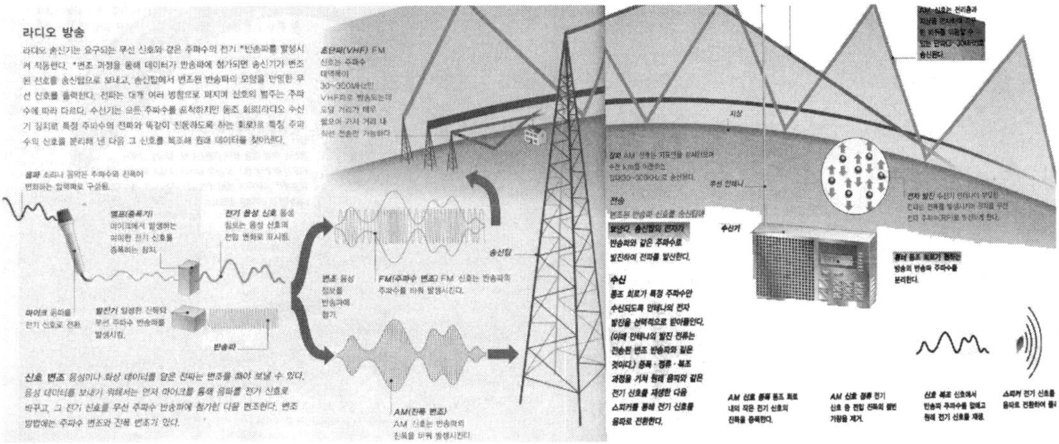

그림 11.28 라디오 방송의 원리

(2) 텔레비전(television) 방송 및 시스템

tele는 그리스어로 '멀리', vision은 라틴어로 '본다'는 뜻으로, 1931년 미국에서 첫 시험방송이 시작되었고, 1937년에 영국의 BBC 방송국이 세계 최초로 흑백텔레비전 방송을 시작하였다. 한국은 1956년 5월 12일 세계에서 15번째로 TV전파를 발사하였다.

파장이 다른 각 방송국의 전파를 수신하기 위한 시스템을 튜너(동조기)라고 하며, 독립된 회로부품으로 구성되어 있다. 튜너는 혼변조와 잡음지수 등 독특한 성능이 요구되며, 회로 구성은 입력회로・고주파 증폭회로・혼합회로・국부발진회로로 구성되어 있다. 튜너를 거친 신호는 다음 단계인 중간주파 증폭회로로 넘어가게 되는데, 이 회로는 튜너에서 선택된 중간주파 신호를 대폭 증강시켜 다음 단계인 검파회로로 연결시키는 역할을 하며 수상기의 이득을 결정하는 중요한 회로이다.

검파회로에서는 영상신호가 만들어지고, 이 영상신호는 영상 증폭회로를 거쳐 영상출력회로와 동기회로·수직수평 편향회로를 거쳐 브라운관의 전자총을 구동하는 데 필요한 90～150[V] 정도로 증강된다. 컬러 신호처리(chrome processor) 회로는 컬러 텔레비전 신호를 수신할 경우에 화면에 색을 재생시키기 위해 필요하며, 흑백 텔레비전과 컬러 텔레비전의 가장 큰 차이점이 바로 이 회로의 유무에 있다. 이 회로에는 색동기(色同期)·색복조·증폭 등의 기능이 포함되어 있다.

텔레비전의 화면은 많은 점과 기본 요소(elements)들로 구성되어 있으며, 각 점들이 모여 하나의 화면을 형성한다.

1) 텔레비전 카메라

영상을 찍기 위해 사용되는 텔레비전 카메라는 화상관(picture tube)이라고 하는 음극선관(RT, cathode ray tube)을 사용한다. 이 관 안에서는 형광 스크린이 반도체 판으로 대체되어 있으며, 판의 앞쪽에는 회부 회로와 연결되어 있는 반투명 전도층이 있다.

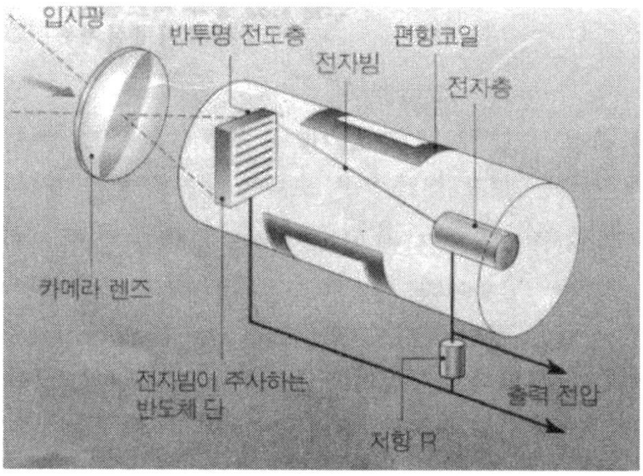

그림 11.29 텔레비전 카메라 원리

전도층위에 쪼여지는 빛의 양에 따라 반도체의 저항 값이 달라지며, 이 저항 값에 의해 전도층으로 흘러가는 전자의 유무가 결정된다. 전자의 흐름에 따라 전압의 크기가 변동이 되며, 이러한 원리(그림 11.29)를 이용하여 신호가 전송된다.

컬러 텔레비전의 카메라는 흑백 텔레비전에서 사용되는 카메라와 달리 빨강·초록·파랑의 세 가지 색을 한 번에 수행하게 된다. 아래 그림 11.30에서와 같이 카메라를 통해 물체에서 나온 빛이 들어가면 거울과 필터의 특별한 배열로 인해 이 빛은 빨강·초록·파랑의 세 가지 색으로 분리된다. 각 색에 해당되는 부부는 화상관 중의 하나로 지나가 전기 신호로 전환되며, 전송이 되기 전에 전기적 신호는 코드화되어 점 색깔과 각 점 및 연속선에 대한 명도를 나타내게 된다.

- **TV 카메라** : 카메라에 들어온 빛은 다이크로익 거울이라는 특수 필터에 의해 삼원색으로 분리되어 세 광전관의 감광 타겟으로 반사된다. 각 광전관의 전자 빔이 이미지를 읽어 휘도를 전기신호로 기록한다. 이 정보를 오디오 신호, 동기신호와 함께 부호화하여 전파에 실어 전송한다.
- **렌즈** : 광선을 광전과 감광 타겟에 집중시킨다.
- **다이크로익 거울** : 특정파장의 광선을 반사 또는 투과시킴으로써 빛을 적색광, 녹색광, 청색광으로 나눈다.

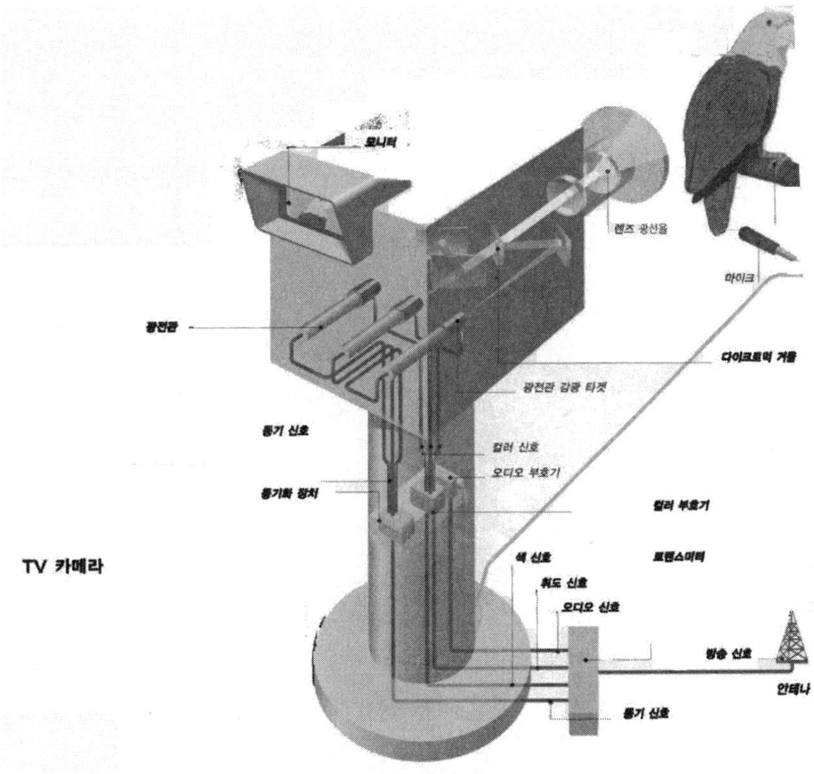

그림 11.30 칼라 텔레비전 방송 원리(1)

- **광전관** : 각 광전관에서 형성된 삼색 이미지는 전자 빔 스캔에 의해 전기신호로 전환된다. 디지털 카메라는 광전관 대신 CCD(전하결합 소자)를 사용한다.
- **동기화 장치** : 각 광전관 안에서 동시에 각 색을 스캔하도록 하는 동기신호를 발생한다.
- **컬러 부호기** : 적색, 녹색, 청색 신호를 휘도와 색 신호로 부호화한다.
- **트랜지스터** : 비디오와 오디오 신호를 채널 주파수의 반송파(영상, 음성 신호파를 전송하는 고주파)에 실어 전송한다.

2) 텔레비전 수상기

화상관을 떠난 신호는 증폭이 되어 UHF 전달파에 실려 방송 송출탑을 통해 모든 방향으로 방사가 되며 TV 수상기에서는 안테나에 의해 UHF파를 수신하게 되고, 이 화상 신호는 전달파에서 분리되어 다시 전류로 변환된다. TV 스크린의 내부에는 크게 전자빔을 쏘는 전자총과 스크린으로 구성되어 있으며, 전류로 변환된 화상신호가 전류를 조절하는 화상관으로 보내지면서 전자빔은 카메라 안의 전자빔과 정확히 같은 시간 안에 스크린을 주사하도록 되어 있다. 스크린에는 625개의 선 안에 배열된 많은 점들로 덮여 있고, 각 점은 형광물질로 구성되어 전자가 도달하면 빛을 발하도록 구성되어 있다.

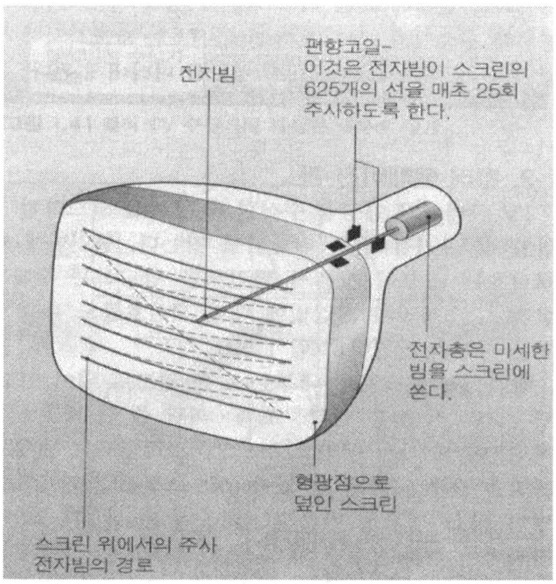

그림 11.31 TV 스크린

TV 안테나가 영상을 수신할 때는 코드화된 색과 명암 및 소리를 담은 전달파를 잡는다. TV 수상기에서는 음극선 진공관 (CRT)에 기반하며, CRT는 RGB 색상별 전자총 세 개와 형광 코팅된 스크린으로 구성된다. 각각의 색 신호는 스크린 상에서 각 색을 담당하는 전자빔에 실리게 되고 각 전자총은 고속으로 움직이는 전자빔인 음극선을 발산하며 비디오 신호의 휘도에 따라 다른 강도로 스크린을 향해 쏜다. 스크린상의 형광 스트라이프(줄) 또는 도트(점)는 전자와 충돌시 적색, 녹색, 또는 청색으로 발광한다. 전자빔은 스크린을 라인별로 쏘아 전송된 프레임을 재현하는데 워낙 고속이라 육안으로는 풀컬러 동화상 이미지로 보인다.

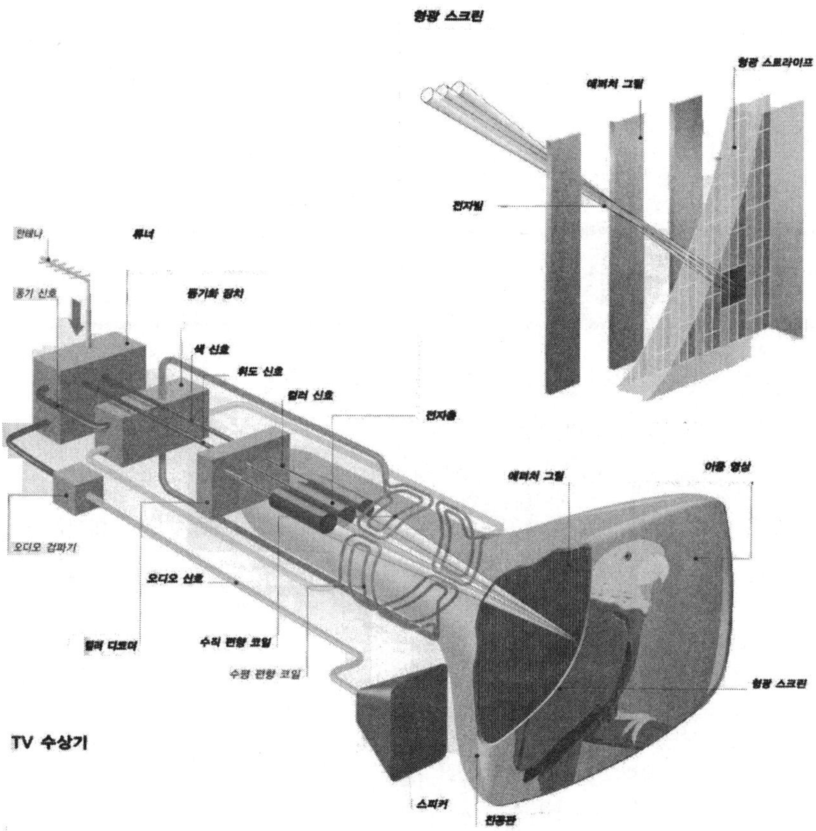

그림 11.32 칼라텔레비전 방송 원리(2)

- **TV 수상기** : 수신된 전파에서 색, 휘도, 동기, 오디오 신호가 각각 분리, 해독된다. 휘도, 색 신호는 세 가지 신호로 바뀌어 각 전자총으로 보내진다. 전자총에서

발산되는 전자 빔의 강도는 해당 컬러의 휘도에 따라 달라진다. 전자 빔은 동기신호에 의해 제어되는 편향 코일의 자기장을 통해 쏘아진다.

- **튜너** : 안테나에 수신된 영상신호 중 원하는 채널만 선택, 적절한 전달파 주파수를 찾아 신호를 받는다.
- **동기화 장치** : 동기신호를 수평 및 수직 편향신호로 나눠 편향 코일을 제어한다.
- **오디오 검파기** : 오디오 신호를 해독, 증폭하여 스피커로 전달한다.
- **컬러 디코더** : 휘도, 색신호 등으로 부호화된 비디오 신호를 적색, 녹색, 청색 신호로 바꾼다.
- **전자총** : 가열된 음극선에서 발산된 전자 빔은 고압 전류에 의해 가속화되어 스크린을 향해 쏘아진다.
- **진공관** : 유리관 내부의 전도성 있는 코팅이 스크린에 도달한 전자를 다시 전기 공급원으로 보낸다.

11.10 디스플레이 시스템

정보사회가 발달하므로 하여 각종 정보에 대한 표현에 있어서 전자시스템 기술은 매우 중요한 역할을 담당하고 있다. 정보의 정확한 표현은 디스플레이의 고선명, 고화질등과 같은 기술들에 의해 좌우된다. 따라서 정보화 사회의 발전에 있어 차세대 디스플레이의 개발은 매우 중요하다. 최근에는 기존의 영상비(스크린의 가로 세로비) 4:3을 넘어서 와이드 디스플레이의 개발이 이루어져 16:9의 영상비 비율을 달성하게 되어 정보 습득에 대한 인간의 욕구를 충족시켜 주고 있다. 또한 디스플레이의 활용 및 편리성의 하나로 최근에 유기EL 디스플레이 기술을 이용하여 종이와 같이 휴대 및 보관이 편리한 디스플레이도 개발되고 있다.

이러한 차세대 디스플레이의 종류와 원리를 간단하게 살펴보면 다음과 같다.

(1) CRT/브라운관/음극선관

CRT는 cathode ray tube의 약자로 음극선관을 말하며 일명 브라운관 이라고도 하는데, 전기신호를 전자빔(beam)으로 형광면에 쏘아 광학상으로 변환하여 표시하는 장치를 말한다. CRT는 가장 널리 사용되고 있는 표시장치로서 표시품질과 가격성능비가 우수하다는 장점을 가지고 있어 일반용의 화상표시장치로 널리 사용되고 있다.

CRT는 흑백(모노크롬)CRT와 컬러CRT가 있는데 구조적으로 흑백CRT는 전자빔을 발사하는 전자총이 하나인데 반해 컬러 CRT는 적색. 청색. 녹색의 전자빔을 발사하는 전자총이 3개이며 흑백CRT에는 없는 섀도마스크가 컬러CRT에는 있다는 것이 다르다.

CRT의 구조와 원리를 보면 진공의 유리관 속에서 전자총이 발사한 전자빔은 전자렌즈로 집속돼 유리관의 목 부분에 부착된 편향 요크의 자계에 의해 형광면의 소정의 위치로 향하도록 굴절돼 전자빔과 부딪친 형광체가 빛을 발하도록 한다.

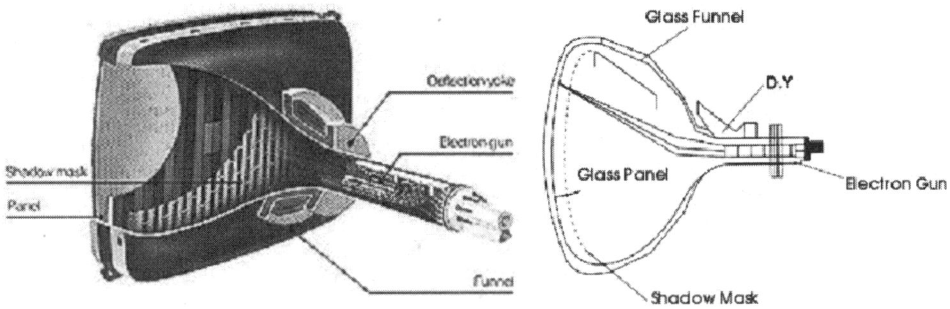

그림 11.33 CRT의 원리

(2) LCD/액정디스플레이

LCD는 Liquid Crystal Display의 약어를 말하며, 1888년 오스트리아의 F. Reinitzer에 의해 처음 발견된 액정은 1968년 미국 RCA사에 의해 디스플레이에 응용됐다. 1973년에 전자계산기, 전자시계에 적용된 액정은 1986년 이후 STN LCD와 소형 TFT LCD가 실용화됐다. 1990년대들어 10인치 TFT LCD의 양산화가 실현되면서 노트북PC의 대표적인 디스플레이로 자리잡고 CRT를 대체하는 디스플레이 중 하나로 각광받고 있다.

LCD는 2개의 얇은 유리판 사이에 고체와 액체의 중간물질인 액정을 주입해 상하 유리판위 전극의 전압차로 액정분자의 배열을 변화시킴으로써 명암을 발생시켜 숫자나 영상을 표시하는 일종의 광스위치 현상을 이용한 소자이다. 구동방법에 따라 수동 매트릭스 방식과 능동 매트릭스 방식으로 분류하는 데 수동 매트릭스 방식에는 TN(Twisted Nematic)과 STN(Super-Twisted Nematic)이 있으며 능동 매트릭스 방식에는 TFT(Thin Film Transistor) 등이 있다.

LCD는 전자시계, 전자계산기, 액정TV, 노트북PC 등 전자제품에서 자동차, 항공기의 속도표시판 및 운행시스템 등에 폭넓게 사용되고 있다.

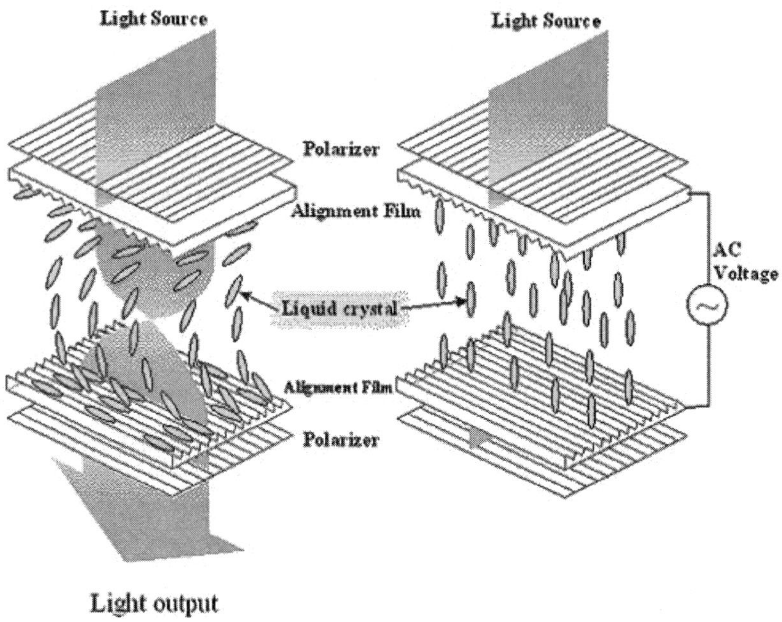

그림 11.34 LCD의 원리

(3) LED/발광다이오드

LED(Light Emitting Diode)란 발광다이오드의 영어명을 줄인 것으로 빛을 발하는 반도체소자를 말하며 각종 전자제품류와 자동차계기판 등의 전자표시판에 활용되고 있다.

갈륨비소(GaAs)재질이나 이 재질에 인·알루미늄 등을 첨가해 만든 칩을 사용하는 LED는 직경 3, 5[mm] 등으로 제작되며 발광색상은 현재 빨강. 녹색. 노랑. 오렌지색 등이 개발되어 있다.

첨가하는 불순물의 함량에 따라 재질의 파장이 달라 파장은 인간의 가시광선영역인 400[nm]에서 700[nm] 사이이며 적색은 700[nm]대, 녹색은 565[nm], 노랑은 585[nm], 오렌지색은 635[nm]의 파장을 형성하고 있다.

LED는 모노리식LED 디스플레이와 하이브리드형 LED디스플레이로 분류되며 반도체라는 특성으로 인해 처리속도, 전력소모, 수명 등의 제반사항에서 큰 장점을 보여 각종 전자제품의 전자표시부품으로 각광받고 있다.

기존 전구램프처럼 눈이 부시거나 엘러먼트가 단락되는 경우가 없는 LED는 소형으로 제작돼 각종 표시소자로 폭넓게 사용되고 있으며 반영구적인 수명(약 1백만 시간)으로 그 활용도가 높다.

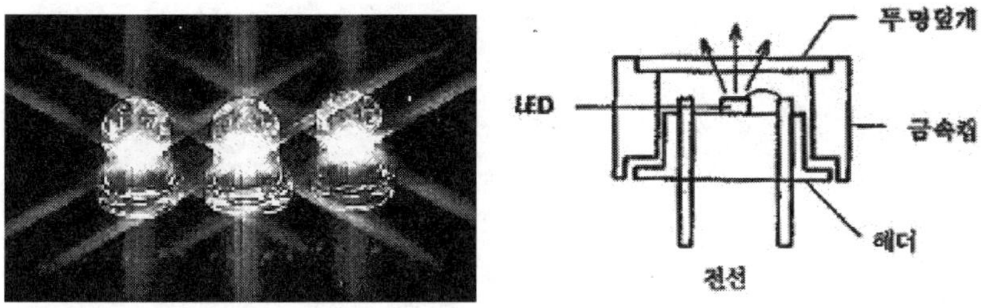

그림 11.35 LED의 외형과 구조

(4) PDP/플라즈마 디스플레이

PDP는 Plasma Display Panel의 약자로 전면유리와 배면유리 및 그 사이의 칸막이에 의해 밀폐된 유리사이에 Ne+Ar, Ne+Xe 등의 개스를 넣어 양극과 음극의 전극에 의해 전압을 인가하여 네온광을 발광시켜 표시광으로 이용하는 전자표시장치를 일컫는다.

플라즈마디스플레이는 마주보는 대향의 전극사이에 개스를 봉입하고 전압을 인가함으로써 발생하는 가스방전을 이용하는데 발광색은 오랜지색이며 가스방전에 의해 발생한 자외선으로 적색・녹색・청색을 내는, 형광체를 여기하는 컬러디스플레이도 있다.

표시전극의 구성에 의해 고정패턴표시와 메트릭스 표시의 두 종류로 분류되는데 고정패턴표시는 일자형 전극패턴의 각 세그먼트를 on・off함으로써 숫자표시를 하는 것이며 메트릭스 표시는 방전셀을 세로(X)전극군과 가로(Y)전극군 사이에 구성, 교차점의 방전을 on・off하는 것으로 갖가지 문자나 패턴을 표시한다.

PDP는 발광형으로 선명한 대형표시가 가능하기 때문에 종래에 FA(공장자동화)용이나 티켓자동판매기, 주유유량계 등에 사용해 왔으나 표시장치의 소형경량화・고성능화와 함께 퍼스널컴퓨터 등 OA(사무자동화) 등으로 많이 활용하고 있으며 대형 패널로 표시품위가 높을 뿐 아니라 응답속도가 빠르면서 신뢰성이 높고 수명이 길기 때문에 랩톱(손바닥위)컴퓨터의 디스플레이로 채용되면서 수요가 급증하고 있다.

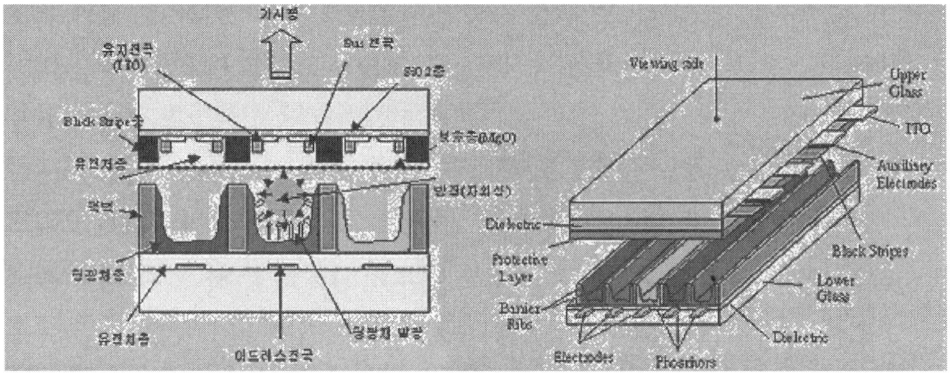

그림 11.36 PDP의 원리

(5) 유기 EL/OLED

유기 EL은 유기물질의 전계발광현상(Electroluminescence)을 이용한 평판 디스플레이이다. 전극으로부터 전자(electron)와 홀(hole)이 주입되고 이들이 여기상태를 거쳐 다시 재결합하는 것에 의해 발광하기 때문에 오히려 발광 메카니즘으로서는 LED에 가까워 OLED (Organic Light Emitting Diode)라고 하는 표현이 생겼다.

유기 EL은 현재 각광을 받고 있는 LCD 같은 수광형태의 소자에 비해 응답속도가 CRT와 같은 수준으로 빠르다는 장점을 갖고 있으며, 낮은 직류 구동전압, 초 박막화가 가능하기 때문에 벽걸이형, 휴대용으로 응용이 가능할 것으로 본다. 또한 면(面) 발광이기 때문에 빛이 균일하며, 시야각이 넓고, 가시영역의 모든 색상의 발광이 가능하다. 그 외의 특징으로는 다른 발광소자에 견줄만한 발광효율을 갖으며, 고휘도의 발광을 얻을 수 있어서 옥외용으로도 가능하다. 최근 수년간 유기 EL을 디스플레이로서 실용화하는데 있어서 가장 큰 과제였던 소자의 구동수명문제가 해결 가능성이 보이고 있으며, 유기 EL에 사용되는 재료의 종류도 점점 증가하고 있다.

유기 EL은 투명유리와 투명전극으로 된 유리판과 금속전극을 증착한 배면유리판 사이에 발광층을 샌드위치처럼 끼워 만든 컨덴서 구조로 전극사이의 발광층에 전압을 인가하여 투명 전극층으로 빛이 나오도록 한 고체발광소자이다. 유기EL의 구조는 기본적으로 Anode(ITO), 유기박막, Cathode layer의 구조를 가지고 있다. 유기박막은 전자수송층(ETL: Electron Transport Layer)과 정공수송층(HTL: Hole Transport Layer)와 Emitting Layer로 구성되어 있으며 때로는 별도의 EIL(Electron Injecting Layer)와 HIL(Hole

Injecting Layer)을 구성할 수 있다.

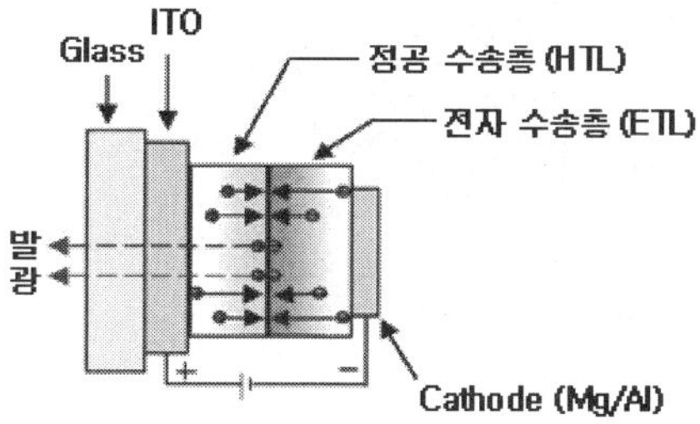

그림 11.37 OLED의 원리와 응용

(6) FED/전계방출형 디스플레이

FED의 디스플레이 기본원리는 진공 마이크로 일렉트로닉스에 바탕을 두고 있다. 진공 마이크로 일렉트로닉스의 최대장점은 기존 진공관소자와 달리 진공 속에서 전자가 전계방출 된다는 사실이다. FED는 음극판 패널(Cathode)과 양극판 패널(Anode)로 구성된다. 음극판은 마이크로 팁(FEA : Field Emitter Array)으로 구성되고, 양극판은 형광체가 도포되어 있다. 기본적으로 음극판에서 방출된 전자가 양극판의 형광체에 부딪혀 영상을 나타내도록 설계되어 작동방식이 기존 브라운관과 유사하면서도 평판으로 되어 있어 차세대 평판 브라운관이라고도 한다. FED는 수백만 개의 미세한 마이크로 팁으로부터 방출된 전자가 게이트를 통 게스크린에 도달하여 화소를 자극시켜 빛을 발하는데, 이 원리는 TV의 CRT의 동작과 비슷하나 차이점은 스크린 표면의 내부에 전자를 방사하는 전자총(electron gun) 대신에 약 500백만 개 이상의 마이크로 팁으로 화소를 자극하여 빛을 발광한다는 점이다. FED는 박형, 저전력소비, 저공정비용, 뛰어난 온도특성, 고속동작 등의 고른 장점을 갖추고 있어 소형 컬러TV에서부터 산업용 제품과 컴퓨터 등에 이르기까지 광범위하게 활용되고 있으며 가장 큰 수요처는 TFT LCD와 마찬가지로 노트북 PC와 모니터, 그리고 TV가 꼽히고 있다.

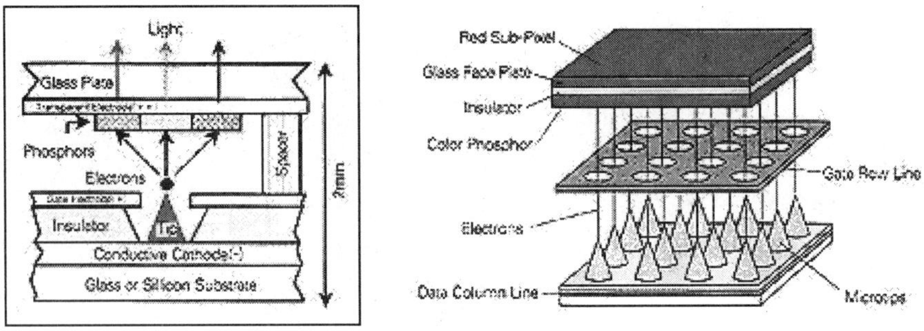

그림 11.38 FED의 원리

요 약

- 전구의 필라멘트에 전류가 흐르면 전기저항에 의해 고온이 되어 적색 빛을 발한다.
- 가열에는 저항가열, 유도가열, 적외선가열, 아크가열, 유전가열 등이 있다.
- 동력에의 응용은 플레밍의 왼손법칙에 따른다.
- 생체의 상태를 측정하여 표시하는 기기를 의용전자공학기기라 한다.
- 가청 주파수 대역은 16~20,000[Hz]이다.
- 마이크란 소리 에너지를 전기 에너지로 바꾸는 기기이며, 마이크에서 발생하는 전압은 소리의 압력파를 아날로그 신호로 복사한 것이다.
- 스피커는 전기 신호를 음파로 전환하는 전자장치이다.
- 진폭변조란 어떤 주파수에서 진폭을 변화시키는 것이다.
- 주파수변조란 어떤 주파수에서 주파수를 변화시키는 것이다.
- CRT는 cathod ray tube의 약자로 음극선관을 말하며 일명 브라운관이라고도 한다.
- LCD는 Light Emitting Diode의 약자로 발광다이오드의 영어명을 줄인 것으로 빛을 발하는 반도체소자를 이용한 디스플레이 장치이다.
- 유기 EL은 유기물질의 전계발광현상을 이용한 평판 디스플레이 장치를 의미한다.

연습문제

1. 빛의 속도와 파장 ,주파수의 관계를 수식으로 표현하시오.

2. 국제전기통신연합에서 분류하는 주파수 대역(9개)을 분류하고 사용분야를 설명하시오.

3. 가정에서 사용되고 있는 조명에 대하여 열거하고 각각에 대하여 그 특성을 비교하시오.

4. 레이저는 전자파의 유도방출에 의한 광(빛)의 증폭이란 의미를 갖고 있다. 레이저의 특징에 대하여 설명하시오.

5. 생체 기전력의 일반적인 특성을 비교해 보시오.

6. 디스플레이 시스템에서 LED란 무엇인지 그 특징을 설명하시오.

제 12 장

정보통신 응용

12.1 정보와 신호

정보(information)라는 용어를 사용할 때는 불명확함이 많다. “정보를 가지고 있다”고 할 때에는 정보라는 용어가 무엇을 알고 있다는 의미로 사용되었다. 그러나 인터넷을 통하여 어떤 정보 혹은 자료를 가져올 때는 정보의 양이라는 의미가 있다. 이제 일상적인 생활에서의 정보의 의미가 아닌 통신, 컴퓨터에서 사용되는 정보의 의미를 생각해 보자.

컴퓨터에서 사용되는 영어의 각 알파벳(alphabet)은 ASCII 부호로 나타낸다. ASCII 부호는 7[bit]로 되어있다. ‘KOREA’라는 단어는 5개의 알파벳으로 되어있으므로, 7[bit]×5=35[bit] 즉 총 35[bit] 정보량이 된다. ‘KOREA’라는 단어를 저장하거나 다른 곳으로 전송하고자 하면 35 [bit]의 정보량이 필요하다.

신호(signal)는 정보를 표현하고 운반하는 수단이다. 대도시와 같이 차량 흐름이 복잡한 곳에서는 차량 흐름을 조절할 수 있는 기능을 가진 교통 신호등이 필요하다. 교통 신호등은 그림 12.1과 같이 황색등, 적색등, 녹색등의 불빛 신호를 사용하여 차량의 진행과 멈춤 정보를 나타낸다.

그림 12.1 교통 신호등

음성은 전달하고자 하는 뜻, 즉 정보를 소리 신호로 표현하는 것이다. 수화(sign language)는 말 대신에 손동작으로 그 뜻을 나타내는 것이다. 그림 12.2는 한글의 자음, 모음을 뜻하는 수화의 손 모양을 나타내고 있다.

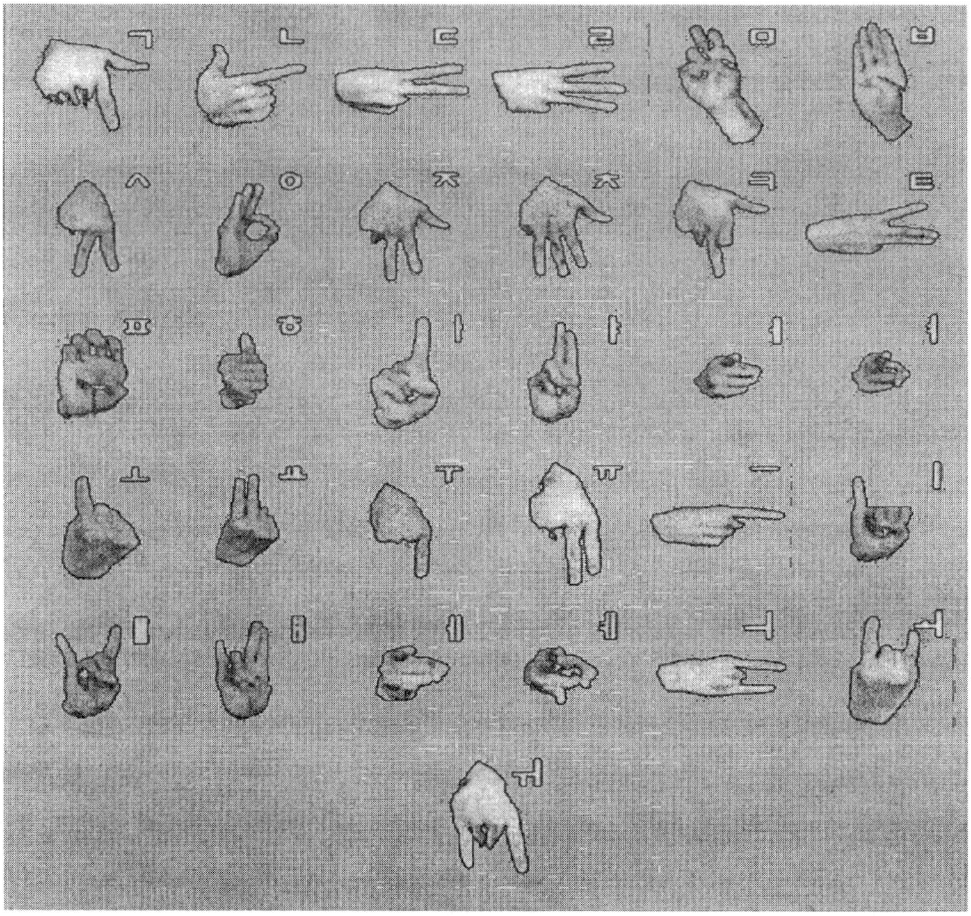

그림 12.2 수화

전기통신에서는 전기의 흐름을 조정하는 전기신호를 사용하여 정보를 전달한다. 전기신호에는 전기의 세기를 나타내는 전압, 전기의 흐름을 나타내는 전류가 있다. 전압과 전류는 전선이 있을 때 가능한 신호이다. 전선이 필요한 통신을 유선통신이라 하고, 전선을 사용하지 않는 전기통신에서는 전자파를 이용한다. 전자파는 공간을 전파하여 퍼져갈 수 있는 파동이다. 전자파에 의존하는 통신방식을 무선통신이라 한다. 전기신호 혹은 전자파는 빛의 속도로 전달되거나 전파된다.

그림 12.3에서 스위치(switch)를 닫으면 이 정보가 전선으로 전달되어 전구에 불이 들어온다. 우리는 정보와 신호에 대한 특별한 생각 없이 전등을 켜고 끄고 있다. 전등을 조작할 때, 켜고 끄고자 하는 정보가 뇌에서 신경계를 타고 손으로 전달되어 전등 스위치를 움

직이게 한다. 이 때 전선으로 흐르는 전류의 흐름(on)/끊음(off)이 전기신호가 된다. 전기신호는 세밀하게 조정할 수 있으며 매우 빠르므로 정보전달에 매우 적합한 신호라 할 수 있다. 따라서 전화, 컴퓨터 등 거의 대부분의 통신에서 전기신호를 사용한다.

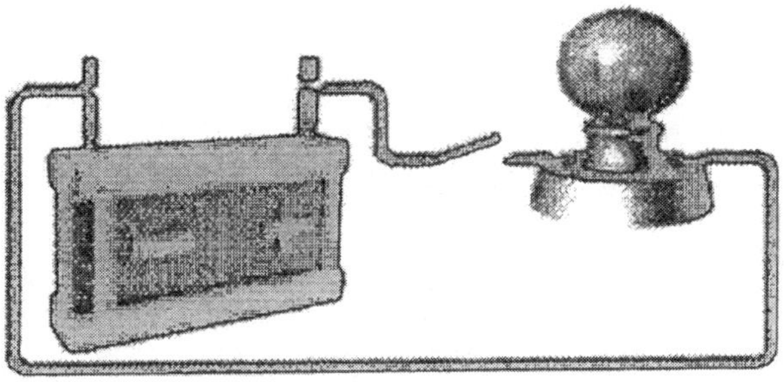

그림 12.3 On/Off 통신

12.2 정보의 종류

정보는 특성에 따라 몇 가지로 나눌 수 있다. 각종 문장, 문서 등은 문자(character)로 된 정보이다. 문자로 된 정보는 표현할 때 글자 크기, 글자 종류, 글자색 등을 사용하여 보다 효과적으로 정보를 전달할 수 있다.

전자정보공학 *전자정보공학* **전자정보공학**

전자정보공학

그림 12.4 문자 정보의 표현

그림 12.4는 다양한 형태의 글자 종류를 보여주고 있다. 이러한 문자를 컴퓨터에 입력하기 위해서는 숫자로 된 부호를 사용하는데, 영문자는 ASCII 부호를 사용하며, 한글인 경우는 각 글자마다 2-바이트 부호를 할당하는 완성형 방식과 하나의 글자를 초성, 중성, 종성으로 분해하여 자음과 모음에 부호를 할당하는 조합형 방식이 있다. 완성형의 경우에는 2,350자의 한글을 표현할 수 있으며, 부호가 할당되지 않은 '퓁', '똠', '쌓' 등과 같은 글자는 표현할 수 없다. 조합형은 7,172개의 한글 문자를 나타낼 수

있어서 현대의 한글을 모두 표현할 수 있다. 최근에는 국제 표준으로 Unicode 방식이 있는데, 이것은 2-바이트 부호를 할당하는데 국제적인 통일성과 호환성을 중요시 하고 있다. Unicode 방식에서 한글도 2-바이트 부호에 포함되어 있는데 조합형과 완성형을 같이 지원하고 있다.

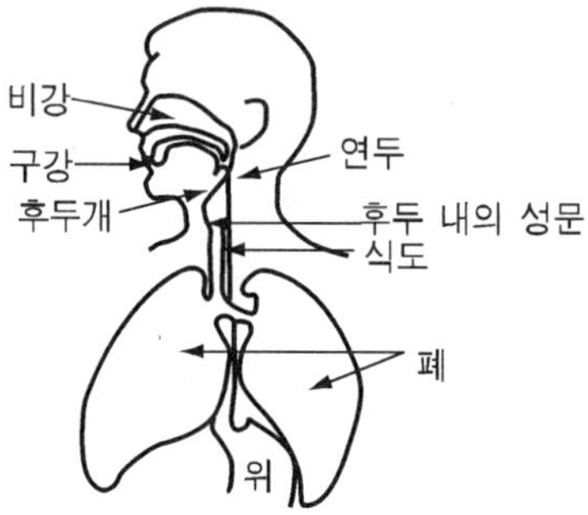

그림 12.5 발성기관의 구조

여러 가지 정보 종류 중에서 음성은 인간에게 주어진 가장 자연스런 정보전달 수단이다.

그림 12.5는 음성을 만들어내는 발성기관의 모습이다. 허파에서 나온 공기는 성문을 지나게 된다. 성문은 피리의 떨림판으로 생각하면 된다. 성문이 닫혀있으면 공기가 틈새로 빠져나오게 되는데 이러한 음에는 ㄱ, ㄲ, ㄴ, ㄷ, ㄸ 등과 같은 자음이 있으며 총 19개 있다. 성문이 열려있으면 공기가 나오면서 성문을 규칙적으로 진동하게 한다. ㅏ, ㅓ, ㅜ, ㅐ, ㅑ, ㅙ 등의 유성음이 바로 성문이 열려있을 때 나오는 음이다. 성대를 지난 소리는 입 안에서 혀, 치아 등의 위치에 따라 원하는 음으로 만들어진다. 이들 음은 코와 입의 빈 공간에서 공명되어 부드러워진다.

그림 12.6 단어 "erase"의 음성파형

그림 12.6은 영어 'erase' 라는 음성의 파형을 보여주고 있다. 파형에서 진폭이 거의 없는 부분은 소리가 없는 쉬는 구간이며, 진폭이 상당히 크고 규칙성이 있는 구간은 유성음에 해당되며, 진폭이 작으며 불규칙하게 보이는 구간은 무성음에 해당된다. 발성 기관에서 만들어진 소리는 입을 통하여 공기가 뭉치고 흩어지는 소밀파로 바뀌어 공기 중으로 전파된다. "백 번 듣는 것보다는 한 번 보는 것이 낫다" 는 속담이 있다. 그림은 음성보다 훨씬 많은 정보량을 가지고 있기 때문에 이 속담이 사실이라고 생각할 수 있다. 컴퓨터에서 그림은 작은 화소(pixel)로 나타낸다. 그림 12.7은 여러 가지 콩알을 붙여서 그림을 만든 것인데, 이 그림에서 화소는 콩알 하나로 생각할 수 있다. 그림을 구성하는 가장 작은 조각이 바로 화소이다. 영어로 pixel은 picture element를 줄인 새로운 단어이다.

같은 그림이라 할지라도 화소수가 많으면 더욱 세밀한 그림이 될 것이다. 그림 12.8은 화소 증가에 따라 그림이 점점 세밀해지는 것을 보여주고 있다. 화소수가 18개=3×6일 때는 무슨 그림인지 전혀 알 수 없으나 화소수가 300개=12×25이면 그림의 윤곽이 드러나고 20,000개=100×200이면 매우 깨끗한 영상을 얻을 수 있다. 그림이 선명할수록 화소의 수가 늘어나고, 그 화소 수가 늘어나는 만큼 그림 파일의 용량은 커지게 된다.

그림 12.7 콩알로 된 그림

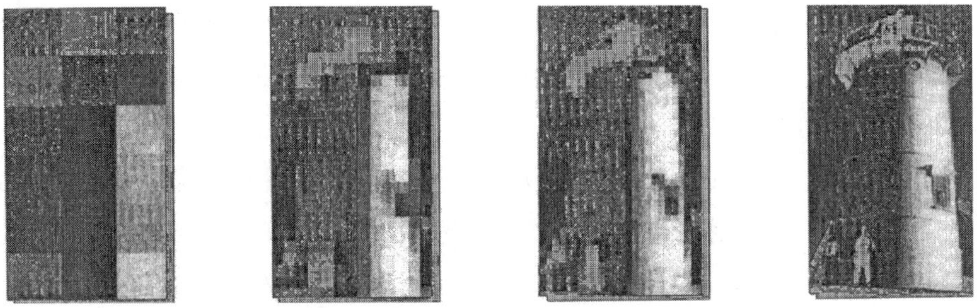

그림 12.8 화소 수에 따른 등대 그림

정지된 그림에 움직임을 더하면 동영상이 된다. 사람은 연속적인 그림을 매초 약 15장 이상 눈앞으로 지나가게 하면 영화와 같은 움직이는 영상으로 인식하게 된다. 동영상은 매초 15장 이상의 그림이 필요하므로 엄청나게 많은 정보량이 필요하게 된다. 그림 12.9는 1877년에 Eadweard Muybridge가 달리는 말을 24개의 카메라를 설치하여 연속으로 촬영한 사진이다. 연속 사진을 한 줄로 만들어 빨리 눈앞으로 움직였을 때 말이 달리는 모습의 움직이는 그림 즉 아주 짧은 영화로 볼 수 있었다.

그림 12.9 달리는 말의 연속 촬영

문자(text), 그림(image), 소리(sound), 그리고 동영상(video)의 각 정보 종류에 따른 정보량의 크기에는 큰 차이가 있다. 표 12.1에서 보는 바와 같이 문자가 가장 적은 정보량을 가지며, 동영상이 가장 큰 정보량을 가진다.

표 12.1 정보의 종류에 따른 정보량의 크기 비교

A4용지 텍스트 1장	0.002 MB
이미지(정지화상) 1장	1 MB
CD 오디오 수준의 음악 1분	10 MB
비디오(동화상) 1초	27 MB

12.3 정보통신 응용

전자공학 기술의 급속한 발전으로 인하여 정보통신 서비스는 급속하게 향상되고 있다. 하나의 예로 CDMA 기술에 의한 우리나라 휴대전화는 개인 이동성을 제공하는 전화기의 역할은 물론 디지털 카메라 기능, MP3 파일 재생기능, 그리고 소형 컴퓨터의 기능까지를 내장하고 있는 실정이다. 여기서는 여러 가지 정보통신 응용 기술에 대하여 간략하게 소개한다.

(1) 무선통신

선이 없는 통신, 즉 무선통신은 전자파를 활용하는 통신방식이다. 전자파가 다닐 수 있는 통로는 공간 밖에 없다. 주어진 공간을 서로 간섭하지 않고 그림 12.10처럼 나누어 사용하는 방법 밖에 없다. 공간상에 같은 주파수의 전자파가 같은 시간에 있으면 서로 섞여서 구분할 수 없어서 정보전달 수단으로 사용할 수 없게 된다. 이것은 마치 우리가 한 교실에서 서로 시끄럽게 떠들고 말하면 무슨 말들이 오고 가는지 알 수 없는 것과 같다. 정상적인 정보전달을 위해서 방송국, 정부기관, 군, 개인, 통신사업자 등 모든 곳에서 전자파를 주파수 별로 할당받아서 사용하며, 각자에게 할당된 주파수와 전자파 세기를 벗어나지 않도록 엄격히 통제하고 있다.

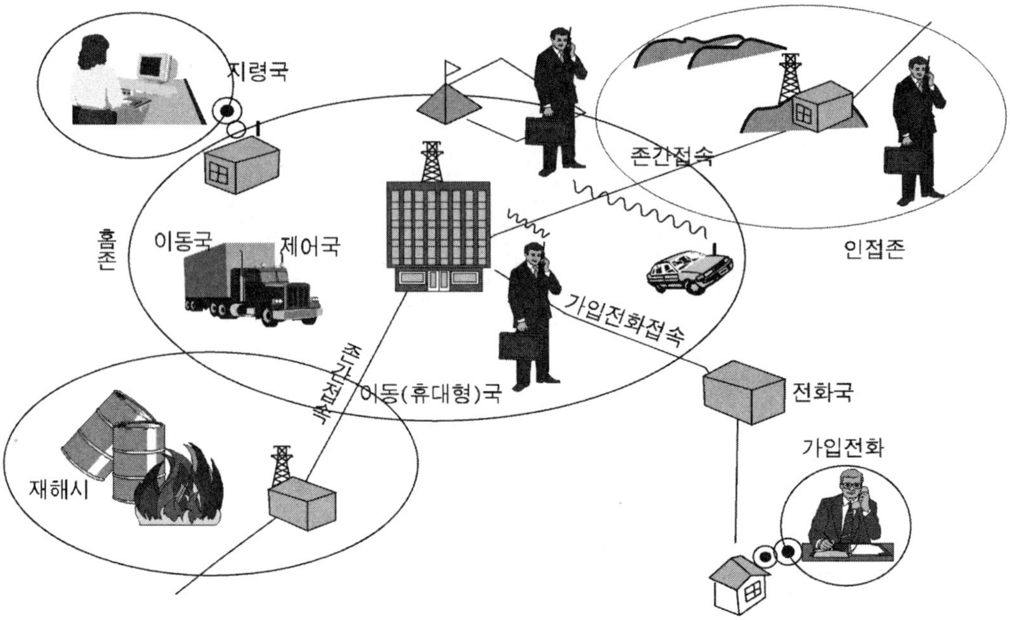

그림 12.10 전자파의 활용

그림 12.11은 전자파의 주파수 영역별 구분을 보여주고 있다. 빛도 전자파의 한 부분을 차지한다. 사람이 볼 수 있는 빛의 영역을 가시(visible)영역이라 하는데 가시영역 바로 바깥에 있으면서 가시영역의 빛보다 낮은 주파수의 빛을 적외선(IR, Infra Red)이라 하고, 가시영역에 인접하면서 가시영역의 빛보다 높은 주파수의 빛을 자외선(UV, Ultra Violet)이라 한다. 주파수가 더욱 짧은 전자파로는 엑스레이(X-ray), 감마선(gamma ray) 등이 있으며, 주파수가 가시영역보다 긴 것으로 마이크로웨이브(microwave)파, 고주파(radio) 등이 있다. 일반적으로 라디오 방송, 텔레비전 방송, 휴대전화 등의 무선통신에서 사용하는 고주파 주파수는 3[GHz] 이하이고, 마이크로웨이브 통신용으로는 3[GHz]~3000[GHz]까지의 주파수를 사용한다. 마이크로웨이브 통신에서 사용되는 마이크로웨이브 전자파는 파장이 마이크로미터([μm]) 범위에 있기 때문에 이러한 이름으로 불리며, 장거리 대용량 통신용으로 사용된다. 마이크로웨이브 전자파는 직진성이 매우 강하여 보통 산 정상에서 통신용 기지국을 세워서 산과 산의 정상과 정상으로 연결하여 장거리 전송을 한다.

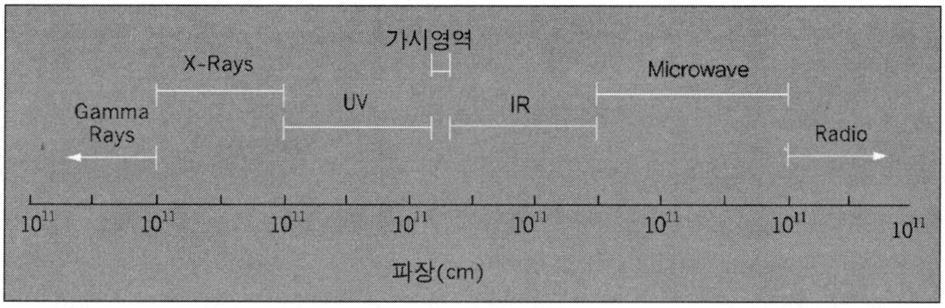

그림 12.11 전자파 스펙트럼

무선통신에서는 전자파를 공간에 보내고 받기 위해서 안테나(antenna)를 사용한다. 곤충의 더듬이도 안테나라고 부르는데 외부의 신호를 감기하기 위하여 사용된다. 우리 눈도 가시영역의 빛을 받기 위한 일종의 안테나라고 생각할 수도 있다. 통신에서 안테나는 그림 12.12에서 여 사전기신호를 전자파로 효과적으로 전파하거나 수신되는 전자파를 전기신호로 바꾸는 역할을 한다.

그림 12.12 안테나의 역할

안테나에는 다양한 종류가 있다. 자동차용 라디오에는 파워 안테나로 불리는 막대형 안테나와 뒷 유리에 열선처럼 세로로 된 선 안테나인 글래스 안테나가 사용되며, TV 안테나는 그림 12.13과 같이 여러 개의 막대를 연결한 모습의 야기(Yagi) 안테나를 사용한다. 마이크로웨이브 통신용으로는 접시형 안테나를 사용한다.

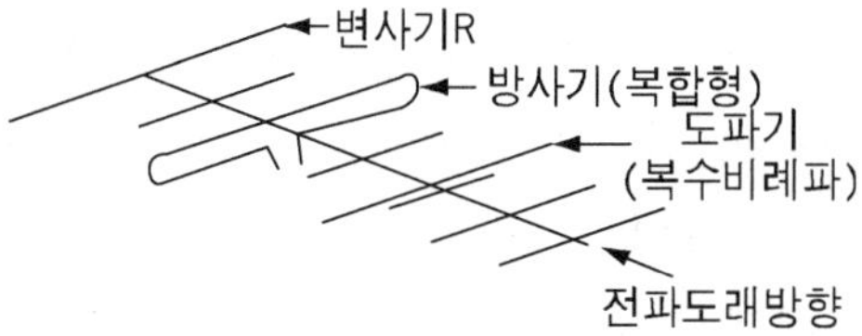

그림 12.13 야기형 안테나

휴대전화도 전자파를 사용하므로 안테나가 필요하다. 휴대 전화기에도 조그마한 막대형 안테나가 달려있다. 요즘은 안테나 폰이라고 해서 휴대폰의 안테나가 외부가 아닌 본체 내부에 내장된 형태도 출시되고 있다. 휴대폰에서와 마찬가지로 휴대 전화기와 전자파를 주고받는 기지국에도 안테나가 있어야 한다. 그림 12.14는 이동통신 기지국의 안테나 모습을 보여주고 있다. 기지국 안테나는 보통 3방향을 향하는 3조의 안테나로 되어있으며 건물 옥상이나 철탑 위에 설치된다.

그림 12.14 이동통신 기지국 안테나

(2) 위성통신

이동통신의 장점은 휴대성과 이동성이라고 볼 수 있으나 기존의 CDMA시스템(디지털 휴대폰, PCS 등)은 지상에서 사용하는 시스템으로 주파수가 높아짐에 따라 전파의 특성인 직진성이 강해져 높은 건물이나 산 등이 있을 경우 전파가 전달되지 못하는 음영지역이 발생하게 된다. 기본적으로 이러한 음영지역을 해결하기 위해서는 많은 기지국을 건설하면 되지만 경제적인 문제 등으로 인하여 쉽게 해결될 수가 없다. 따라서 하나의 대안으로 공중에서 위성을 이용하는 방법이 고안되었다.

위성통신은 지구 궤도상에 있는 인공위성과 지상국 간의 통신이다. 정지위성은 지구 궤도상 약 35,600[km]에 떠있는 위성으로, 지구의 자전속도와 같은 속도로 지구의 자전방향으로 자전하므로 항상 같은 위치에 있게 된다. 1957년 10월 4일, 소련에 의해 세계 최초의 인공위성 스푸트니크(Sputnik)가 발사된 이래 30여년이 지난 지금, 소련, 미국을 비롯하여 세계의 여러 나라에서 각자의 목적에 따라 발사한 인공위성은 수천 개에 이르고 있다. 1960년 최초의 통신위성이 발사된 이래, 지금까지 인공위성하면 통신을 자연스

럽게 생각할 만큼 통신위성이 인류에게 미친 영향은 매우 크다. 특히 정보화 시대로 향하는 현 시점에서 국내는 물론 국가 간의 정보교환이 증가하여 통신위성이 인류에게 미칠 영향은 더욱 커질 것으로 예상된다.

1960년 8월에 미항공우주국(NASA)에서 수동위성 에코1호를 발사하여 처음으로 전화와 TV신호의 중계에 성공하면서 통신위성의 역사는 시작되었다. 1964년 8월에는 신콤 3호가 발사되어 같은 해 10월에 동경 올림픽 실황이 TV로 전세계에 중계됨으로써 통신위성의 유용성이 널리 알려지게 되었다. 1965년에는 세계 최초의 상업용 통신위성인 인텔샛(INTELSAT) I호(가칭 Early Bird)가 대서양 상공에 자리를 잡게 됨으로써 국제 상업위성 통신망이 처음으로 설정되었다. 1964년 8월에 상업 통신위성 부분의 설계, 개발, 건설, 설치, 운영 및 유지보수에 관한 업무를 일괄수행하고, 가능한 세계의 모든 나라가 위성을 통한 국제통신이 이루어지도록 하기 위하여 국제전기통신위성기구(INTELSAT, International Telecommunication Satellite Organization)가 설립되었고, 우리나라는 1967년 2월에 56번째 회원국이 되었다. 인텔샛은 인텔샛 I호로부터 V-A호까지 발전하면서, 통신처리 능력은 I호의 음성 채널 240회선에서 인텔샛 VI호의 40,000회선으로 150배 이상 증가했고, 인공위성의 수명도 크게 늘어났다. 그림 12.15는 무궁화위성의 구조이다.

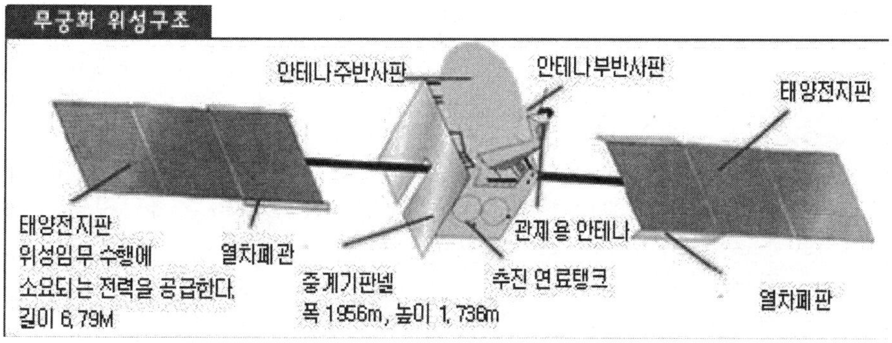

그림 12.15 무궁화 위성의 개략적인 구조

통신위성에는 고정통신위성과 방송위성, 이동통신위성이 있다. 고정통신위성은 고정된 지상국간의 통신 중계에 이용되는 위성으로, 이용지역 범위에 따라 국제통신위성, 지역통신위성, 국내통신위성으로 분류된다. 방송위성은 지상국으로부터 수신한 TV 프로그램 신호를 각 가정에서 직접 수신할 수 있도록 하는 위성방송에 이용되는 위성이다. 또 선박, 항공기, 차량 등 이동체간 및 이동체와 각 가정에서 직접 송수신할 수 있도록 하는 위성통신에 이용되는 것이 이동통신위성이다. 한국통신이 발사하여 운용중인 무궁화 위성은 통신과 방송위성기능을 겸비한 복합위성이다.

(3) 휴대전화

전 세계에 걸쳐 수많은 사람에게 통신의 자유와 즐거움을 주는 휴대전화의 사용은 폭발적으로 증대되고 있다. 세계적으로 개인에 대한 자유가 확대되는 추세에 있고, 인터넷 등으로 인하여 통신에 대한 국경이 사라지고 있는 점 등이 통신시장을 더욱 급격히 팽창시키고 있다. 군용으로 개발된 여러 가지 통신기술에 바탕을 두고 발달한 휴대전화 시스템에서 가장 큰 기술적인 어려움은 이동성과 주파수 재사용 문제였다. 휴대전화기를 들고 계속하여 움직이는 사람에게 끊이지 않고 통화를 지속하게 하는 이동성 대한 문제와 제한된 주파수 자원 때문에 할당된 주파수를 다시 사용하는 주파수 재사용에 대한 문제가 기술적으로 해결되어 이동통신의 시대가 올 수 있었다. 표 12.2는 여러 가지 이동통신에 할당되어 있는 주파수 대역 및 특성을 보여주고 있다.

표 12.2 여러 가지 이동통신에 사용되는 주파수

업무별	주파수대역(MHz)	전파형식	공중선전력	채널수
이동전화	기지국: 869~894 이동국:824~849	40KOF9X 1M32G7W	20W	832ch/20ch
주파수 공용통신	기지국:851~899 이동국:806~821	16KOF(G)	75W	자가용:200ch 사업용:400ch
	기지국:389.5~399.5 이동국:371.5~381.5	160KOF(G) 또는 8K5OF(G)	75W	자가용:400ch (25KHz:200ch) 사업용:400ch (25KHz:200ch)
무선 데이터통신	기지국:389.5~399.5 이동국:371.5~381.5	8K507W	3W	사업용:160ch
개인 휴대통신	기지국:389.5~399.5 이동국:371.5~381.5	1M32G7W	20W 이하	30ch
무선호출용	162.43~164.33(26파) 167.25~169.15(27파) 322~328.6(264파)	16KOF(G)	70W 이하 150W 이하	317ch
발신전화 휴대전화	910~914	80KOF9X	10mW 이하	40ch

표 12.2를 보면 800[MHz] 주파수 대역과 1.8[GHz] 주파수 대역이 주로 사용되고 있음을 알 수 있다. 기지국에서 이동국 즉 휴대 전화기로 신호를 보낼 때 사용되는 주파수가 이동국에서 기지국으로 신호를 보낼 때보다 항상 높다는 사실도 알 수 있다.

(4) 셀룰러 통신

정부기관, 군, 통신사업자, 민간기관, 개인 등의 다양한 이해 당사자가 얽혀있는 주파수 분배 문제는 쉽지 않은 문제 중의 하나이다. 누구나 많이 갖기를 원하기 때문이다. 한번 할당된 주파수를 다른 곳으로 옮기기도 쉽지 않다. 만일 TV 방송국의 사용 주파수를 옮기게 되어 모든 TV를 바꾸어야 한다고 생각해 보면 거의 불가능하다는 것을 알 수 있다. 이처럼 사용 주파수를 바꾸는 문제는 어려운 문제이다. 휴대전화의 경우에는 사용할 수 있는 주파수 범위가 안테나의 크기 등의 문제로 제한되어 있기 때문에 주파수 할당은 더욱 첨예한 경제적 이권이 달려있는 문제가 되었다.

통신에서 사용되는 전자파의 주파수가 높을수록 파장은 짧아지며, 안테나가 효율적으로 전자파를 수신하기 위해서는 안테나의 길이가 최소한 파장의 1/2 혹은 1/4 정도가 되어야 한다. 휴대 전화기에서 일반 라디오에서처럼 30~50[cm]되는 안테나를 달고 다닐 수는 없다. 따라서 휴대전화에 가장 적합한 주파수 영역은 수백 [MHz]~수 [GHz]가 될 수 밖에 없다. 세계 각 국은 주파수 분배에 따른 이해 관계를 해결하기 위해서 이동통신용 주파수를 할당할 때 경매를 한다든지 혹은 엄청난 권리금을 요구하는 경우도 있다고 한다.

제한적이고 소중한 전자파를 수많은 사람들을 위해 같이 사용하는 방법이 주파수 재사용이다. 주파수 재사용은 라디오 방송 등에서 이미 활용되고 있다. 우리나라에 96.5[MHz] FM 방송이 있다하여도 멀리 떨어져 있는 미국이나 프랑스에서 같은 주파수를 사용하는 96.5[MHz] FM 방송이 있을 수 있는 것이다. 이것은 각 방송국을 허가할 때 보내는 전자파의 출력을 제한하여 다른 나라까지 멀리가지 못하도록 하기 때문이다. 휴대전화에서는 출력제한을 더욱 엄격히 하여 주파수를 재사용하고 있다.

그림 12.16에서처럼 주파수를 재사용하기 위해서는 어떤 지역을 6각형 모양으로 분할하고, 각 6각형의 영역마다 다른 주파수를 배분한 후 그 전자파의 출력을 제한하면 된다. 이럴 경우에 A영역 밖의 B~H영역을 벗어나면 A에서 사용하는 주파수를 다시 사용할 수 있다. 그림 12.16의 모습이 현미경으로 살펴본 세포들의 모양과 같다고 하여 셀(cell)이라 하며, 셀에 기초한 통신이라 하여 셀룰러(cellular) 통신이라 부르기도 한다.

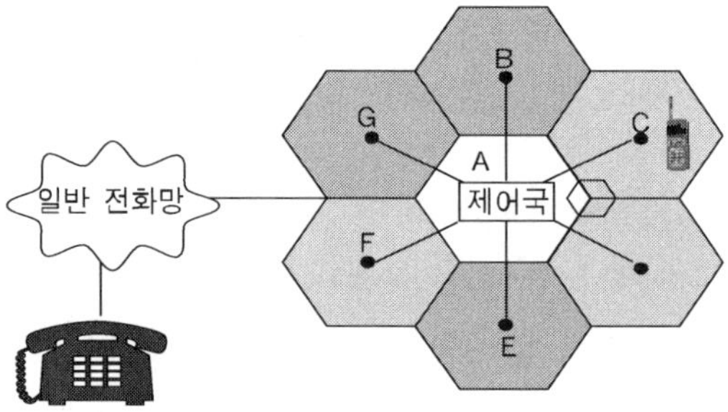

그림 12.16 셀 모양의 지역 분할

작은 셀 단위로 나누어진 지역에서 사람은 휴대전화기를 사용하면서 한 셀에서 다른 셀로 이동하여 들어가게 된다. 이때 휴대전화기는 다른 셀로 들어가면서 그 셀의 기지국과 자동으로 접속이 이루어지게 된다. 이것을 "핸드오프(handoff)"라 하며, '넘겨준다'는 의미이다. 휴대전화 사용자는 모르지만 휴대전화 시스템에서는 자동으로 다음 셀로 들어갈 때 그 곳의 기지국과 연결이 되도록 한다.

12.4 인터넷

인터넷(Internet)이란 전 세계에 걸쳐 수많은 컴퓨터들이 서로 연결된 네트워크들의 집합체를 말한다. 인터넷에 연결된 컴퓨터들은 TCP/IP(Transmission Control Protocol/Internet Protocol)라는 통신 프로토콜을 사용하여 연결되어 있다. 인터넷을 이루는 각 컴퓨터들은 IP 주소라고 불리는 고유의 컴퓨터 주소를 가지고 있으며, 전화선이나 케이블 또는 인공위성 등의 통신수단을 통하여 서로 연결된다.

전 세계의 컴퓨터 사용자들은 인터넷을 통하여 언제 어디서나 필요한 정보를 쉽게 획득할 수 있다. 기존에는 책, 신문, TV 등의 매체를 이용해야만 얻을 수 있었던 다양한 정보들을 이제는 그림 12.17과 같이 사무실이나 안방에서 인터넷을 통하여 검색할 수 있을 뿐 아니라, e-메일을 주고받을 수도 있으며, 음악을 듣거나 집에서 쇼핑이나 뱅킹도 가능하게 되었다.

그림 12.17 인터넷을 통한 생활의 묘사

세계를 하나로 묶는 인터넷이 새로운 인프라로 급부상하면서 이용자도 급증하고 있다. 전 세계 인터넷 사용 인구의 증가와 함께 인터넷 비즈니스의 규모도 폭발적으로 증가하고 있다.

(1) 인터넷의 역사

인터넷의 시작은 미국 국방성의 ARPANet(Advanced Research Project Agency Network)이 처음으로 등장한 1969년으로 거슬러 올라간다. 초기의 ARPANet은 핵전쟁 발발 시 어느 한 시스템이 파괴되어도 다른 시스템들을 통하여 완벽하게 연결하여 보완할 수 있는 네트워크로서 미국 4개 대학교(스탠포드, UCLA, UC 산타바바라, 유타 주립대)의 컴퓨터 시스템을 연결하는 것으로부터 시작되었다. 그 후 미국의 주요 정부기관과 교육기관들을 연결하면서 점차 확대되어 갔고, 1983년 ARPANet이 군사적인 목적으로 사용되던 부분이 MILNet으로, 연구용 혹은 민간용으로 사용되던 부분이 기존의 ARPANet으로 분리되면서 인터넷이 발전하기 시작하였다.

1992년에는 본격적인 WWW 서비스가 시작되어 인터넷을 보다 쉽고 편리하게 사용할 수 있게 되었다. 이 때까지는 문자와 자판 위주로 인터넷을 사용했기 때문에 사용자의 수가 상당히 적었으나 1993년에는 마우스와 그래픽 사용자 인터페이스를 지원하는 모자익(Mosaic)이라는 웹 브라우저가 개발되어 사용자의 수가 급격히 증가하기 시작하였다. 특히 1994년에는 고성능 웹 브라우저인 넷스케이프가 등장하여 인터넷의 대중화에 결정적인 기여를 하였고, 1995년에는 오늘날 가장 널리 사용되고 있는 인터넷 익스플로러가 등장하였다.

(2) 인터넷 접속과 이용

인터넷은 컴퓨터 네트워크를 구성하는 통신회선과 통신장비, 그리고 컴퓨터 등으로 구성된다. 인터넷을 이루는 네트워크는 근거리 통신망, 원거리 통신망, 그리고 백본(backbone)으로 이루어진다. 백본은 네트워크의 최하위 레벨로서 네트워크의 중심을 이루는 주요 간선인데 기간망이라고도 한다. 이 기간망에 의해 멀리 떨어진 원거리 통신망이나 근거리 통신망들이 연결되고 정보를 교환하게 된다. 따라서 백본의 속도에 의해 인터넷 통신망의 속도가 좌우되는데 통상 128[Mbps] 이상의 속도를 가진다. 우리나라의 초고속 통신망이 바로 백본에 해당된다. 그림 12.18은 전용선의 속도와 채널 수 이다.

종류	T1 전용선	E1 전용선	T2 전용선	T3 전용선
최대전송속도	1.544 Mbps	2.048 Mbps	6 Mbps	45 Mbps

종류	56 K/64 K	128 K	T1 전용선	E1 전용선	T2 전용선	T3 전용선
채널수	1개	2개	24개	30개	93개	700여개

그림 12.18 전용선의 속도와 채널 수

인터넷 접속방법은 그림 12.19와 같이 전화망이나 케이블망, 혹은 LAN(Local Area Network)을 이용하는 것이 일반적이다. 과거에는 가정에서 모뎀을 이용한 전화선을 많이 사용하였으나, 지금은 초고속통신망의 폭넓은 보급으로 ADSL, VDSL, 혹은 케이블 모뎀을 많이 사용하고 있다. 한편 회사나 사무실 등에서는 대부분 LAN을 많이 이용하고 있다.

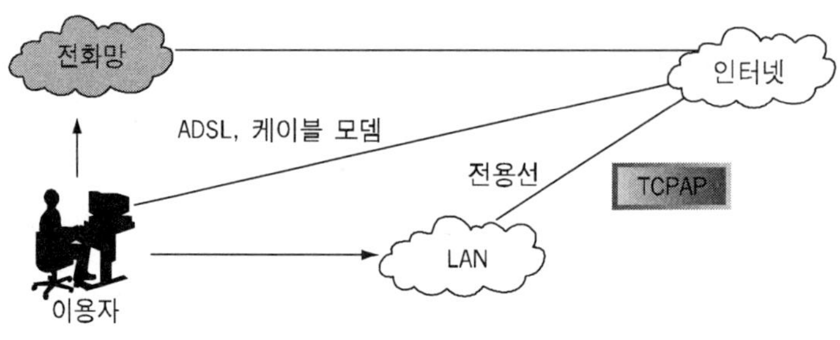

그림 12.19 인터넷의 접속 방법

인터넷을 이용하여 사용자들은 전 세계에 분산되어 있는 정보들을 자신이 원하는 해당 사이트들로 이동하면서 검색하거나 교환할 수 있으며, 그 활용 사례는 그림 12.20과 같이 매우 다양하다. 기업들은 사이버 마켓, 인터넷 무역, 회사홍보, 예약업무, 온라인 사원모집 등을 할 수 있으며 교육기관에서는 가상교실, 가상대학 등이 가능하다. 또한 가정에서도 쇼핑, 뱅킹, 각종 예약업무, 재택근무 등 인터넷을 이용한 활용분야가 매우 넓다.

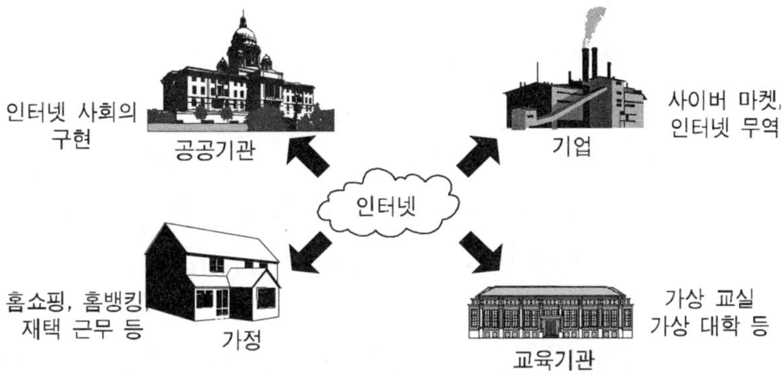

그림 12.20 인터넷의 활용

(3) 웹 브라우저

인터넷 이용시 가장 자주 접하는 용어는 월드 와이드 웹(WWW, World Wide Web)이다. 웹은 영어 단어의 첫 글자를 따서 WWW 또는 웹(Web)이라고 부른다. 그림 12.21은 '거미줄' 이라는 뜻을 가진 웹을 상징한다.

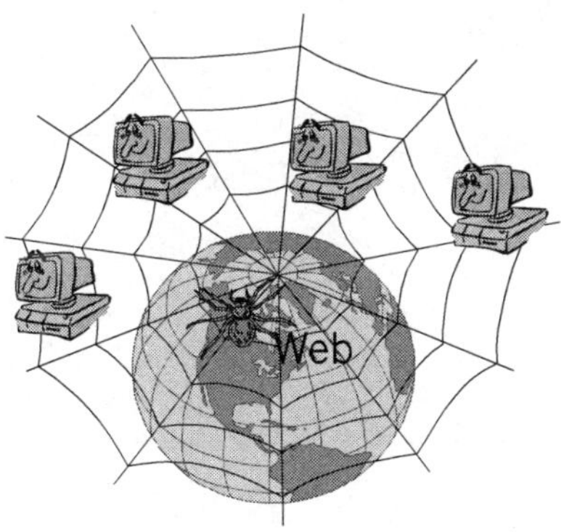

그림 12.21 웹의 묘사

웹은 그래픽으로 구현되어 있기 때문에 정보검색이 편리하다는 것이 장점이며, 화면에 텍스트와 그래픽을 동시에 표현할 수 있고, 뛰어난 사용자 인터페이스로 텍스트, 그래픽, 사운드, 동영상 등을 브라우저상에서 쉽게 처리할 수 있게 되었다.

웹 브라우저(Web Browser)란 사용자가 인터넷을 이용하여 웹 서버의 하이퍼텍스트 문서를 볼 수 있도록 해주는 클라이언트 프로그램으로서. 문자뿐만 아니라 멀티미디어 자료를 처리할 수 있는 하이퍼미디어의 기능도 가지고 있다. 사용자가 음성이나 영상정보를 원할 때 필요한 프로그램들을 불러 실행함으로써 웹의 다양한 자원들을 다룰 수 있다.

웹 브라우저가 제공하는 기본적인 기능에는 웹 페이지 열기, 최근 방문한 URL(Uniform Resource Locator)의 목록제공, 자주 방문하는 URL의 기억과 관리, 웹 페이지의 저장과 인쇄 등이 있다. 오늘날 가장 많이 사용되고 있는 웹 브라우저는 그림 12.22에서 보여주고 있는 마이크로소프트사의 '인터넷 익스플로러(Internet Explorer)' 다.

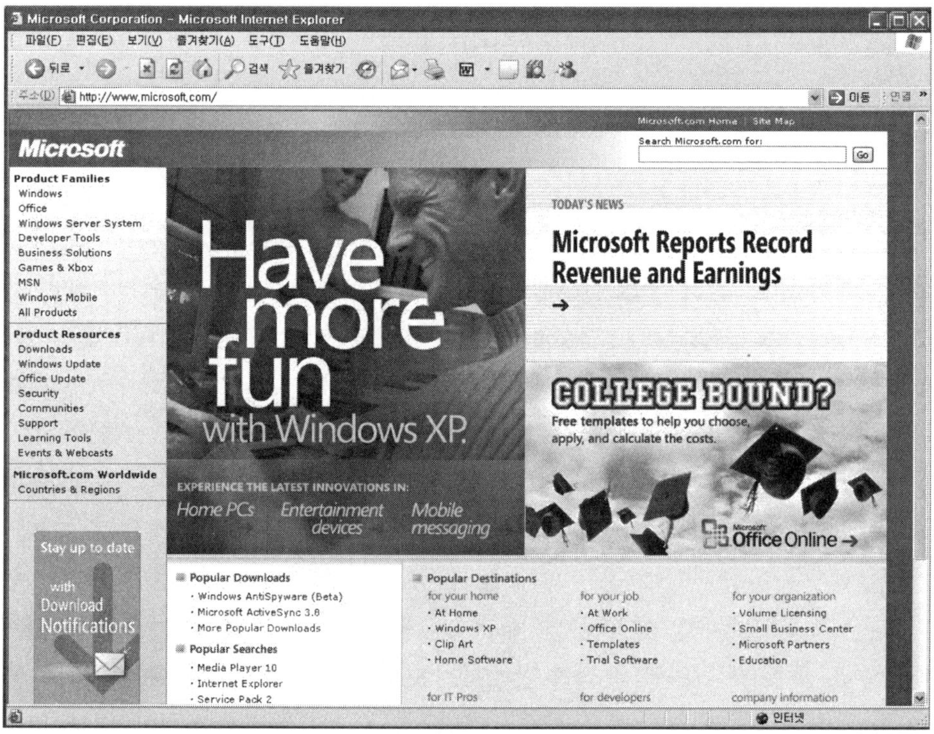

그림 12.22 인터넷 익스플로러에 의한 웹 화면 예

요 약

- 정보는 여러 가지로 해석되는데 무엇인가를 알고 있다는 의미, 그리고 정보의 양이라는 의미 등이 있으며, 신호를 가치 있는 형태로 가공해 놓은 것도 정보라고 한다.

- 정보의 종류에는 문서표현에 사용되는 문자, 의사전달에 필요한 음성, 정지영상인 그림, 그리고 움직이는 영상인 동영상이 있으며, 동영상이 가장 큰 정보의 양을 가진다.

- 정보가 통신에 적용되기 위해서는 처리 혹은 가공이 필요하며, 아날로그 신호를 디지털 신호로 변환하는 것을 디지털화라고 한다. 아날로그 혹은 디지털 형태의 여러 가지 신호를 전자기적인 신호로 바꾸는 과정을 부호화라고 한다.

- 통신에서는 전송하고자 하는 정보신호를 특정한 전파(고주파)에 실어서 보내고, 수신측에서는 원래의 신호와 매체인 전파를 구별해서 원하는 신호를 추출하게 된다. 신호를 어떤 고주파에 실어 주는 과정을 변조(modulation)라 하고, 신호와 고주파가 섞인 신호로부터 다시 원래 신호만을 복원하는 과정을 복조(demodulation)라 한다.

- 전송효율 및 전송비용의 측면에서 정보신호는 다중화되어 전송되는데, 다중화 방식에는 주파수분할 다중화, 시간분할 다중화, 부호분할 다중화, 그리고 파장분할 다중화가 있다.

- 지구상 약 36,000 [km]에 있는 정지위성을 이용한 통신을 위성통신이라고 하며, 이리듐 시스템과 글로벌스타가 상용 서비스를 제공하고 있다.

- 제한된 주파수 자원의 효율적 사용을 위하여 특정지역을 셀(cell) 모양으로 구분하고, 각 셀 내부에서 전자파의 세기를 제한하는 등의 방법을 사용하는데, 이를 셀룰러 통신이라고 한다.

- 휴대전화 방식으로는 우리나라와 미국을 중심으로 하는 CDMA와 유럽을 중심으로 하는 GSM이 널리 사용되고 있다.

- 개인 휴대형 정보단말기인 PDA는 손안의 작은 컴퓨터라는 용도는 물론 GPS를 이용한 위치정보 서비스의 제공 등 다양한 기능을 제공하고 있다.
- 인터넷(internet)은 전세계의 컴퓨터를 하나의 네트워크로 연결한 네트워크의 네트워크로, 필요로 하는 정보의 검색에서부터 쇼핑, 예약, 뱅킹 등 다양한 서비스를 즐길 수 있으며, 이제는 우리 생활의 일부로 자리잡아가고 있다.

연 습 문 제

1. 정보를 나타내는 코드(code) 중 영숫자코드는 무엇인지 그 특징에 대하여 설명하시오.

2. 컴퓨터시스템의 구성도를 그리고 각각에 대하여 설명하시오.

3. 유선통신과 무선통신에 대하여 비교하시오.

4. 음성신호가 송신기와 수신기를 통해서 사람의 귀에 전파되는 과정을 구성도를 그려서 설명하시오.

5. 위성통신의 역할과 그 특징에 대하여 기술하시오.

6. 인터넷의 역사에 대하여 연구해 보자.

부 록

※ 그리스 문자

대문자	소문자	문자명칭		대문자	소문자	문자명칭	
A	α	alpha	알파	N	ν	nu	뉴
B	β	beta	베타	Ξ	ξ	xi	크사이
Γ	γ	gamma	감마	O	o	omicron	오미크론
Δ	δ	delta	델타	Π	π	pi	파이
E	ε	epsilon	입실론	P	ρ	rho	로우
Z	ζ	zeta	제타	Σ	σ	sigma	시그마
H	η	eta	에타	T	τ	tau	타우
Θ	θ	theta	시타	Y	υ	upsilon	웁실론
I	ι	iota	이오타	Φ	ϕ	phi	화이
K	κ	kappa	캅파	X	χ	chi	카이
Λ	λ	lambda	람다	Ψ	ψ	psi	프사이
M	μ	mu	뮤	Ω	ω	omega	오메가

※ 접두어 일람

명칭		기호	크기	명칭		기호	크기
엑사	exa	E	10^{18}	데시	deci	d	10^{-1}
페타	peta	P	10^{15}	센티	centi	c	10^{-2}
테라	tera	T	10^{12}	밀리	milli	m	10^{-3}
기가	giga	G	10^{9}	마이크로	micro	μ	10^{-6}
메가	mega	M	10^{6}	나노	nano	n	10^{-9}
킬로	kilo	k	10^{3}	피코	pico	p	10^{-12}
헥토	hecto	h	10^{2}	펨토	femto	f	10^{-15}
데카	deca	da	10	아토	atto	a	10^{-18}

※ 전력과 전력량 단위

양	단위	단위부호	단위와의 관계
전력	마이크로와트 밀리와트 와트 킬로와트 메가와트	μW mW w kW MW	1μW= 1/1000000W 1mW= 1/1000W 1w 1kW= 1000W 1MW= 1000000W
전력량	줄 와트 초 와트 시 킬로와트 시	J Ws W h kW h	. 1Ws= 1J 1Wh= 3600Ws=3600J 1kWh= 1000 × 3600Ws

※ 전자기기용 기호와 단위

종 별	기 호	명 칭	단위표시	종 별	기 호	명 칭	단위표시
전류	I	Ampere	A	전력	P	Watt	W
전압	V	Volt	V	전하	Q	Coulomb	C
저항	R	Ohm	Ω	정전용량	C	Farad	F
콘덕턴스	G	Mho	℧	인덕턴스	L	Henry	H
에너지	W	Joule	J	주파수	f	Hertz	Hz

※ 전기 심볼

명칭	심볼	명칭	심볼	명칭	심볼
접지	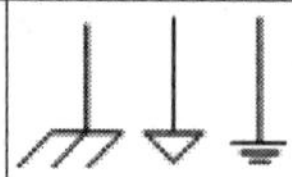	스위치		콘덴서	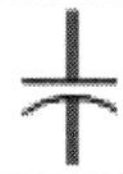
휴즈		직류전원	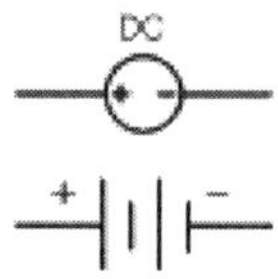	교류전원	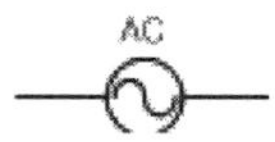
저항		가변저항	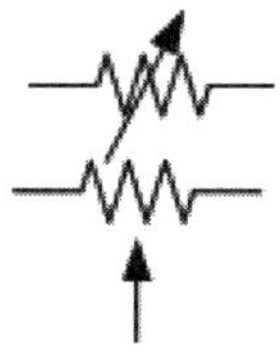	코일	
다이오드	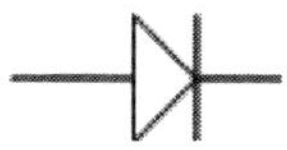	도선의 결합	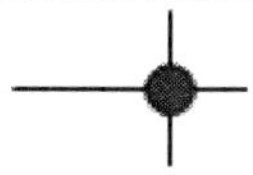	변압기	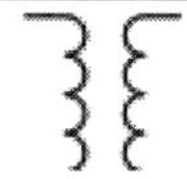
디지털 멀티메타	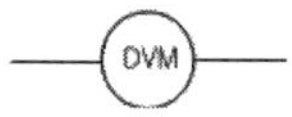	전압계		전류계	

※ 물질의 비유전율

물질	비유전율	물질	비유전율
공기	1.000586	유리	3.5 ~ 4.5
질소	1.000606	베이클라이트	4.5 ~ 7.0
종이	1.2 ~ 2.6	자기	5.0 ~ 6.5
파라핀	1.9 ~ 2.5	운모	5.0 ~ 7.0
폴리스티롤	2.0 ~ 2.5	셀렌	6.1 ~ 7.4
에보나이트	2.0 ~ 3.5	물	81
변압기유	2.2 ~ 2.4	로셀염	200
폴리에틸렌	2.3	티탄산바륨	250 ~ 4500

※ 물질의 비투자율

물질	비투자율	물질	비투자율
은	0.9999736	산소	1.000179
구리	0.9999906	알루미늄	1.000214
물	0.9999912	규소	1000
공기	1.00000036	퍼멀로이	10000

※ 전기전자공학에 쓰이는 상수

명칭	기호	크기
빛의 속도	C	$2.998\times10^{8}(m/\mathrm{sec})$
진공의 유전율	εo	$8.854\times10^{-12}(F/m)$
진공의 투자율	μo	$4\pi\times10^{-7}(H/m)$
전자의 전하량	e	$-1.602\times10^{-19}(C)$
전자의 정지질량	me	$9.107\times10^{-31}(kg)$
양자의 정지질량	mp	$1.673\times10^{-27}(C/kg)$
Boltzmann상수	k	$1.381\times10^{-23}(J/\mathrm{deg}(8.63\times10^{-5}e\,V/K)$
파이	π	3.141592653589793238462643...

전기전자공학개론

2010년 8월 14일 인쇄
2010년 8월 24일 발행
저 자 김 준 식·권 오 상·서 정 훈 공저

펴낸이 오 성 걸
펴낸곳 오성미디어
주 소 132-916 서울시 도봉구 창 3동 491-1
전 화 02) 997-0136
FAX 02) 997-0137
등 록 2000. 5. 12 제 7-212 호
ISBN 978-89-92583-81-7
값 17,000원